21世纪先进制造技术丛书

驱动冗余并联机床性能分析及控制

吴　军　李铁民　王立平　著

科学出版社

北　京

内 容 简 介

本书系统介绍了驱动冗余并联机床的参数辨识方法及控制技术。书中提出了驱动冗余并联机床的运动学标定方法，采用结构矩阵分析法建立了驱动冗余并联机床整机的静刚度理论模型，进一步利用商用有限元软件建立了刚度模型，并通过刚度实验检验了理论模型和有限元模型的正确性；建立了相对于基本动力学参数为线性化形式的动力学模型，研究了驱动冗余并联机床的动力学参数辨识方法；提出了冗余支链辅助回零策略及位置-力交换控制方法，并集成到驱动冗余并联机床数控系统中，最后通过机床轮廓误差实验、位置精度实验及切削实验评价这些方法的有效性以及驱动冗余并联机床的性能。

本书可作为机械制造及其自动化、机械电子工程等专业的教师、研究生和高年级本科生的教学参考书，也可供相关领域的工程技术人员提高数控机床分析及控制水平之用。

图书在版编目（CIP）数据

驱动冗余并联机床性能分析及控制/吴军，李铁民，王立平著. —北京：科学出版社，2019.3

(21世纪先进制造技术丛书)

ISBN 978-7-03-060227-5

Ⅰ. ①驱… Ⅱ. ①吴… ②李… ③王… Ⅲ. ①数控机床-性能-研究 Ⅳ. ①TG659

中国版本图书馆CIP数据核字（2018）第292278号

责任编辑：裴 育 纪四稳 / 责任校对：郭瑞芝

责任印制：赵 博 / 封面设计：蓝 正

科学出版社 出版

北京东黄城根北街16号

邮政编码：100717

http://www.sciencep.com

北京中石油彩色印刷有限责任公司印刷

科学出版社发行 各地新华书店经销

*

2019年3月第 一 版 开本：720×1000 1/16

2025年1月第三次印刷 印张：12 1/4

字数：247 000

定价：108.00 元

《21世纪先进制造技术丛书》编委会

《21世纪先进制造技术丛书》序

21世纪，先进制造技术呈现出精微化、数字化、信息化、智能化和网络化的显著特点，同时也代表了技术科学综合交叉融合的发展趋势。高技术领域如光电子、纳电子、机器视觉、控制理论、生物医学、航空航天等学科的发展，为先进制造技术提供了更多更好的新理论、新方法和新技术，出现了微纳制造、生物制造和电子制造等先进制造新领域。随着制造学科与信息科学、生命科学、材料科学、管理科学、纳米科技的交叉融合，产生了仿生机械学、纳米摩擦学、制造信息学、制造管理学等新兴交叉科学。21世纪地球资源和环境面临空前的严峻挑战，要求制造技术比以往任何时候都更重视环境保护、节能减排、循环制造和可持续发展，激发了产品的安全性和绿色度、产品的可拆卸性和再利用、机电装备的再制造等基础研究的开展。

《21世纪先进制造技术丛书》旨在展示先进制造领域的最新研究成果，促进多学科多领域的交叉融合，推动国际间的学术交流与合作，提升制造学科的学术水平。我们相信，有广大先进制造领域的专家、学者的积极参与和大力支持，以及编委们的共同努力，本丛书将为发展制造科学，推广先进制造技术，增强企业创新能力做出应有的贡献。

先进机器人和先进制造技术一样是多学科交叉融合的产物，在制造业中的应用范围很广，从喷漆、焊接到装配、抛光和修理，成为重要的先进制造装备。机器人操作是将机器人本体及其作业任务整合为一体的学科，已成为智能机器人和智能制造研究的焦点之一，并在机械装配、多指抓取、协调操作和工件夹持等方面取得显著进展，因此，本系列丛书也包含先进机器人的有关著作。

最后，我们衷心地感谢所有关心本丛书并为丛书出版尽力的专家们，感谢科学出版社及有关学术机构的大力支持和资助，感谢广大读者对丛书的厚爱。

熊有伦

华中科技大学

2008 年 4 月

前　言

作为新型数控加工装备，并联机床相对于传统机床具有许多优点，因此自并联机床问世以来，受到社会广泛关注，并经历了一个快速发展时期。目前，并联机床已由样机研发阶段逐渐向实用化和产业化阶段过渡，出现了众多结构形式各异的并联机床，并在一些领域得到了成功应用。然而，随着人们对并联机床的认识越来越深入，并联机床相关技术研究和开发工作的步伐逐渐趋于平缓。一方面，并联机床与传统机床相比表现出鲜明的特有优势，鼓舞着国内外众多研究机构和机床厂商坚持不懈地积极从事并联机床相关的研究工作；另一方面，经过几十年的研究，研究人员发现并联机床也存在一些缺陷，限制了并联机床的进一步应用。并联机床作为新型加工装备，可作为传统机床的重要补充，但大规模应用尚需时日。

限制并联机床实用化和产业化的原因众多，如理论研究与实际应用脱节、现有工艺水平及加工能力还无法满足要求、结构本身就存在“先天”缺陷等。从结构本身的“先天”缺陷方面看，较小的工作空间、有限的姿态能力和大量的奇异位形是并联机床的主要缺点。通过机构拓扑设计、结构优化，以及串并混联机构的运用等可以在一定程度上提高并联机床的工作空间和姿态能力，但是改进效果有限；针对并联机床工作空间中的众多奇异位形，可以首先搜索并联机床工作空间中的奇异位形，然后在轨迹控制中避开这些奇异位形。但是，在避开奇异位形时，缩小了机床的可用工作空间，降低了位姿实现能力，并且这种被动避开奇异位形的方法并没有从根本上解决并联机床动力学特性不均匀的缺点。最有效的解决方法是引入驱动冗余，并联机床采用驱动冗余方式不仅可以消除工作空间中的部分奇异位形，扩大工作空间，还可以提高机床刚度，优化输入力，降低机床关节内力，提高力传递能力，改善机床的性能。

虽然并联机床采用驱动冗余方式具有上述优点，但也增加了其理论研究和实际控制的难度。已有的关于驱动冗余并联机床的研究主要集中在机构的结构设计、奇异性分析和动力学建模方面，并且主要依靠对机构本身结构的优化来提高运动性能。在机床制造装配之后，可以通过标定来提高机床精度，而不需要改动机床硬件，因此标定是提高并联机床性能的一种简单有效的措施。但是，针对驱动冗余并联机床的运动学标定和动力学标定的实用化成果很少，阻碍了驱动冗余并联机床精度的提高。另外，控制是开发并联机床的关键环节，决定着机床的运动品质。并联机床是高度非线性、强耦合的多变量复杂机电系统，广泛地存在延迟、时变等现象，使得被控量不能及时地反映系统状态，导致控制中难以同时兼顾高精度、快速性和稳定性。驱动冗余并联机床的控制更加复杂，在控制过程中需要对内力实时分配，并且不能采用传统数控机床的单支链回零方法。驱动冗余并联机床的高速高精度稳定控制是一项具有挑战性的课题。为了获得较高的运动品质，必须研究适合于驱动冗余并联机床的运动学和动力学参数辨识方法以及控制技术等，推动并联机床的实用化进程。因此，本书以作者近年来在并联机床的优化设计、动态特性分析及运动控制方面的研究成果为基础，系统论述驱动冗余并联机床的性能分析、参数辨识及控制方法。

全书共 8 章。第 1 章介绍本书的研究目的及意义、并联机床的国内外研究现状。第 2 章以一台平面驱动冗余并联机床为例，分析驱动冗余并联机床的工作空间、灵巧度、奇异性及刚度，并与对应的非冗余并联机床进行对比。第 3 章研究驱动冗余并联机床运动学标定技术，介绍最少参数线性组合的运动学标定方法，并以本书研究的驱动冗余并联机床的外部标定为例，说明误差建模、测量及误差补偿的详细步骤。第 4 章是静刚度建模部分，采用结构矩阵分析法建立整机的静刚度理论模型，进一步利用 ABAQUS 建立机床的有限元模型，最后通过刚度实验检验理论模型和有限元模型的正确性。第 5 章分别建立驱动冗余并联机床的刚体动力学模型以及考虑关键部件变形的刚柔耦合动力学模型。第 6 章研究驱动冗余并联机床的动力学参数辨识，并开展辨识实验研究。第 7 章研究驱动冗余并联机床的回零方法，提出机床冗余支链辅助回零策略，并集成到驱动冗余机床数控系统中。第 8 章研究驱动冗余并联机床的控制方法，提出位置-力交换控制策略并集成到数控系统中，通过轮廓误差实验、位置精度实验以及切削实验评价本书研究的驱动冗余并联机床的性能。

在本书撰写过程中，清华大学机械工程系汪劲松教授、刘辛军教授、唐晓强教授、关立文研究员、邵珠峰副研究员、张云副研究员在一些具体问题上给予了热情的帮助，并提出了宝贵的建议，在此表示感谢。还要感谢研究团队成员常鹏、吕亚楠、廖恒斌、贾石和刘大炜等，他们完成了本书部分内容的理论推导、仿真与实验工作。

由于作者水平所限，书中难免存在不足和疏漏之处，敬请读者不吝赐教。

作　者

2018 年 5 月于北京清华园

目 录

第 1 章　绪　　论

1.1　并联机床的应用发展

从机构学角度看，多自由度联动机构可以分为串联机构和并联机构两大类。从装备研发角度，可以基于这两类机构分别开发加工装备。目前的加工装备主要采用串联机构实现多自由度联动，然而并联机构在高承载、低成本、结构紧凑、动态特性等综合性能要求高的场合更具优势，因此基于并联机构衍生出了一种新的加工装备——并联机床。并联机床实质上是机器人技术和数控机床技术相结合的产物，它同时兼顾了机器人和机床的诸多特性，是集多种功能于一身的新型机电设备。虽然其原型 Stewart 平台早在 1965 年就已问世，但真正引起关注则是在 1994 年美国芝加哥国际机床制造技术展览会上，美国 Ingersoll 公司和 Giddings & Lewis 公司首次展出了名为 HEXAPOD 和 VARIAX 的并联机床(图 1.1 和图 1.2)，被誉为“机床结构的重大革命”和“21 世纪新一代数控加工设备”。之后，在 1995 年的欧洲机床展览会上，意大利 Comau 公司展出了基于 Tricept 型并联机构开发的去毛刺机器人。在 1997 年德国汉诺威机床展览会上机床厂商展出了多台并联机床。并联机床得到了国内外学术界和工业界的广泛关注。在我国，对并联机床的研究得到国家高技术研究发展计划、国家重点基础研究发展计划和国家自然科学基金等项目的资助。1997 年，清华大学与天津大学合作开发了我国第一台大型镗铣类纯并联构型机床——虚拟轴机床 VAMT1Y(图 1.3)，此后清华大学开发了多种五轴联动并/混联机床(图 1.4)，在样机结构设计技术、机床数控编程、动力学建模

图 1.1　HEXAPOD 机床

图 1.2　VARIAX 机床

图 1.3 VAMT1Y 机床

图 1.4 五轴联动并/混联机床

技术以及高精度控制等方面，取得了一系列创造性成果。

并联机床和基于串联机构的传统数控机床各有优点，根据需求设计兼具二者优点的混联机床，则具有更大的优势，拥有广阔的应用前景。近年来，基于少自由度并联机构功能部件的多自由度联动混联机床是装备行业研究的一个新方向，其主流趋势是将 2～3 自由度并联机构作为一种即插即用的功能模块——主轴头，这种主轴头摒弃了传统主轴头的缺点，具有结构紧凑、可重构能力强的优点，因此可根据用户需求搭建加工装备专机(如 5 坐标高速加工中心)或需要优势方向的制造系统(如飞机机翼、龙骨等铝合金结构件高速数控加工单元)。著名的 Tricept 机械手和 Sprint Z3 主轴头在航天、航空及汽车装备制造业中取得的巨大商业成功已经充分说明少自由度并联机构具有广阔的应用前景。图 1.5 为瑞典 Neos Robotics 公司开发的 Tricept 系列混联机床和机械手，主要用于飞机结构件和汽车动力传动装置高速铣削加工、汽车发动机装配等场合。图 1.6 为德国 DS Technology 公司开发的 Sprint Z3 主轴头以及集成该主轴头的飞机结构件高性能数控加工中

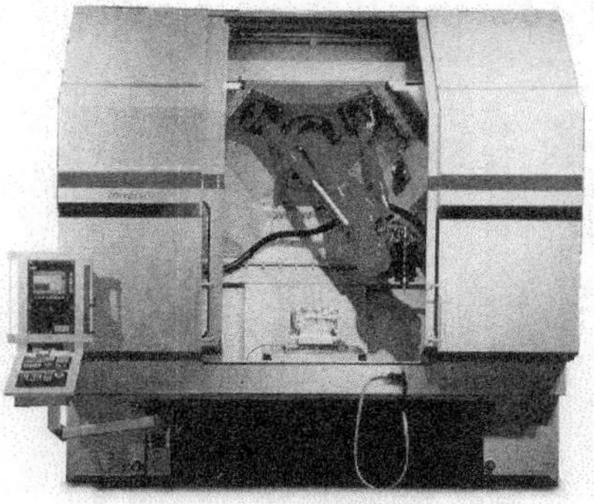

(a) Tricept845 并联机床

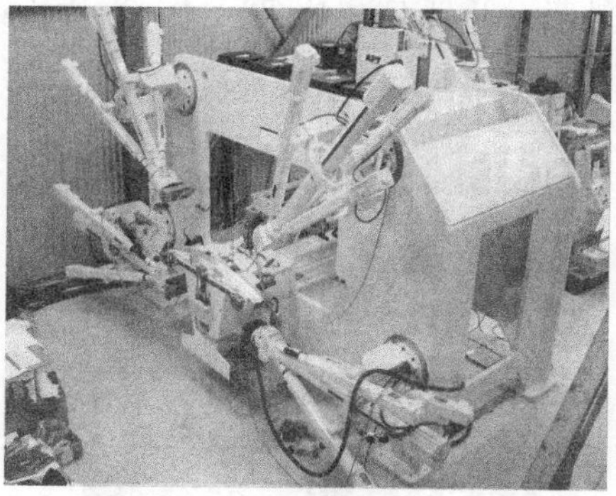

(b) Tricept 机构组成的飞机结构件加工单元

图 1.5 Tricept 系列混联机床和机械手

(a) Sprint Z3主轴头 (b) 五轴联动加工中心

图 1.6 Sprint Z3 主轴头及其构成的加工中心

心 Ecospeed。在该数控加工中心中，Sprint Z3 主轴头配置在可以沿 X 轴移动的立柱上，并且可沿立柱上的线性导轨进行 Y 轴移动。配置的特点是所有运动都由刀具完成，而工件是固定不动的，这对大型飞机结构件加工非常有利。Ecospeed 数控加工中心具有加工效率和加工精度高、表面质量好等优点，在许多飞机制造厂获得了应用。

相对于传统机床，并/混联机床在理论上具有高承载、低惯量和高刚度等诸多优点，因此始终得到学术界和工业界的重视，研究人员发表了大量关于并/混联机床的学术论文。然而，可实用化和产业化的并联装备还十分有限，只有 Sprint Z3 主轴头[1]以及 Tricept 机床[2]等系列产品取得了成功，这与人们对并联机床的期望相距甚远。其原因有很多，其中一个主要原因是并联机床的工作空间小和奇异位形多。在奇异位形附近的区域，机床的操作性能大幅度下降。与传统机床/机器人的奇异位形不同，并联机床的奇异位形更加多样化，在并联机床的某些奇异位形处，机床将获得一个或多个自由度，即在某些方向上的刚度将消失，无法抵御外力；或者失去一个或多个自由度。这两种情况下的奇异位形都会导致机床不可控，并且在奇异位形附近的区域，运动精度会下降。研究人员提出了多种搜索并联机构奇异位形的方法[3]，以便在控制中避开这些奇异位形。由于奇异位形附近的区域，机床的性能也较差，所以在实际应用中机床不仅需要避开奇异位形，还需要避开奇异位形附近的位形，从而进一步减小了原本就不大的工作空间。

冗余是克服这些缺陷的一种行之有效的方案[4,5]，逐渐被引入并联机构中。并联机构的冗余主要分为运动学冗余[6]、驱动冗余[7]和传感器冗余[8]三种形式。对于一个并联机构，如果它本身所具有的自由度数多于执行特定任务所需要的自由度数，则该机构是运动学冗余的；相应地，如果它所具有的关节驱动器数多于末端执行器运动所必需的自由度数，则该机构是驱动冗余的；传感器冗余是指传感器的个数多于确定机构位形所需的最少个数(机构的自由度)，可以用来避免运动学正解的不确定性或通过冗余传感器的信息减少计算，从而降低控制环的时间。驱动冗余只是增加了机构的驱动器数，而不改变机构的自由度，这类冗余在并联机构中应用较多。并联机构的驱动冗余又可以分为三种类型[9]：第一类是在非冗余并联机构某些支链的被动关节处添加主动驱动器；第二类是在非冗余并联机构上添加具有主动驱动的运动学支链；第三类是前两种类型的组合，既驱动已有支链的被动关节，又添加额外的运动学支链。在非冗余并联机构中引入驱动冗余，可以消除非冗余并联机构工作空间中的部分奇异位形，从而增大并联机构的工作空间。此外，由于存在驱动冗余，可以采用适当的优化算法和优化目标对各个主动关节的驱动力进行优化分配，改善机构的性能。

目前，研究人员已经成功地应用驱动冗余来克服并联机构的奇异位形，增大有效工作空间，优化关节驱动力，改善整个工作空间中的刚度和驱动平稳性。例如，Zanganeh 和 Angeles[10]提出了一种冗余并联机器人，它可以有效地克服 6 自由度 Gough-Stewart 平台的作业空间小和奇异位形多等缺点。韩国汉阳大学设计了驱动冗余的五副灵巧手[11]，并指出在灵巧手中使用一个冗余驱动器比不添加冗余驱动器或添加两个以上的冗余驱动器具有更大的夹持载荷能力。韩国首尔国立大学建造了可进行五面快速加工的 6 自由度并联机床 Eclipse I(图 1.7)和 Eclipse II[12,13]，其动平台具有空间大角度转动能力。德国开姆尼茨弗朗豪夫模具及成型技术研究所基于平面冗余并联机构[14]，开发了一台具有剪刀运动学形式的并联机床，其样机如图 1.8 所示。此外，国内一些单位也开发了冗余并联机床。清华大学[15]

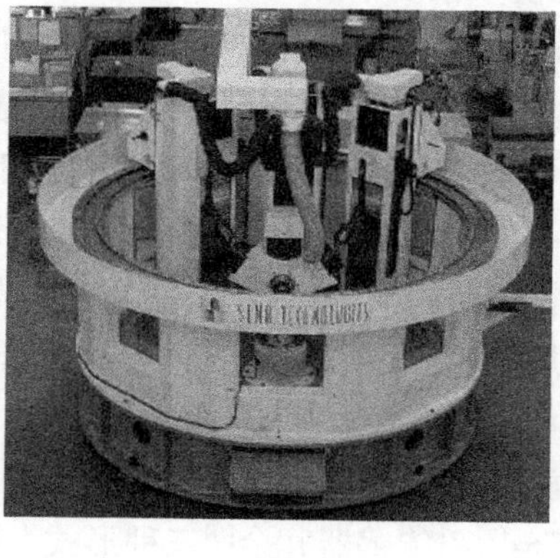

图 1.7 Eclipse I 并联机床

图 1.8 2 自由度驱动冗余并联机床

将一台五轴联动混联机床中并联机构的一个被动关节变为主动驱动，开发了驱动冗余并联机床(图 1.9)。燕山大学[16]基于 6PUS-UPU 并联机构开发了一台五轴联动并联机床(图 1.10)。北京航空航天大学开发了具有两转动和一平动自由度的冗余并联机床[17]。香港科技大学与国防科技大学[18]合作，在一台平面 2 自由度并联机器人上增加一条冗余运动学支链，开发了驱动冗余并联机器人。

图 1.9　五面加工混联机床

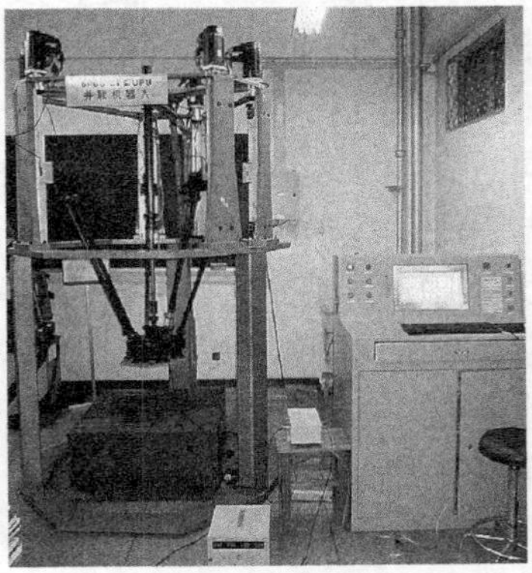

图 1.10　6PUS-UPU 并联机床

相对于传统的刚性连杆并联机构，一些学者提出使用绳索代替刚性连杆的绳牵引并联机构[19,20]。但是，绳索的弹性降低了机构的刚性，而且工作过程中绳索必须始终处于拉伸状态，需要通过添加冗余绳索以保证机构的正常运动。正如 Ming 和 Kajitani 等[21]指出的，n 自由度绳牵引并联机构必须至少由 n+1 根绳索来牵引，因此绳牵引并联机构通常是驱动冗余的。绳牵引并联机构运动部件质量小，可以产生较高的速度和加速度，同时绳牵引并联机构具有较好的柔性和可操作性，更容易实现可重构和模块化，可以应用于对较重质量的刚性连杆并联机构不适合和对精度要求不太高的场合，如造船、大型射电望远镜的馈源舱[22]、定位望远镜和体育场里的照相机系统等，另外还可以用于半导体等轻质量物体的高速装配。

并联机床作为并联机构的一个主要应用，正处于走向实用化和产业化的关键时期，集中力量解决其发展道路上的若干瓶颈问题，具有重要的意义。驱动冗余并联机床是解决当前并联机床实用化过程中若干问题的有效途径之一。因此，对驱动冗余并联机床的样机建造、动力学和控制等关键问题进行研究，对提高驱动冗余并联机床的研制水平，促进并联机床的工业应用具有重要意义。

1.2 并联机床动力学及控制研究状况

1.2.1 冗余机床动力学优化方法

并联机床的逆动力学问题涉及已知系统的几何参数和运动构件的惯性参数，建立末端执行器的运动(位置、速度和加速度)和关节驱动力之间的关系。逆动力学分析是整机动态设计、伺服电机选配、动力学参数辨识和控制的理论基础。基于不同的力学原理，可以采用不同的方法建立动力学模型，如牛顿-欧拉法、拉格朗日方程法、虚功原理法和凯恩方法等。对于非冗余并联机床，动力学建模过程中力/力矩平衡方程的个数和未知静态力的个数相等，即机构是静定的。然而，驱动冗余并联机床的逆动力学方程是静不定的，力/力矩平衡方程的个数小于未知力/力矩的个数，方程的解不唯一，对于给定的控制输入，存在着多种可能的驱动力/力矩向量，必须协调好各关节的驱动力，否则会导致较大的内力破坏机构。因此，必须根据期望的优化目标[23]，将力/力矩平衡方程视为等式限制，利用有关的优化技术获得最优的关节力/力矩，这就涉及优化的目标和求解的方法。根据驱动冗余并联机床的特点，可以将优化目标大概分为四种：极小化关节速度、极小化驱动力/力矩、极小化系统的能量消耗以及极小化干扰引起的驱动力突变。优化过程中求解驱动力的方法有加权伪逆法、显式拉格朗日乘子法和直接置换法等[24]，其中主要的求解方法还是加权伪逆法，这一方法首先应用在冗余串联机器人中，后来直接应用到冗余并联机床中。

驱动冗余并联机床驱动力优化过程中通常需要考虑关节的速度和驱动力/力矩。因此，针对驱动冗余并联机床，Merlet[25]提出了两个目标函数，一个是极小化关节速度，另一个是极小化驱动力/力矩；还给出了处理驱动关节速度极限问题的优化方法，使驱动力接近其平均值。Nahon 和 Angeles[26]提出了二次规划方法，通过极小化系统内部力实时获得冗余并联机构驱动力分布最优解，并将二次规划方法和线性规划方法作了比较，表明二次规划方法计算速度快、系统内部力变化平缓。

为了减少运动过程中的能量消耗，可以将系统能量消耗作为驱动力优化中的又一主要目标。考虑冗余并联机构的弹性，Kerr 等[27]通过最小化系统的势能来求解驱动力/力矩，求解的方法仍是加权伪逆法。蔡胜利和白师贤[28]通过极小化冗余并联机构的能量消耗来优化驱动力。Orin 和 Oh[29]提出不等式限制的线性规划方法作为极小化行走机构中能量消耗的离线设计工具。Cheng 和 Orin[30]用紧凑的公式让这种线性规划便于实时应用，但是这种方法会带来解的不连续性。此外，Nahon 和 Angeles[31]利用驱动冗余减小由干扰引起的驱动力矩突变现象，并给出了最优驱动力分布算法，但是他们没有考虑驱动力矩的极限。Lee 等[32]进一步研究了使用驱动冗余减少并联机床的冲击干扰问题，并指出最小范数解得到的力矩超过力矩极限时，可通过零空间解来获得处于极限内的力矩值。

1.2.2　冗余机床动力学参数辨识方法

数控机床正向高速、高精度和智能化方向发展，这就对并联机床的控制精度提出了更高的要求。为了从根本上提高机床的运动精度，必须在深入研究机床动力学特性，建立准确的动力学模型的基础上，实现动力学控制或补偿。并联机床准确的动力学模型是对机床精确控制、动态设计及运动仿真的前提。动力学模型的精度依赖于各运动连杆的几何参数和惯性参数，前者可以通过运动学标定方法获得准确数值，后者可以采用辨识的方法来确定。动力学参数辨识是一项重要的基础性课题，一直受到国内外学者的高度重视和关注。目前，动力学参数辨识的方法主要有解体测量法、计算机辅助设计(CAD)法、自适应法和系统辨识法等。

解体测量法是将机床解体，用实验装置或测量平台确定机床连杆的惯性参数。Armstrong 等[33]将 PUMA560 机器人解体，在专门设计的测量平台上进行惯性参数的实验测量。但是，这种方法工作量大，还需要有专门的测量装置，而且忽略了连杆关节特性的影响，因此动力学参数辨识的效果受实验方法、测量装置的影响较大。

CAD 法是随着计算机辅助设计技术的发展而形成的，其根据机床结构图，利用几何参数和材料属性求解惯性参数。CAD 法容易获得独立的惯性参数值，并且在设计阶段就可以根据计算的惯性参数研究机床的动态特性和基于模型的控制方法，逐步完善机床的设计。李杨民等[34]采用 CAD 法编制了机器人动力学参数辨识的通用软件，并对 PUMA760 机器人动力学参数进行了辨识。在此基础上，王树新等[35]考虑各关节摩擦与阻尼特性，根据 PUMA760 机器人动力学模型和单关节运动实验结果修正了相应的动力学参数。但是，CAD 法中各构件几何模型的精度决定了动力学参数的精度，零部件在实际加工过程中存在制造误差，往往不能保证与 CAD 模型完全一致，直接影响辨识的精度。

自适应法主要用于辨识并联机床动力学参数。目前，对并联机床动力学参数辨识的研究较少，其原因是：相对于串联机器人，并联机床较小的工作空间增加了实验的难度；并联机床复杂的动力学模型给不同参数的单独激励辨识带来极大困难；在串联机器人中，为了辨识某几个连杆的参数，可以锁定其他连杆，而并联机床很难实现单关节运动。因此，一些学者采用自适应法对并联机床动力学参数进行辨识，从而避免了对激励轨迹的优化。Burdet 和 Codourey[36]基于雅可比矩阵将作用于各运动部件的力和力矩投影到操作空间，为采用非线性自适应控制算法辨识动力学参数奠定了基础。在此基础上，Honegger 等[37]应用非线性自适应控制算法，对 Hexaglide 并联机床的动力学参数进行了辨识，并将辨识结果用于动力学前馈控制中，获得了较好的控制精度。然而，自适应控制算法不能保证辨识参数的收敛性。

系统辨识法是机床/机器人动力学参数辨识中使用最广泛的方法，是在指定机床/机器人运动的基础上，分析其输入和输出特性，通过极小化实际的参数变量及其数学模型之间的偏差来估计参数值。系统辨识法可以估计出机床/机器人动力学建模过程中所需的基本动力学参数(包括各个运动关节的库伦摩擦系数和黏性摩擦系数)，辨识精度高且测量工作量少。Guegan 等[38]采用系统辨识法辨识了 Orthoglide 并联机床的 43 个基本动力学参数。Wiens 等[39]推导了 Stewart 平台的动力学参数辨识模型，并且针对 Hexapod 并联机床开展了辨识实验。Poignet 等[40]采用间隔分析的方法辨识了 H4 并联机器人的动力学参数，但是辨识参数的标准方差较大，而且很难验证辨识过程中的统计假设。在此基础上，Poignet 等[41]将椭球方法应用于 H4 并联机器人的动力学参数辨识中，但是需要进一步对椭球外边界尺寸和估计力矩的边界进行研究。针对 H4 并联机器人，Vivas 等[42]研究了包含黏性摩擦力和库伦摩擦力的动力学参数辨识模型和辨识方法，并指出动平台上不使用附加的传感器也可以得到较好的辨识效果。

目前，对串联机器人动力学参数辨识的研究相对深入，而并联机床动力学参数辨识的研究刚刚起步，对并联机床(特别是少自由度并联机床)动力学参数辨识模型的建模方法还缺乏系统的理论研究，同时对并联机床动力学参数辨识的实验研究还有待进一步深入。

1.2.3　并联机床的控制

并联机床作为一个结构复杂、多变量、多自由度、多参数耦合的非线性系统，其控制极其复杂。开发并联机床的运动控制系统，可以基于运动学控制方式构造运动学控制系统，也可以基于动力学控制方式构造动力学控制系统。运动学控制是指依据并联机床的运动学模型生成控制指令的控制方式。由于只需通过简单的运动学逆解运算即可生成控制指令，运动学控制具有简单、易实现的特点，得到了广泛的应用。在并联机床研究的初期，借鉴了传统数控机床运动控制中的成功经验，把并联机床的各个分支当成完全独立的系统进行控制，并以此为基础进行运动控制器的设计，控制策略多为传统的 PID 控制。Cheng 等[43]尝试在驱动冗余并联机构中采用运动学控制方式，但是研究结果表明该方法不能保证运动精度，也不适用于高速运动。Ghorbel[44]从理论和实验两方面对并联机床的 PD 控制进行了详细的研究，并指出独立关节控制方法计算比较简单，容易实现，但是控制精度不高，抗干扰能力较差。借鉴低速并联机构 PD 控制方法，Sciavicco 等[45]提出了一种适用高速并联机构的独立关节控制方法。周潜等[46]采用运动学差分预测法控制绳牵引并联机构，虽然可以减小机构的振动，但是运动精度不高。由于运动学控制没有充分考虑并联机床本身所固有的非线性动力学特性，在高速运动情况下不能获得很高的运动控制精度。

动力学控制是指综合考虑并联机床的运动学和动力学模型生成控制指令的控制方式。并联机床的动力学行为呈现出高度的非线性和强烈的耦合性，即当各支链驱动动平台运动时，各支链之间、各支链与动平台之间存在着强烈的非线性力耦合作用。上述动力学特性将对并联机床的运动控制精度产生较大的影响。为了在高速运动情况下实现高精度控制，需要开发动力学控制系统，对并联机床的动力学特性实施有效的控制。根据对动力学模型的依赖程度，可以将并联机床动力学控制分为两类。

第一类动力学控制是对模型精度要求较高的控制方式，如计算力矩控制和基于动力学模型的前馈控制等，属于逆系统控制方式，控制效果依赖动力学模型的精度。计算力矩控制根据控制对象的动力学模型，通过动力学逆解来计算控制力矩。基于动力学模型的前馈控制方式由反馈控制器与前馈补偿器组成。反馈控制器依据运动指令控制机床的运动，前馈补偿器依靠逆动力学模型补偿动力学特性对机床动态性能的影响。动力学控制实现的关键在于动力学模型的准确表达，系统稳定性、可控性和可观性的保证以及在线计算效率的满足。为了解决这一问题，研究人员提出了不同的方法[47,48]。例如，在前馈补偿器设计中，为了降低运动控制精度对模型准确性的依赖程度，可以采用鲁棒控制、滑模变结构控制等。但是这些控制系统的运动控制精度并不理想，如何降低模型的不准确性对运动控制精度的影响仍然是目前没有很好解决的问题。另外一些研究人员通过引入较准确的动力学模型，采用基于动力学模型的前馈控制方式获得了较满意的效果。例如，Honegger 等[49]在动力学参数辨识的基础上，采用动力学前馈控制方式控制 Hexaglide 并联机床，在 24m/min 的运动速度下，动平台的最大轨迹跟踪误差为 34μm。Denkena 等[50]采用动力学前馈控制方式控制一台 6 自由度并联机床时，对动力学模型不进行任何简化和修改，直接将其应用于控制系统中，满足系统的实时性要求，并获得了较高的运动精度。

第二类动力学控制是对模型精度要求不高的控制方式，如鲁棒控制、变结构控制、自适应控制、模糊控制等。鲁棒控制方法以稳定性和可靠性为首要目标，设计的控制系统以一些最差的情况为基础，通常系统并不工作在最优状态，难以满足并联机床的高精度运动要求；变结构控制的系统分解和系统滑动模态对某些干扰和参数摄动具有强鲁棒性，但是趋近于滑动模态时，控制对象的状态将发生高频抖动；自适应控制所依据的关于模型和扰动的先验知识比较少，需要在系统的运行过程中不断提取有关模型的信息，逐步完善模型，降低了控制系统的实时性和增加了系统的复杂性；模糊控制能够在控制中体现出人的知识和经验，但是控制系统中影响控制性能的因素较多，自适应能力差。

此外，也可以结合第一类动力学控制方法和第二类动力学控制方法设计控制系统。为了提高模型的精度，可以在前馈补偿器中引入学习控制实时修正动力学模型[51]，但是控制算法复杂，降低了控制系统的实时性。在基于动力学模型的前馈控制方式中，针对动力学特性引起的、施加于反馈控制器的动力学干扰，可以引入滑模变结构控制或模糊控制等控制方式，然而如上所述，这些控制方式在应用中本身都存在一些技术难题，很难建造一个性能优异的控制系统。

不同于非冗余并联机床，基于运动学模型的位置控制已不适合驱动冗余并联机床。同时，驱动冗余并联机床的动力学模型更复杂，通常还需要对驱动力进行实时优化，导致驱动冗余并联机床的动力学控制更加复杂。控制已成为开发驱动冗余并联机床的关键技术和难点。Cheng 等[43]指出驱动冗余并联机床的动力学方程在形式上与串联机器人相似，可以尝试把一些应用于串联机器人的控制策略应用到驱动冗余并联机床中。他们采用计算力矩控制方法控制一台 2 自由度驱动冗余并联机器人。Fang 等[52]采用动力学前馈控制方式控制 6 自由度驱动冗余绳牵引并联机构。Ropponen[53]分别采用计算力矩控制和动力学前馈控制方式控制一台驱动冗余并联机器人，并对这两种控制方式进行了比较，比较结果表明计算力矩控制方式可以获得更好的效果。Kock 和 Schumacher[54]利用简化的动力学模型对一台 2 自由度驱动冗余平面并联机器人进行高速控制，获得了高达 10g 的加速度和 0.5mm 的运动精度。一些研究人员还提出了其他控制方法来控制驱动冗余并联机构。例如，为了提高机构的刚度，Chakarov[55]采用刚度控制法；基于消除并联机构内力的原则，邓启文等[56]采用力控制方式；为了减小轨迹跟踪误差，Su 等[57]引入模糊学习控制。

此外，沈辉等[58]从微分几何的角度分析驱动冗余并联机构的动力学特性，并设计自适应混合位置-力控制器和计算力矩控制器。除了动力学控制外，Kvtoslav 等[59]还研究了采用状态空间广义预测控制方法对驱动冗余并联机构进行控制的可行性。事实上，Paccot 等[60]对并联机床的动力学和控制进行了总结和综述，其结论是串联机器人的经典控制策略并不完全适合并联机床，因为关节空间控制方式不适合并联机床，而笛卡儿空间的控制方式更适合并联机床。目前，对驱动冗余并联机构的控制算法和策略研究还处于摸索阶段。借鉴非冗余并联机床的最新控制技术，探讨适合驱动冗余并联机床的控制策略和方法，对提高驱动冗余并联机床的运动控制性能具有现实的意义。

1.3　本书的主要内容

并联机床作为传统数控机床的一个重要补充，已经得到广泛研究，并在一些领域得到了成功应用。但是，并联机床也存在一些固有的缺陷，如较小的工作空间和大量的奇异位形。为了克服这些缺陷，驱动冗余被引入并联机床中。并联机床采用驱动冗余方式可以消除部分奇异位形、增大工作空间、提高灵巧度、优化机构力传递等。虽然并联机床采用驱动冗余方式具有这些优点，但也增加了其理论研究和实际控制的难度。目前，对驱动冗余并联机床的研究主要集中在机构的结构设计、奇异性分析和动力学建模方面，并且主要依靠对机构本身结构的优化来提高运动性能，较少从完善动力学模型和控制策略的角度解决问题，在某种程度上限制了驱动冗余并联机床性能的进一步提高。本书基于一台非冗余并联机床，通过添加主动驱动支链开发驱动冗余并联机床，从而提高机床的工作空间、灵巧度和刚度，进而研究其运动学标定、刚度性能、动力学建模、参数辨识和控制方法，并进行相应的实验研究，最终使机床的各项性能达到切削汽轮机叶片的要求。全书主要内容如下：

第 1 章阐述冗余并联机床研究的背景和意义，综述相关研究领域的研究状况和存在的问题。

第 2 章提出本书研究的驱动冗余并联机床的构型，建立其运动学模型，并分别分析其工作空间、灵巧度、奇异性、刚度性能，进一步比较该机床在驱动冗余和非冗余方式下的工作空间、灵巧度、奇异性、刚度性能。

第 3 章研究驱动冗余并联机床运动学标定方法，给出最少参数线性组合的运动学标定方法。这种方法根据多参数耦合误差传递系统中参数线性组合的映射关系，将一般运动学标定中参数的建模、辨识与误差补偿，改变为参数线性组合的建模、辨识与误差补偿。其核心是关于辨识矩阵正交三角(QR)分解所得上三角方阵的四个推论，即方阵中零列、成比例列、线性相关列以及方阵的秩。以本书研究的驱动冗余并联机床的外部标定为例，说明误差建模、测量及补偿的详细步骤。

第 4 章研究驱动冗余并联机床的静刚度，静刚度分析主要评价外力作用对末端动平台变形的影响。该章采用结构矩阵分析法建立整机的静刚度理论模型，将整机划分为连接件和结构件建立单元刚度矩阵，将各单元刚度矩阵组集装配成整机刚度矩阵进行分析。在整机静刚度理论模型的基础上对驱动冗余并联机床和非冗余并联机床进行刚度综合分析与比较，并给出机床刚度评价指标。进一步，利用有限元分析软件 ABAQUS 分别建立驱动冗余并联机床和非冗余并联机床的有限元模型，通过有限元软件仿真结果和理论模型计算结果的比较初步验证理论模型的准确性。最后，在理论模型和有限元分析的基础上对驱动冗余并联机床和非冗余并联机床进行刚度实验，通过实验得到几个典型位姿下的机床刚度，进一步检验理论模型和有限元模型的准确性。

第 5 章分别采用虚功原理和牛顿-欧拉方程建立驱动冗余并联机床的刚体动

力学模型以及考虑关键部件变形的刚柔耦合动力学模型。首先，利用虚功原理建立驱动冗余并联机床的动力学模型，在建模过程中通过选择适当的关键点，避免偏速度矩阵和偏角速度矩阵中出现基本动力学参数，并研究机床运动构件上的作用力等效规律；分别以驱动力范数和能量消耗最小为目标，对驱动力进行优化。然后，利用奇异值分解原理构造动力学操作度的局部评价指标和全域评价指标。最后，基于牛顿-欧拉方程，考虑机床中刚度最差部件的变形，提出一种考虑杆件变形的驱动冗余并联机构刚柔耦合动力学建模方法，在优化过程中通过给杆件内力赋予和变形相关的权重，更有效地减小容易产生变形杆件的内力，从而使并联机床总变形最小。

第 6 章研究驱动冗余并联机床动力学参数辨识方法。由于惯性矩等动力学参数很难直接测量，必须采用辨识的方法进行辨识。该章将第 5 章的动力学模型转化为相对于基本动力学参数为线性化的模型，从而提取出基本动力学参数。在此基础上，应用两步辨识法辨识并联机床基本动力学参数，并针对本书研究的驱动冗余并联机床开展辨识实验研究。

第 7 章研究驱动冗余并联机床回零策略。回零是数控机床操作中最重要的环节之一，传统机床的直接控制各坐标轴回到坐标零点的方法不适用于驱动冗余并联机床。针对驱动冗余并联机床在奇异位形处的回零问题，提出冗余支链辅助回零策略，并将该回零策略集成到驱动冗余并联机床数控系统中，进行实验研究，验证冗余支链辅助回零策略。

第 8 章基于非冗余并联机床位置控制，以提高系统响应性能为目的，重新设计位置环控制器。对冗余支链采用力控制方式，并提出动力学差分预测控制策略。进一步根据实际加工需要，提出位置-力交换控制策略，控制两个伸缩支链的运动。将位置-力交换控制策略集成到数控系统中，进行实验研究，验证该控制策略的工程有效性和可行性。最后，通过轮廓误差实验、位置精度实验以及切削实验评价本书研究的驱动冗余并联机床的性能。

参 考 文 献

[1] Hennes N. Ecospeed: An innovative machinery concept for high performance 5-axis machining of large structural components in aircraft engineering. Proceedings of 3rd Chemnitz Parallel Kinematics Seminar, 2002: 763-774.

[2] Neumann K E. Tricept applications. Proceedings of 3rd Chemnitz Parallel Kinematic Seminar, 2002: 547-551.

[3] Liu G F, Lou Y J, Li Z X. Singularities of parallel manipulators: A geometric treatment. IEEE Transactions on Robotics and Automation, 2003, 19(4): 579-595.

[4] Ropponen T, Nakamura Y. Singularity-free parameterization and performance analysis of

actuation redundancy. IEEE International Conference on Robotics and Automation, 1990, 2: 806-811.

[5] Cheng H. Dynamics and control of parallel manipulators with actuation redundancy. Hong Kong: Hong Kong University of Science and Technology, 2001.

[6] Wang J, Gosselin C M. Kinematic analysis and design of kinematically redundant parallel mechanisms. Journal of Mechanical Design, 2004, 126(1): 109-118.

[7] Conkur E S, Buckingham R. Clarifying the definition of redundancy as used in robotics. Robotica, 1997, 15(5): 583-586.

[8] Baron L, Angeles J. The direct kinematics of parallel manipulators under joint-sensor redundancy. IEEE Transactions on Robotics and Automation, 2000, 16(1): 12-19.

[9] Kim S. Operational quality analysis of parallel manipulators with actuation redundancy. IEEE International Conference on Robotics and Automation, 1997, 3: 2651-2656.

[10] Zanganeh K E, Angeles J. Mobility and position analysis of a novel redundant parallel manipulator. IEEE International Conference on Robotics and Automation, 1994, 4: 3049-3054.

[11] Yi B J, Oh S R, Suh I H. A five-bar finger mechanism involving redundant actuators: Analysis and its applications. IEEE Transactions on Robotics and Automation, 1999, 15(6): 1001-1010.

[12] Kim J, Park F C, Ryu S J, et al. Design and analysis of a redundantly actuated parallel mechanism for rapid machining. IEEE Transactions on Robotics and Automation, 2001, 17(4): 423-434.

[13] Kim J, Hwang J C, Kim J S, et al. Eclipse II: A new parallel mechanism enabling continuous 360-degree spinning plus three-axis translational motions. IEEE Transactions on Robotics and Automation, 2002, 18(3): 367-373.

[14] Ecorchard G, Neugebauer R, Maurine P. Elasto-geometrical modeling and calibration of redundantly actuated PKMs. Mechanism and Machine Theory, 2010, 45(5): 795-810.

[15] Xie F G, Liu X J, Zhou Y H. Development and experimental study of a redundant hybrid machine with five-face milling capability in one setup. International Journal of Precision Engineering and Manufacturing, 2014, 15(1): 13-21.

[16] Wen S H, Yu H Y, Zhang B W, et al. Fuzzy identification and delay compensation based on the force/position control scheme of the 5-DOF redundantly actuated parallel robot. International Journal of Fuzzy Systems, 2017, 19(1): 124-140.

[17] 白志富, 韩先国, 陈五一. 基于冗余驱动的大姿态角并联机构优化设计. 北京航空航天大学学报, 2006, 32(7): 856-859.

[18] 沈辉. 并联机器人的几何分析理论和控制方法研究. 长沙: 国防科技大学博士学位论文, 2003.

[19] Oh S R, Agrawal S K. Cable suspended planar robots with redundant cables: Controllers with positive tensions. IEEE Transactions on Robotics, 2005, 21(3): 457-465.

[20] Hiller M, Fang S, Mielczarek S, et al. Design, analysis and realization of tendon-based parallel manipulators. Mechanism and Machine Theory, 2005, 40(4): 429-445.

[21] Ming A, Kajitani M, Higuchi T. On the design of wire parallel mechanism. International Journal

of the Japan Society for Precision Engineer, 1995, 29(4): 337-342.

[22] Tang X Q, Shao Z F. Trajectory planning and tracking control of a multi-level hybrid support manipulator in FAST. Mechatronics, 2013, 23(8): 1113-1122.

[23] Granovski L L, Fisette P, Samin J C. Modeling of over actuated closed-loop mechanisms with singularities: Simulation and control. Proceedings of ASME Design Engineering Technical Conference and the Computers and Information in Engineering Conference, 2001, 6: 207-214.

[24] Nahon M, Angeles J. Force optimization in redundantly-actuated closed kinematic chains. IEEE International Conference on Robotics and Automation, 1989, 2: 951-956.

[25] Merlet J P. Redundant parallel manipulators. Laboratory Robotics and Automation, 1996, 8(1): 17-24.

[26] Nahon M, Angeles J. Real-time force optimization in parallel kinematic chains under inequality constraints. IEEE Transactions on Robotics and Automation, 1992, 8(4): 439-450.

[27] Kerr D R, Griffis M, Sanger D J, et al. Redundant grasps, redundant manipulators, and their dual relationship. Journal of Robotic Systems, 1992, 9(7): 973-1000.

[28] 蔡胜利, 白师贤. 冗余驱动的平面并联操作手的输入力优化. 北京工业大学学报, 1997, 23(2): 37-41.

[29] Orin D E, Oh S Y. Control of force distribution in robotic mechanisms containing closed kinematic chains. Journal of Dynamic Systems, Measurement and Control, 1981, 103(2): 134-141.

[30] Cheng F T, Orin D E. Optimal force distribution in multiple chain robotic systems. IEEE Transactions on Systems, Man and Cybernetics, 1991, 21(1): 13-24.

[31] Nahon M, Angeles J. Reducing the effects of shocks using redundant actuation. IEEE International Conference on Robotics and Automation, 1991, 1: 238-243.

[32] Lee S H, Yi B J, Kim S H, et al. Control of impact disturbance by redundantly actuated mechanism. IEEE International Conference on Robotics and Automation, 2001, 4: 3734-3741.

[33] Armstrong B, Khatib O, Burdick J. Explicit dynamic model and inertial parameters of the PUMA 560 arm. IEEE International Conference on Robotics and Automation, 1986, 3: 510-518.

[34] 李杨民, 刘又午, 张大均. 机器人的动力学参数辨识. 组合机床与自动化加工技术, 1994, 5: 14-17.

[35] 王树新, 张海根, 黄铁球, 等. 机器人动力学参数辨识方法的研究. 机械工程学报, 1999, 35(1): 23-26.

[36] Burdet E, Codourey A. Evaluation of parametric and nonparametric nonlinear adaptive controllers. Robotica, 1998, 16(1): 59-73.

[37] Honegger M, Codourey A, Burdet E. Adaptive control of the Hexaglide, a 6 DOF parallel manipulator. IEEE International Conference on Robotics and Automation, 1997, 1: 543-548.

[38] Guegan S, Khalil W, Lemoine P. Identification of the dynamic parameters of the Orthoglide. IEEE International Conference on Robotics and Automation, 2003, 3: 3272-3277.

[39] Wiens G J, Shamblin S A, Oh Y H. Characterization of PKM dynamics in terms of system

identification. Proceedings of the Institution of Mechanical Engineers, Part K: Journal of Multi-body Dynamics, 2002, 216(1): 59-72.

[40] Poignet P, Ramdani N, Vivas O A. Ellipsoidal estimation of parallel robot dynamic parameters. IEEE International Conference on Intelligent Robots and Systems, 2003, 3(4): 3300-3305.

[41] Poignet P, Ramdani N, Vivas O A. Robust estimation of parallel robot dynamic parameters with interval analysis. IEEE International Conference on Decision and Control, 2003, 6: 6503-6508.

[42] Vivas A, Poignet P, Marquet F, et al. Experimental dynamic identification of a fully parallel robot. IEEE International Conference on Robotics and Automation, 2003, 3: 3278-3283.

[43] Cheng H, Liu G F, Yiu Y K, et al. Advantages and dynamics of parallel manipulators with redundant actuation. IEEE International Conference on Intelligent Robots and Systems, 2001, 1: 171-176.

[44] Ghorbel F. Modeling and PD control of close-chain mechanism systems. IEEE Conference on Decision and Control, 1995, 1: 540-542.

[45] Sciavicco L, Chiacchio P, Siciliano B. Practical design of independent joint controller for industrial robot manipulators. Proceedings of the American Control Conference, 1992, 2: 1239-1240.

[46] Zhou Q, Zhang H, Duan G. Control of FAST feed fine-tuning test platform. The 11th World Congress in Mechanism and Machine Science, 2004, 4: 1772-1776.

[47] Kim N I, Lee C W, Chang P H. Sliding mode control with perturbation estimation: Application to motion control of parallel manipulator. Control Engineering Practice, 1998, 6(11): 1321-1330.

[48] 黄真, 孔令富, 方跃法. 并联机器人机构学理论及控制. 北京: 机械工业出版社, 1997.

[49] Honegger M, Brega R, Schweitzer G. Application of a nonlinear adaptive controller to a 6 DOF parallel manipulator. IEEE International Conference on Robotics and Automation, 2000, 2: 1930-1935.

[50] Denkena B, Heimann B, Abdellatif H, et al. Design, modeling and advanced control of the innovative parallel manipulator PaLiDA. IEEE/ASME International Conference on Advanced Intelligent Mechatronics, 2005: 632-637.

[51] 李世敬, 王解法, 冯祖仁. 层叠 CMAC 补偿的并联机器人变结构控制研究. 系统仿真学报, 2002, 14(8): 1045-1048.

[52] Fang S, Franitza D, Torlo M, et al. Motion control of a tendon-based parallel manipulator using optimal tension distribution. IEEE Transactions on Mechatronics, 2004, 9(3): 561-568.

[53] Ropponen T. Actuation redundancy in a closed-chain robot mechanism. Helsinki: Helsinki University of Technology, 1993.

[54] Kock S, Schumacher W. A parallel *x-y* manipulator with actuation redundancy for high-speed and active-stiffness application. IEEE International Conference on Robotics and Automation, 1998, 3: 2295-2300.

[55] Chakarov D. Study of the antagonistic stiffness of parallel manipulators with actuation redundancy. Mechanism and Machine Theory, 2004, 39(6): 583-601.

[56] 邓启文, 韦庆采, 李泽湘. 冗余并联机构的控制. 控制工程, 2006, 13(2): 149-152.

[57] Su Y X, Zheng C H, Duan B Y. Fuzzy learning tracking of a parallel cable manipulator for the square kilometer array. Mechatronics, 2005, 15(6): 731-746.

[58] 沈辉，吴学忠，刘冠峰，等. 驱动冗余并联机床的混合位置/力自适应控制. 自动化学报, 2003, 29(4): 567-572.

[59] Kvtoslav B, Bohm J, Valasek M. State-space generalized predictive control for redundant parallel robots. Mechanics Based Design of Structures and Machines, Special Issue on Virtual Nonlinear Multibody Systems, 2003, 31(3): 413-432.

[60] Paccot F, Andreff N, Martinet P. A review on dynamic control of parallel kinematic machines: Theory and experiments. International Journal of Robotics Research, 2009, 28(3): 395-416.

第 2 章　驱动冗余并联机床的性能分析

2.1　引　　言

机构性能包含很多方面，其中工作空间、灵巧度、奇异性及刚度是几个重要性能。工作空间是指机构末端执行器某一点的可达区域，是衡量并联机构性能的重要指标[1-3]。机构的灵巧度反映了机构运动学的各向同性[4,5]，静刚度反映了机构在外力作用下的机构变形情况，直接影响机构用于加工时的精度[6-8]。另外，奇异位形是机构处于无法运动或瞬时运动无法确定的位姿，普遍存在于各类机构中，是机构的固有性质[9]：一方面，机构处于奇异位形时，机构功能将丧失；另一方面，在奇异位形附近，机构的精度、灵活度和刚度等各项性能都会严重下降。相对于串联机构，并联机构的奇异位形丰富而复杂，往往自由度数越多的机构，其奇异位形也越多，越复杂，这也是严重制约并联机构广泛应用的一个因素。本书以一台并联机床中驱动冗余并联机构部分为例，研究驱动冗余并联机床的分析及控制。该驱动冗余并联机床是基于一台非冗余并联机床改造而成的，期望通过增加一条主动驱动支链来提高机床刚度，消除非冗余并联机床工作空间内的部分奇异位形，从而增大机床的工作空间。

本章在运动学分析的基础上，分析机床的位置工作空间、姿态工作空间以及灵巧度，进一步提出分析驱动冗余并联机构奇异性的方法，并给出机床刚度的评价指标。为了研究冗余对机床的工作空间、灵巧度、奇异性、刚度等性能的影响，将驱动冗余并联机床的这些性能分别与对应的非冗余并联机床的性能作对比。本章旨在分析和比较机床采用驱动冗余和非冗余时的性能，从而说明采用驱动冗余方式可以提高机床性能。

2.2　运动学分析

图 2.1(a)是龙门式 4 自由度非冗余并联机床的样机，在该并联机床的基础上，添加一条具有主动驱动的支链开发了驱动冗余并联机床，如图 2.1(b)所示。该冗余并联机床包括一个 3 自由度的驱动冗余并联机构和一个进给工作台，工作台在垂直于并联机构的平面方向上具有较大的移动范围，从而使并联机床在工作台进给方向上具有较大的运动能力。本书各个章节中比较驱动冗余和非冗余情况

下 4 自由度并联机床的性能时，所提到的非冗余并联机床就是指图 2.1(a)所示的并联机床。

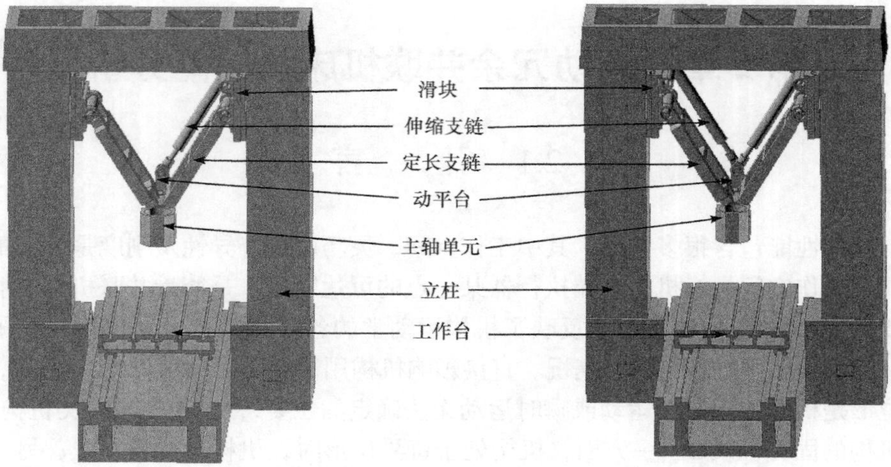

(a) 非冗余并联机床　　(b) 驱动冗余并联机床

图 2.1　4 自由度非冗余并联机床样机

3 自由度驱动冗余并联机构的三维模型和运动学模型分别如图 2.2 和图 2.3 所示，其中支链 E_1B_1 是在非冗余并联机床上添加的冗余支链。滑块 E_1D_1 和 E_2D_2 通过滚珠丝杠和伺服电机相连，当伺服电机带动滑块在竖直导轨上运动时，驱动定长支链 A_1D_1 和 A_2D_2 运动。伸缩支链 E_1B_1 和 E_2B_2 的一端与动平台相连，另外一端通过转动副与滑块相连，伸缩支链的伸缩运动驱动动平台 A_1B_1 做旋转运动。因此，该并联机构可以在 O-YZ 平面内平动，并且可以绕 X 轴转动。

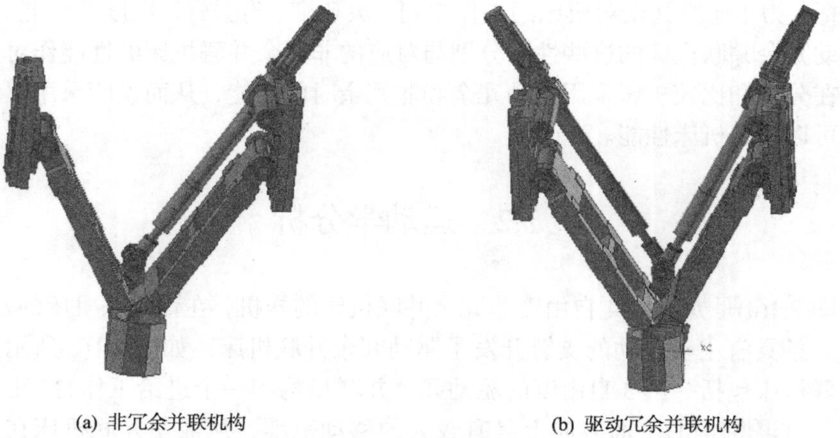

(a) 非冗余并联机构　　(b) 驱动冗余并联机构

图 2.2　并联机构的三维模型

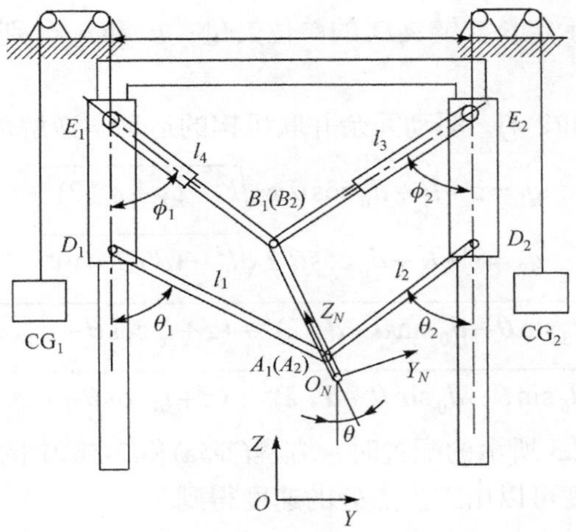

图 2.3 机构运动学模型简图

如图 2.3 所示，基础坐标系 $O\text{-}YZ$ 固定在两个立柱中间，其 Z 轴沿竖直方向，Y 轴沿水平方向；动坐标系 $O_N\text{-}Y_NZ_N$ 固定在刀尖点处，其 Z_N 轴沿着 A_1B_1 方向。$\phi_i(i=1,2)$ 是伸缩支链 E_iB_i 和立柱之间的夹角，$\theta_i(i=1,2)$ 是定长支链 A_iD_i 和立柱的夹角，并且满足 $0\leqslant\phi_1\leqslant\pi$ 、$-\pi\leqslant\phi_2\leqslant 0$ 、$0\leqslant\theta_1\leqslant\pi$ 和 $-\pi\leqslant\theta_2\leqslant 0$ 。d 是机床两个立柱之间的宽度，q_i 是关节点 E_i 的 Z 坐标值，l_1 和 l_2 是定长支链的长度，l_3 和 l_4 是伸缩支链的长度，l_5 和 l_7 是滑块的长度，l_6 是动平台的长度，d_0 是刀具长度。为了提高机床的加速性能，两个配重 CG_1 和 CG_2 分别通过具有足够高刚性的链条连接到左右滑块。

由图 2.3 所示的运动学模型，可以得到关节点 A_i 和 B_i 在坐标系 $O\text{-}YZ$ 中的位置矢量为

$$\boldsymbol{r}_{Ai}=\begin{bmatrix}y_{Ai} & z_{Ai}\end{bmatrix}^{\mathrm{T}}=\boldsymbol{r}+\boldsymbol{R}_{\theta}\boldsymbol{r}_{Ai}^{N},\quad i=1,2 \tag{2-1}$$

$$\boldsymbol{r}_{Bi}=\begin{bmatrix}y_{Bi} & z_{Bi}\end{bmatrix}^{\mathrm{T}}=\boldsymbol{r}+\boldsymbol{R}_{\theta}\boldsymbol{r}_{Bi}^{N},\quad i=1,2 \tag{2-2}$$

式中，$\boldsymbol{r}=\begin{bmatrix}y & z\end{bmatrix}^{\mathrm{T}}$，$y$ 和 z 是 O_N 点在 $O\text{-}YZ$ 坐标系中的 Y 坐标和 Z 坐标；$\boldsymbol{R}_{\theta}$ 是从坐标系 $O_N\text{-}Y_NZ_N$ 到 $O\text{-}YZ$ 的旋转矩阵；y_{Ai} 和 z_{Ai} 是关节点 A_i 在 $O\text{-}YZ$ 坐标系中的 Y 坐标和 Z 坐标；y_{Bi} 和 z_{Bi} 是关节点 B_i 在 $O\text{-}YZ$ 坐标系中的 Y 坐标和 Z 坐标；$\boldsymbol{r}_{Ai}^{N}$ 和 $\boldsymbol{r}_{Bi}^{N}$ 是关节点 A_i 和 B_i 在 $O_N\text{-}Y_NZ_N$ 坐标系中的位置矢量，$\boldsymbol{r}_{Ai}^{N}=\begin{bmatrix}0 & d_0\end{bmatrix}^{\mathrm{T}}$，$\boldsymbol{r}_{Bi}^{N}=\begin{bmatrix}0 & d_0+l_6\end{bmatrix}^{\mathrm{T}}$。

基于图 2.3 所示的运动学模型，可以得到运动学支链的约束方程为

$$\boldsymbol{r}_{B1}-\boldsymbol{r}_{E1}=l_4\boldsymbol{n}_4,\quad \boldsymbol{r}_{B2}-\boldsymbol{r}_{E2}=l_3\boldsymbol{n}_3 \tag{2-3}$$

$$\boldsymbol{r}_{Ai}-\boldsymbol{r}_{Di}=l_i\boldsymbol{n}_i,\quad i=1,2 \tag{2-4}$$

式中，$\boldsymbol{n}_i(i=1,2)$ 表示定长支链 A_iD_i 的单位矢量；$\boldsymbol{n}_3$ 和 $\boldsymbol{n}_4$ 分别表示伸缩支链 E_2B_2 和 E_1B_1 的单位矢量。

根据方程(2-3)和(2-4)，驱动冗余并联机构的运动学逆解可以表示为

$$q_1 = z + l_7 + d_0\cos\theta \pm \sqrt{l^2 - (y + d/2)^2} \tag{2-5a}$$

$$q_2 = z + l_5 + d_0\cos\theta \pm \sqrt{l^2 - (d/2 - y)^2} \tag{2-5b}$$

$$l_3 = \sqrt{(y - l_6\sin\theta - d_0\sin\theta + d/2)^2 + (z + l_6\cos\theta + d_0\cos\theta - q_2)^2} \tag{2-5c}$$

$$l_4 = \sqrt{(y - l_6\sin\theta - d_0\sin\theta + d/2)^2 + (z + l_6\cos\theta + d_0\cos\theta - q_1)^2} \tag{2-5d}$$

当并联机构处于图 2.3 所示的配置时，方程(2-5a)和(2-5b)中的“±”只取“+”。

关节点 A_i 的速度可以由刀尖点处的速度得到

$$\boldsymbol{v}_{Ai} = \begin{bmatrix}\dot{y} & \dot{z}\end{bmatrix}^{\mathrm{T}} + \boldsymbol{\omega}\times\boldsymbol{R}_\theta\boldsymbol{r}_{Ai}^N = \boldsymbol{v}_{O_N} + \dot{\theta}\boldsymbol{E}\boldsymbol{R}_\theta\boldsymbol{r}_{Ai}^N, \quad i=1,2 \tag{2-6}$$

式中，$\boldsymbol{E}=\begin{bmatrix}0 & -1\\ 1 & 0\end{bmatrix}$为平面叉乘算子矩阵；$\boldsymbol{v}_{O_N}=\begin{bmatrix}\dot{y} & \dot{z}\end{bmatrix}^{\mathrm{T}}$；$\boldsymbol{\omega}$ 为动平台的角速度。

相应地，可以得到关节点 B_i 的速度为

$$\boldsymbol{v}_{Bi} = \begin{bmatrix}\dot{y} & \dot{z}\end{bmatrix}^{\mathrm{T}} + \dot{\theta}\boldsymbol{E}\boldsymbol{R}_\theta\boldsymbol{r}_{Bi}^N, \quad i=1,2 \tag{2-7}$$

由式(2-1)～式(2-5)可以求出 θ_i、q_i、l_3、l_4 和 ϕ_i，然后分别对时间求导可以得到

$$\dot{\theta}_i = \frac{\dot{y}_{Ai}}{l_i\cos\theta_i} \tag{2-8}$$

$$\dot{q}_i = \dot{z}_{Ai} - l_i\dot{\theta}_i\sin\theta_i \tag{2-9}$$

$$\dot{l}_3 = \dot{y}_{B2}\sin\phi_2 + (\dot{q}_2 - \dot{z}_{B2})\cos\phi_2 \tag{2-10}$$

$$\dot{l}_4 = \dot{y}_{B2}\sin\phi_1 + (\dot{q}_1 - \dot{z}_{B1})\cos\phi_1 \tag{2-11}$$

$$\dot{\phi}_i = [\dot{y}_{Bi}\cos\phi_i - (\dot{q}_i - \dot{z}_{Bi})\sin\phi_i]/l_i \tag{2-12}$$

进一步，可以将式(2-9)重新表示为

$$\dot{q}_i = -\dot{y}\tan\theta_i + \dot{z} - (\sin\theta + \tan\theta_i\cos\theta)d_0\dot{\theta} = \boldsymbol{J}_{ki}\boldsymbol{v}_{O_N} \tag{2-13}$$

式中，$\boldsymbol{v}_{O_N}=\begin{bmatrix}\dot{y} & \dot{z} & \dot{\theta}\end{bmatrix}^{\mathrm{T}}$，$\boldsymbol{J}_{ki}=\begin{bmatrix}-\tan\theta_i & 1 & -(\sin\theta+\tan\theta_i\cos\theta)d_0\end{bmatrix}$。

由式(2-10)和式(2-11)可得

$$\begin{aligned}\dot{l}_3 &= \boldsymbol{J}_{k4}\boldsymbol{v}_{O_N}\\ &= \begin{bmatrix}\sin\phi_2 & -\cos\phi_2\end{bmatrix}\left(\begin{bmatrix}\boldsymbol{u}_1 & \boldsymbol{u}_2\end{bmatrix}^{\mathrm{T}} + \boldsymbol{E}\boldsymbol{R}_\theta\boldsymbol{r}_{B2}^N\boldsymbol{u}_3^{\mathrm{T}}\right)\boldsymbol{v}_{O_N} + \boldsymbol{J}_{k2}\boldsymbol{v}_{O_N}\cos\phi_2\end{aligned} \tag{2-14}$$

$$\begin{aligned}\dot{l}_4 &= \boldsymbol{J}_{k3}\boldsymbol{v}_{O_N} \\ &= [\sin\phi_1 \quad -\cos\phi_1]\left([\boldsymbol{u}_1 \quad \boldsymbol{u}_2]^{\mathrm{T}} + \boldsymbol{E}\boldsymbol{R}_\theta \boldsymbol{r}_{B1}^N \boldsymbol{u}_3^{\mathrm{T}}\right)\boldsymbol{v}_{O_N} + \boldsymbol{J}_{k1}\boldsymbol{v}_{O_N}\cos\phi_1\end{aligned} \tag{2-15}$$

式中

$$\boldsymbol{J}_{k3} = [\sin\phi_1 \quad -\cos\phi_1]\left([\boldsymbol{u}_1 \quad \boldsymbol{u}_2]^{\mathrm{T}} + \boldsymbol{E}\boldsymbol{R}_\theta \boldsymbol{r}_{B1}^N \boldsymbol{u}_3^{\mathrm{T}}\right) + \boldsymbol{J}_{k1}\cos\phi_1$$

$$\boldsymbol{J}_{k4} = [\sin\phi_2 \quad -\cos\phi_2]\left([\boldsymbol{u}_1 \quad \boldsymbol{u}_2]^{\mathrm{T}} + \boldsymbol{E}\boldsymbol{R}_\theta \boldsymbol{r}_{B2}^N \boldsymbol{u}_3^{\mathrm{T}}\right) + \boldsymbol{J}_{k2}\cos\phi_2$$

$$\boldsymbol{u}_1 = [1 \quad 0 \quad 0]^{\mathrm{T}}, \quad \boldsymbol{u}_2 = [0 \quad 1 \quad 0]^{\mathrm{T}}, \quad \boldsymbol{u}_3 = [0 \quad 0 \quad 1]^{\mathrm{T}}$$

该并联机构的雅可比矩阵定义为

$$\dot{\boldsymbol{q}} = \boldsymbol{J}\dot{\boldsymbol{p}} \tag{2-16}$$

式中，$\dot{\boldsymbol{q}} = [\dot{q}_1 \quad \dot{q}_2 \quad \dot{l}_4 \quad \dot{l}_3]^{\mathrm{T}}$；$\dot{\boldsymbol{p}} = [\dot{y} \quad \dot{z} \quad \dot{\theta}]^{\mathrm{T}}$；$\boldsymbol{J}$ 是以刀尖点为输出点时并联机构的雅可比矩阵，可以表示为

$$\boldsymbol{J} = \left[\boldsymbol{J}_{k1}^{\mathrm{T}} \quad \boldsymbol{J}_{k2}^{\mathrm{T}} \quad \boldsymbol{J}_{k3}^{\mathrm{T}} \quad \boldsymbol{J}_{k4}^{\mathrm{T}}\right]^{\mathrm{T}} = \begin{bmatrix} -\tan\theta_1 & 1 & -(\sin\theta + \tan\theta_1\cos\theta)d_0 \\ -\tan\theta_2 & 1 & -(\sin\theta + \tan\theta_2\cos\theta)d_0 \\ J_{31} & 0 & J_{33} \\ J_{41} & 0 & J_{43} \end{bmatrix} \tag{2-17}$$

式中

$$\begin{aligned} J_{31} &= \sin\phi_1 - \cos\phi_1\tan\theta_1 \\ J_{33} &= [\sin\phi_1 \quad -\cos\phi_1]\boldsymbol{E}\boldsymbol{R}_\theta \boldsymbol{r}_{B2}^N - \cos\phi_1(\sin\theta + \tan\theta_1\cos\theta)d_0 \\ J_{41} &= \sin\phi_2 - \cos\phi_2\tan\theta_2 \\ J_{43} &= [\sin\phi_2 \quad -\cos\phi_2]\boldsymbol{E}\boldsymbol{R}_\theta \boldsymbol{r}_{B2}^N - \cos\phi_2(\sin\theta + \tan\theta_2\cos\theta)d_0 \end{aligned}$$

2.3　冗余机床工作空间

机构的工作空间可以分为位置工作空间和姿态工作空间。本节分别讨论该冗余并联机床的位置工作空间和姿态工作空间。由于实际应用中不同刀具长度不同，所以本节假设刀具长度为零来计算并联机构的工作空间。

2.3.1　位置工作空间

驱动冗余平面并联机构的位置工作空间是平面上的一个区域，可以通过确定动平台上参考点 A_1 的工作空间来获得。设 d_1 和 d_2 分别表示滑块 E_1D_1 和 E_2D_2 在导轨上的最大行程，根据方程(2-5)可以得到

$$(q_1 - l_7 - z)^2 + (y + d/2)^2 = l_1^2 \tag{2-18}$$

$$(q_2 - l_5 - z)^2 + (y - d/2)^2 = l_2^2 \tag{2-19}$$

根据方程(2-18)和(2-19)，可以推断出参考点 A_1 的可达位置工作空间为两个运动学支链运动区域相交的部分，如图 2.4 所示，由于冗余并联机构的对称性，其位置工作空间是关于 Z 轴对称的。实际上，图 2.4 给出的是其中一个位置工作空间，当动平台运动到高于滑块位置时，并联机构还有另外一个和图 2.4 相同的位置工作空间。表 2.1 给出了驱动冗余并联机床的有关参数。对驱动冗余并联机床和对应的非冗余并联机床在 O-YZ 平面内的位置工作空间进行仿真，结果如图 2.5 所示。可以看出，驱动冗余并联机床的位置工作空间和对应的非冗余并联机床的位置工作空间相同，表明通过添加伸缩支链 E_1B_1 到非冗余并联机床上，没有改变机床的位置工作空间。

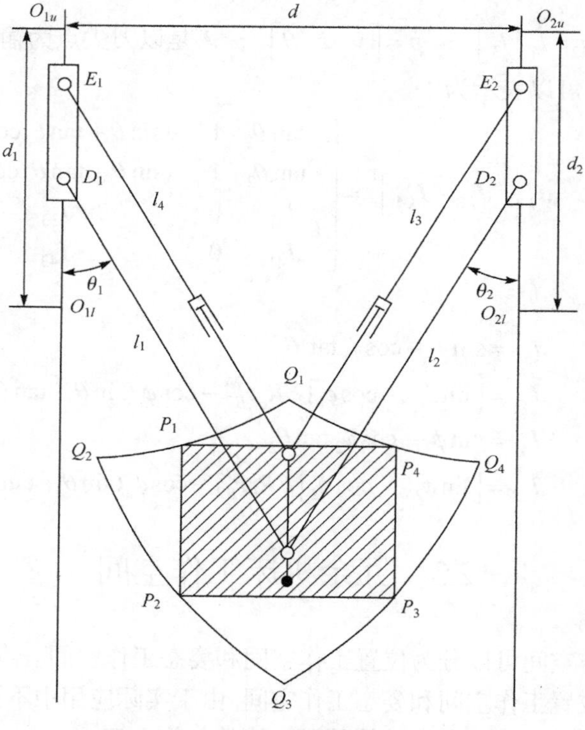

图 2.4　机床在 O-YZ 平面内的位置工作空间

表 2.1　驱动冗余并联机床的有关参数

参数	数值	参数	数值
d	1.17m	l_1	1.15m
l_5	0.25m	l_2	1.15m
l_7	0.25m	l_6	0.25m
d_1	1m	d_2	1m

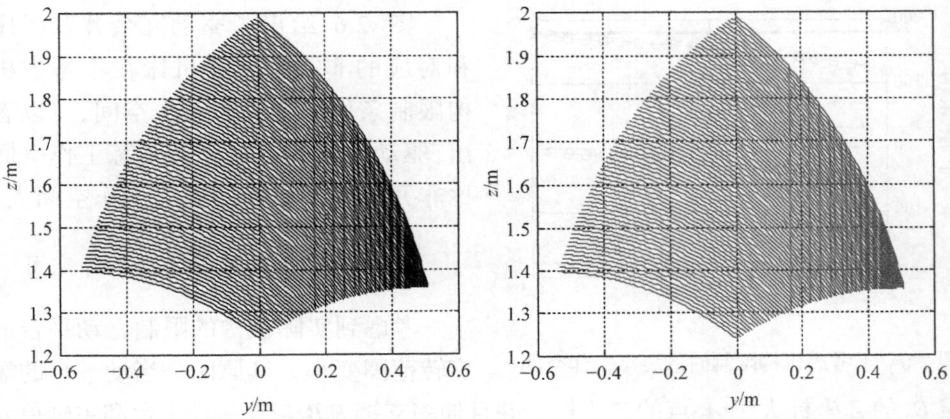

图 2.5　并联机床的位置工作空间

位置工作空间是可达位置工作空间的一部分，在实际应用中，机床在 O-YZ 平面内的位置工作空间通常设计为一个矩形区域，如图 2.4 所示，$Q_1Q_2Q_3Q_4$ 是机床在 O-YZ 平面内的一个可达工作空间，$P_1P_2P_3P_4$ 是其位置工作空间(970mm × 630mm)。

2.3.2　姿态工作空间

本节在考虑机构限制和不考虑机构限制两种情况下，分别研究驱动冗余并联机床的姿态工作空间，并将驱动冗余并联机床的姿态工作空间和对应的非冗余并联机床的姿态工作空间作对比。为了分析方便，认为伸缩支链可以伸缩到足够的长度，从而满足动平台的旋转需求。

1. 不考虑机构限制的姿态工作空间

在这种情况下，假设运动过程中伸缩支链与连接主轴单元和动平台的转轴之间没有干涉。设 α_u 和 α_l 表示动平台旋转角的最大值和最小值，当动平台顺时针旋转 α_l 或逆时针旋转 α_u 时，机构到达奇异位形。驱动冗余并联机床在其工作空间内部不存在奇异点，故旋转角的极限为

$$\alpha_l = -180° \tag{2-20}$$

$$\alpha_u = 180° \tag{2-21}$$

非冗余并联机床旋转角的极限可以表示为

$$\alpha_l = -\frac{180}{\pi}\arctan\left(\frac{d/2-y}{\sqrt{l_2^2-(d/2-y)^2}+l_5}\right) \tag{2-22}$$

$$\alpha_u = 180° + \alpha_l \tag{2-23}$$

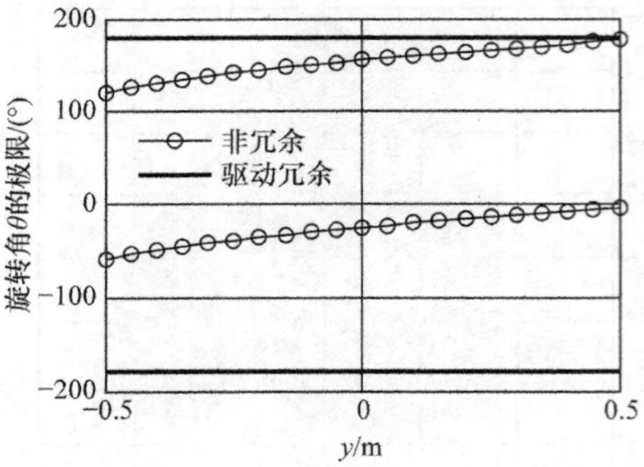

图 2.6 不考虑机构限制时的姿态工作空间

图 2.6 给出了驱动冗余并联机床和对应的非冗余并联机床在不考虑机构限制条件下的姿态工作空间，可以看出，驱动冗余并联机床的姿态工作空间比非冗余并联机床的姿态工作空间大。

2. 考虑机构限制的姿态工作空间

考虑到实际机构的限制，动平台的旋转范围变小，其原因是当动平台的端点 B_2 的 Z 坐标大于 A_2 点的 Z 坐标，并且伸缩支链 E_iB_i 与连接动平台和主轴单元的转轴接触时，动平台不能再旋转，否则伸缩支链 E_iB_i 和转轴发生碰撞。

因此，驱动冗余并联机床的姿态工作空间动平台旋转角极限可以表示为

$$\alpha_l = -\frac{180}{\pi}\arcsin\left(\frac{d/2-y}{l_2}\right) \tag{2-24}$$

$$\alpha_u = \frac{180}{\pi}\arcsin\left(\frac{d/2+y}{l_1}\right) \tag{2-25}$$

相应地，非冗余并联机床的姿态工作空间动平台旋转角极限为

$$\alpha_l = -\frac{180}{\pi}\arctan\left(\frac{d/2-y}{\sqrt{l_2^2-(d/2-y)^2}+l_5}\right) \tag{2-26}$$

$$\alpha_u = \frac{180}{\pi}\arcsin\left(\frac{d/2+y}{l_1}\right) \tag{2-27}$$

当考虑并联机床的实际机构限制时，驱动冗余并联机床和非冗余并联机床的姿态工作空间如图 2.7 所示。可以看出，驱动冗余并联机床的姿态工作空间仍大于非冗余并联机床的姿态工作空间。因此，采用驱动冗余方式可以增大机床的姿态工作空间，特别是如果通过改变驱动冗余并联机床的动平台和伸缩支链的连接方式，克服机构限制，则可以大幅提高驱动冗余并联机床的姿态工作空间。

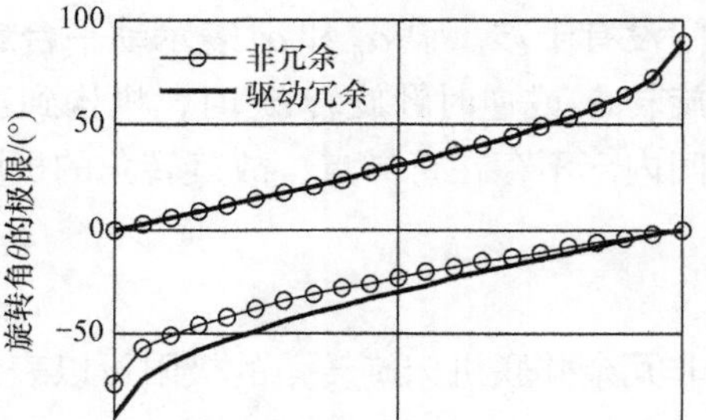

图 2.7 考虑机构限制时的姿态工作空间

2.4　灵巧度分析

通常将条件数作为评价灵巧度的性能指标[10-14]。设驱动冗余并联机构的雅可比矩阵是一个 $P\times Q$ 的矩阵，则雅可比矩阵的奇异值 σ_i 可以表示为

$$\sigma_i=\begin{cases}\sqrt{\lambda_i(\boldsymbol{J}^{\mathrm{T}}\boldsymbol{J})}, & i=1,2,\cdots,P(P\leqslant Q)\\ \sqrt{\lambda_i(\boldsymbol{J}\boldsymbol{J}^{\mathrm{T}})}, & i=1,2,\cdots,Q(Q\leqslant P)\end{cases}\tag{2-28}$$

式中，$\lambda_i(\boldsymbol{J}^{\mathrm{T}}\boldsymbol{J})$ 表示矩阵 $\boldsymbol{J}^{\mathrm{T}}\boldsymbol{J}$ 的特征值。

条件数 κ 定义为

$$1\leqslant\kappa=\frac{\sigma_{\max}}{\sigma_{\min}}\leqslant\infty\tag{2-29}$$

式中，$\sigma_{\max}$ 和 $\sigma_{\min}$ 分别表示工作空间中一个指定位置处雅可比矩阵的最大奇异值和最小奇异值。

当 $\kappa=1$ 时，机床是各向同性的，其灵巧度最好；条件数越小，机床灵巧度越好。在设计机床过程中，通常将其在某一位置或整个工作空间中具有各向同性作为设计的一个目标。驱动冗余并联机床和非冗余并联机床的雅可比矩阵条件数如图 2.8 所示，可以看出，在工作空间内，非冗余并联机床的条件数大于驱动冗余并联机床的条件数，并且非冗余并联机床的条件数存在突变的现象。当 $\theta=-30°$ 时，非冗余并联机床的条件数变化较大，以致条件数的最大值超过了图 2.8(a)中纵轴的极限，这是因为非冗余并联机床在此时临近奇异配置，灵巧度变得非常差。

在动平台的 Y 坐标从−0.6m 变化到 0.6m，旋转角 θ 从−90°变化到 90°过程中，驱动冗余并联机床的条件数趋近 2，并且关于 Z 轴对称，而非冗余并联机床的条件数大于 2 且变化较大，因此驱动冗余并联机床的灵巧度好于非冗余并联机床的灵巧度，驱动冗余并联机床具有较好的运动学性能。

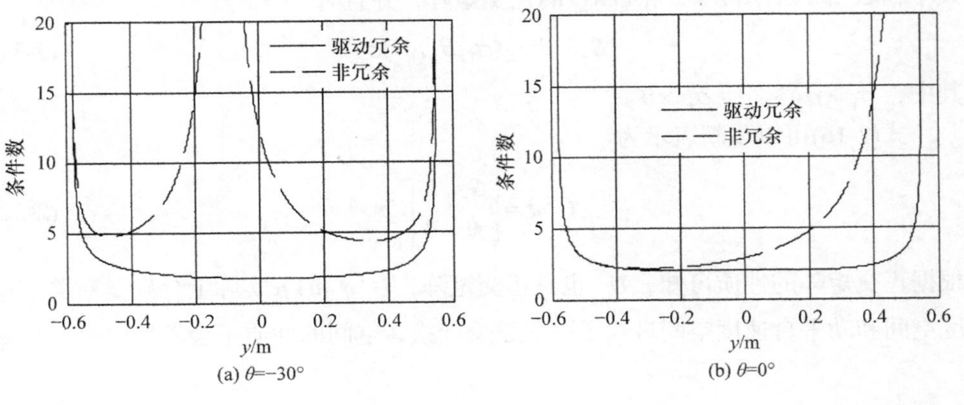

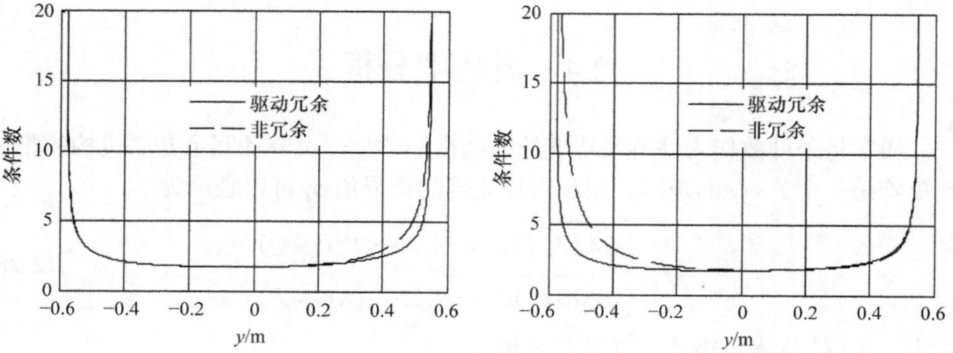

(c) θ=30°　　(d) θ=90°

图 2.8　驱动冗余并联机床和非冗余并联机床的雅可比矩阵条件数

2.5　奇　异　性

通常可采用两种方法来克服奇异性问题，即避免奇异或者消除奇异。如果采用避免奇异的方法，则并联机床的工作空间将会大大减小，因为此时不仅需要避开奇异位形，而且需要避开临近奇异附近的位形。因此，最好的方法还是消除奇异，增加并联机床的有用工作空间。

2.5.1　微分运动分析

假设机构在某位形处雅可比矩阵的秩为 r，且 $\boldsymbol{J}$ 列满秩，根据矩阵奇异值分解理论，$\boldsymbol{J}$ 可分解为如下形式：

$$\boldsymbol{J}=\boldsymbol{U}\begin{bmatrix}\boldsymbol{S}_r & \boldsymbol{0}\\ \boldsymbol{0} & \boldsymbol{0}\end{bmatrix}\boldsymbol{V} \tag{2-30}$$

式中，$\boldsymbol{U}$ 和 $\boldsymbol{V}$ 表示 $P\times P$ 和 $Q\times Q$ 的正交矩阵，并且有

$$\boldsymbol{S}_r=\operatorname{diag}(\sigma_1,\sigma_2,\cdots,\sigma_r) \tag{2-31}$$

其中，$\sigma_1 \geqslant \sigma_2 \geqslant \cdots \geqslant \sigma_r > 0$。

式(2-16)可以重新表示为

$$\boldsymbol{U}^{\mathrm{T}}\dot{\boldsymbol{q}}=\begin{bmatrix}\boldsymbol{S}_r & \boldsymbol{0}\\ \boldsymbol{0} & \boldsymbol{0}\end{bmatrix}\boldsymbol{V}\dot{\boldsymbol{p}} \tag{2-32}$$

根据正交矩阵的性质可知，$\boldsymbol{U}^{\mathrm{T}}$ 也是正交矩阵，$\boldsymbol{U}^{\mathrm{T}}\dot{\boldsymbol{q}}$ 和 $\boldsymbol{V}\dot{\boldsymbol{p}}$ 实际上分别是对关节速度空间和动平台速度空间进行了一次正交变换，空间的性质不会发生改变。$\boldsymbol{U}^{\mathrm{T}}\dot{\boldsymbol{q}}$

和 $\boldsymbol{V}\dot{\boldsymbol{p}}$ 可以看成广义关节输入速度和广义末端执行器输出速度。

根据式(2-32)，可以得到

$$(\boldsymbol{U}^{\mathrm{T}}\dot{\boldsymbol{q}})_i=\begin{cases}\sigma_i(\boldsymbol{V}\dot{\boldsymbol{p}})_i, & i\leqslant r\\ 0, & r<i\leqslant P\end{cases} \tag{2-33}$$

式中，$(\boldsymbol{U}^{\mathrm{T}}\dot{\boldsymbol{q}})_i$ 和 $(\boldsymbol{V}\dot{\boldsymbol{p}})_i$ 是广义关节输入速度和广义末端执行器输出速度向量的第 i 个元素。

对于给定的广义末端执行器输出速度，有唯一一组广义关节输入速度与之对应。此时，动平台速度空间和关节速度空间都是 Q 维空间，P 个输入速度存在线性约束关系。

当 $\sigma_{k(1\leqslant k\leqslant Q)}\to\infty$ 时，考虑极限情况 $\sigma_k=\infty$，可以得到

$$(\boldsymbol{V}\dot{\boldsymbol{p}})_{i(i\leqslant k)}=\frac{(\boldsymbol{U}^{\mathrm{T}}\dot{\boldsymbol{q}})_i}{\infty}=0 \tag{2-34}$$

对于非零的广义输入速度，对应的广义输出速度的前 k 个分量恒为零，末端执行器的速度空间只有 $Q-k$ 个线性无关速度，空间维数从 Q 下降到 $Q-k$。末端执行器的速度空间降秩的情形称为逆运动学奇异。

当 $\sigma_{k(1\leqslant k\leqslant Q)}\to 0$ 时，考虑极限情况 $\sigma_k=0$，可以得到

$$(\boldsymbol{U}^{\mathrm{T}}\dot{\boldsymbol{q}})_{i(k\leqslant i\leqslant Q)}=\sigma_i(\boldsymbol{V}\dot{\boldsymbol{p}})_i=0 \tag{2-35}$$

式(2-35)表明，对于非零的广义输出速度，对应的广义输入速度恒为零，意味着即使输入速度为零，广义输出速度分量 $(\boldsymbol{V}\dot{\boldsymbol{p}})_{i(k<i<Q)}$ 也可能不为零。因此，在关节输入速度为零的情况下，也有末端执行器的速度输出，机构处于失稳失控的状态，称为正运动学奇异[15-18]。

当 $\sigma_{k(1\leqslant k<Q)}=\infty$ 且 $\sigma_{j(k<j\leqslant Q)}=0$ 时，上述两种奇异同时存在，这类奇异称为复合奇异。

2.5.2　奇异位形分析方法

在数学上可证明

$$\det(\boldsymbol{J}^{\mathrm{T}}\boldsymbol{J})=\prod_{i=1}^{n}\lambda_i=\prod_{i=1}^{n}\sigma_i^2 \tag{2-36}$$

式中，λ_i 表示 $\boldsymbol{J}^{\mathrm{T}}\boldsymbol{J}$ 的第 i 个特征值。

从 2.5.1 节微分运动分析可知，当机构发生逆运动学奇异时，$\boldsymbol{J}$ 的一个或多个奇异值为无穷大，其他为正数，即 $\sigma_{i(1\leqslant i\leqslant k)}=\infty$，$\sigma_{i(i>k)}>0$，此时可以得到

$$\det(\boldsymbol{J}^{\mathrm{T}}\boldsymbol{J})=\infty \tag{2-37}$$

当发生正运动学奇异时，$\boldsymbol{J}$ 的一个或多个奇异值为零，其他为小于无穷大的

正数，则

$$\det(\boldsymbol{J}^{\mathrm{T}}\boldsymbol{J})=0 \tag{2-38}$$

当发生复合奇异时，由于$\sigma_{i(1\leqslant i\leqslant k)}=\infty$、$\sigma_{j(i\leqslant j\leqslant Q)}=0$，所以$\det(\boldsymbol{J}^{\mathrm{T}}\boldsymbol{J})=\prod\sigma_i^2$无法确定(可能为零、可能为无穷大，也可能是一非零定值)，$\boldsymbol{J}^{\mathrm{T}}\boldsymbol{J}$的迹可以表示为

$$\operatorname{tr}(\boldsymbol{J}^{\mathrm{T}}\boldsymbol{J})=\sum_{i=1}^{Q}\lambda_i=\sum_{i=1}^{Q}\sigma_i^2 \tag{2-39}$$

式中，$\operatorname{tr}(\boldsymbol{J}^{\mathrm{T}}\boldsymbol{J})$表示$\boldsymbol{J}^{\mathrm{T}}\boldsymbol{J}$的迹。

由于发生复合奇异时，$\sigma_{i(1\leqslant i\leqslant k)}=\infty$，所以可以得到

$$\operatorname{tr}(\boldsymbol{J}^{\mathrm{T}}\boldsymbol{J})=\infty \tag{2-40}$$

2.5.3 驱动冗余对正运动学奇异位形的影响

方程(2-16)可以重新表示为

$$\begin{bmatrix}\dot{\boldsymbol{q}}_u\\ \dot{\boldsymbol{q}}_r\end{bmatrix}=\begin{bmatrix}\boldsymbol{J}_u\\ \boldsymbol{J}_r\end{bmatrix}\dot{\boldsymbol{P}} \tag{2-41}$$

式中，$\boldsymbol{J}_u$表示非冗余并联机构的雅可比矩阵；$\boldsymbol{J}_r$表示冗余支链雅可比矩阵；$\dot{\boldsymbol{q}}_u$和$\dot{\boldsymbol{q}}_r$分别表示非冗余并联机构主动关节速度和冗余支链主动关节速度。

从而可以得到

$$\det\left(\boldsymbol{J}^{\mathrm{T}}\boldsymbol{J}\right)=\det\left(\boldsymbol{J}_u^{\mathrm{T}}\boldsymbol{J}_u+\boldsymbol{J}_r^{\mathrm{T}}\boldsymbol{J}_r\right) \tag{2-42}$$

由于$\boldsymbol{J}_u^{\mathrm{T}}\boldsymbol{J}_u$和$\boldsymbol{J}_r^{\mathrm{T}}\boldsymbol{J}_r$是半正定矩阵，存在一组正交基$\boldsymbol{Q}_u=\left[\boldsymbol{q}_1^u,\boldsymbol{q}_2^u,\cdots,\boldsymbol{q}_n^u\right]$和$\boldsymbol{Q}_r=\left[\boldsymbol{q}_{n+1}^u,\boldsymbol{q}_{n+2}^u,\cdots,\boldsymbol{q}_m^u\right]$满足如下方程：

$$\boldsymbol{Q}_u^{\mathrm{T}}\boldsymbol{J}_u^{\mathrm{T}}\boldsymbol{J}_u\boldsymbol{Q}_u=\operatorname{diag}\left(\lambda_1^u,\lambda_2^u,\cdots,\lambda_n^u\right) \tag{2-43}$$

$$\boldsymbol{Q}_r^{\mathrm{T}}\boldsymbol{J}_r^{\mathrm{T}}\boldsymbol{J}_r\boldsymbol{Q}_r=\operatorname{diag}\left(\lambda_{n+1}^r,\lambda_{n+2}^r,\cdots,\lambda_m^r\right) \tag{2-44}$$

式中，λ_n^u和λ_m^r分别表示$\boldsymbol{J}_u^{\mathrm{T}}\boldsymbol{J}_u$和$\boldsymbol{J}_r^{\mathrm{T}}\boldsymbol{J}_r$的特征值，$\lambda_1^u\geqslant\lambda_2^u\geqslant\cdots\geqslant\lambda_n^u$。

当非冗余并联机构处于正运动学奇异时，至少有$\boldsymbol{J}_u^{\mathrm{T}}\boldsymbol{J}_u$的一个特征值为0，且可以表示为

$$\lambda_i^u=\lambda_{i+1}^u=\cdots=\lambda_n^u=0 \tag{2-45}$$

式中，λ_i^u表示第i个值为零的特征值。

相应地，可以得到

$$\boldsymbol{J}_u\boldsymbol{q}_i^u=0 \tag{2-46}$$

当冗余并联机构发生正运动学奇异时，存在$\det\left(\boldsymbol{J}_u^{\mathrm{T}}\boldsymbol{J}_u+\boldsymbol{J}_r^{\mathrm{T}}\boldsymbol{J}_r\right)=0$，则

$$\boldsymbol{X}^{\mathrm{T}}\left(\boldsymbol{J}_u^{\mathrm{T}}\boldsymbol{J}_u+\boldsymbol{J}_r^{\mathrm{T}}\boldsymbol{J}_r\right)\boldsymbol{X}=0 \tag{2-47}$$

式中，$\boldsymbol{X}$ 表示 n 维矩阵，并且 $\boldsymbol{X}\in\operatorname{span}\left\{q_1^u,q_2^u,\cdots,q_n^u\right\}$。

由于 $\boldsymbol{J}_u^{\mathrm{T}}\boldsymbol{J}_u$ 和 $\boldsymbol{J}_r^{\mathrm{T}}\boldsymbol{J}_r$ 是半正定的，所以可以得到

$$\boldsymbol{X}^{\mathrm{T}}\boldsymbol{J}_u^{\mathrm{T}}\boldsymbol{J}_u\boldsymbol{X}=0 \tag{2-48}$$

$$\boldsymbol{X}^{\mathrm{T}}\boldsymbol{J}_r^{\mathrm{T}}\boldsymbol{J}_r\boldsymbol{X}=0 \tag{2-49}$$

$\boldsymbol{X}$ 可以表示为

$$\boldsymbol{X}=a_i\boldsymbol{q}_i^u+a_{i+1}\boldsymbol{q}_{i+1}^u+\cdots+a_n\boldsymbol{q}_n^u \tag{2-50}$$

式中，a_i 是系数。

基于方程(2-49)和(2-50)，可以得到

$$\sum_{i=1}^{n}a_i^2(\boldsymbol{q}_i^u)^{\mathrm{T}}\boldsymbol{J}_r^{\mathrm{T}}\boldsymbol{J}_r\boldsymbol{q}_i^u=0 \tag{2-51}$$

即

$$\boldsymbol{J}_r\boldsymbol{q}_i^u=0\cdot\boldsymbol{q}_i^u \tag{2-52}$$

这意味着 $\boldsymbol{J}_u$ 的 0 特征值所对应的特征向量也是 $\boldsymbol{J}_r$ 的 0 特征值的特征向量。反之，如果 $\boldsymbol{J}_u$ 的 0 特征向量不包含于 $\boldsymbol{J}_r$ 的 0 特征向量，那么机构就不会出现正运动学奇异。因此，在引入驱动冗余时，为了完全克服空间中的所有正运动学奇异位形，可先通过找出 $\boldsymbol{J}_u$ 的所有 0 特征向量$[\boldsymbol{q}_i^u,\boldsymbol{q}_{i+1}^u,\cdots,\boldsymbol{q}_n^u]$，只要驱动冗余的运动方向不与这些任意一个零的特征向量平行或重合，则该驱动冗余就能克服空间中的正运动学奇异位形。驱动冗余主要是消除了机构中的正运动学奇异位形，从而也间接地消除了部分复合奇异。

2.5.4　驱动冗余并联机床奇异性

1. 逆运动学奇异

在分析逆运动学奇异过程中，不考虑正运动学奇异，且有 $r=Q$。由 2.5.2 节分析可知，当 $\sigma_i^{-1}=0$ 时，即方程(2-37)成立，出现逆运动学奇异。要使方程(2-37)成立，必须满足 $\tan\theta_1=\infty$ 或者 $\tan\theta_2=-\infty$，即

$$\begin{cases}\theta_1=\dfrac{\pi}{2}\\[2mm]\theta_2\neq-\dfrac{\pi}{2}\end{cases} \tag{2-53}$$

或

$$\begin{cases} \theta_1 \neq \dfrac{\pi}{2} \\ \theta_2 = -\dfrac{\pi}{2} \end{cases} \tag{2-54}$$

图 2.9 给出了驱动冗余并联机床的两个逆运动学奇异配置，驱动冗余并联机床的逆运动学奇异和对应的非冗余并联机床的逆运动学奇异相似。

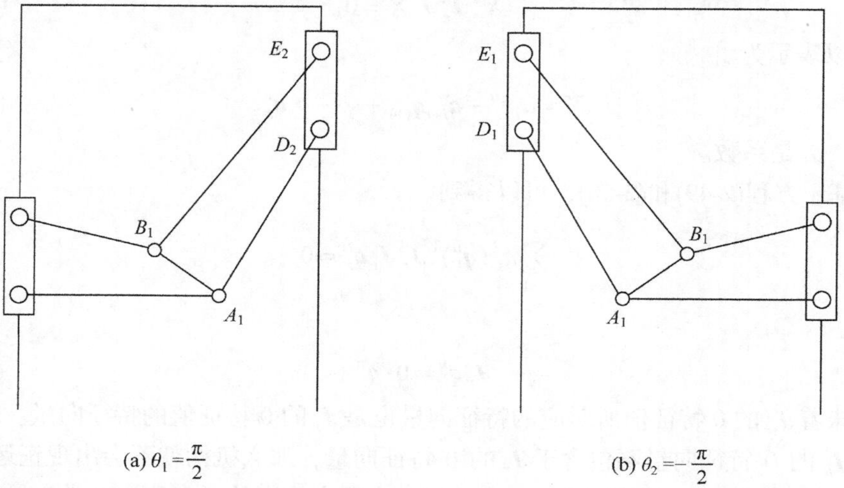

图 2.9　驱动冗余并联机床的逆运动学奇异

2. 正运动学奇异

当 $r=\text{rank}(\boldsymbol{J})=\text{rank}(\boldsymbol{J}^{\text{T}}\boldsymbol{J})<Q$ 时，机构处于正运动学奇异。将式(2-17)代入式(2-38)得到

$$\det(\boldsymbol{J}^{\text{T}}\boldsymbol{J})=(J_{33}^2+J_{43}^2)(\tan\theta_1-\tan\theta_2)^2+2(J_{33}J_{41}-J_{31}J_{43})^2=0 \tag{2-55}$$

如果方程(2-55)成立，则可以得到两组可能的解

$$J_{43}=J_{33}=0 \tag{2-56}$$

或

$$\begin{cases} \tan\theta_1=\tan\theta_2 \\ J_{33}J_{41}=J_{31}J_{43} \end{cases} \tag{2-57}$$

根据式(2-56)，可以得到

$$\begin{cases} \tan\theta=\tan\phi_1 \\ \tan\theta=\tan\phi_2 \end{cases} \tag{2-58}$$

根据方程(2-58)，可以推断出伸缩支链 E_1B_1、E_2B_2 和动平台 A_2B_2 应该在一条

直线上。然而，在实际应用中由于机构限制，这种配置不可能实现。

将有关的参数代入方程(2-56)，可以得到

$$\begin{cases}\tan\theta_1 = \tan\theta_2 \\ \dfrac{\sin(\theta_1-\phi_1)}{\sin(\theta_1-\phi_2)} = \dfrac{\sin(\theta-\phi_1)}{\sin(\theta-\phi_2)}\end{cases} \tag{2-59}$$

考虑θ_i和ϕ_i的转动极限，则方程(2-59)的可能解为：①$\theta_1-\theta_2=\pi$，$\theta=\theta_1$；②$\theta_1-\theta_2=\pi$，$\theta=\theta_2$；③$\theta_1-\theta_2=\pi$，$\phi_1-\phi_2=\pi$。方程$\theta_1-\theta_2=\pi$表明关节点D_1、A_1和D_2是共线的。由于$|\theta_i|$小于$\dfrac{\pi}{2}$或者介于$\dfrac{\pi}{2}$和π之间，所以$\theta=\theta_1$和$\theta=\theta_2$对应四种奇异位形。$\phi_1-\phi_2=\pi$表明关节点E_1、B_1和E_2是共线的，这代表了两种可能的配置。此外，由于伸缩支链E_iB_i可伸长或缩短，动平台旋转角θ也有两个可能的解，从而使得$\phi_1-\phi_2=\pi$共对应四种奇异位形。因此，冗余并联机床共有八种正运动学奇异位形，如图2.10所示。

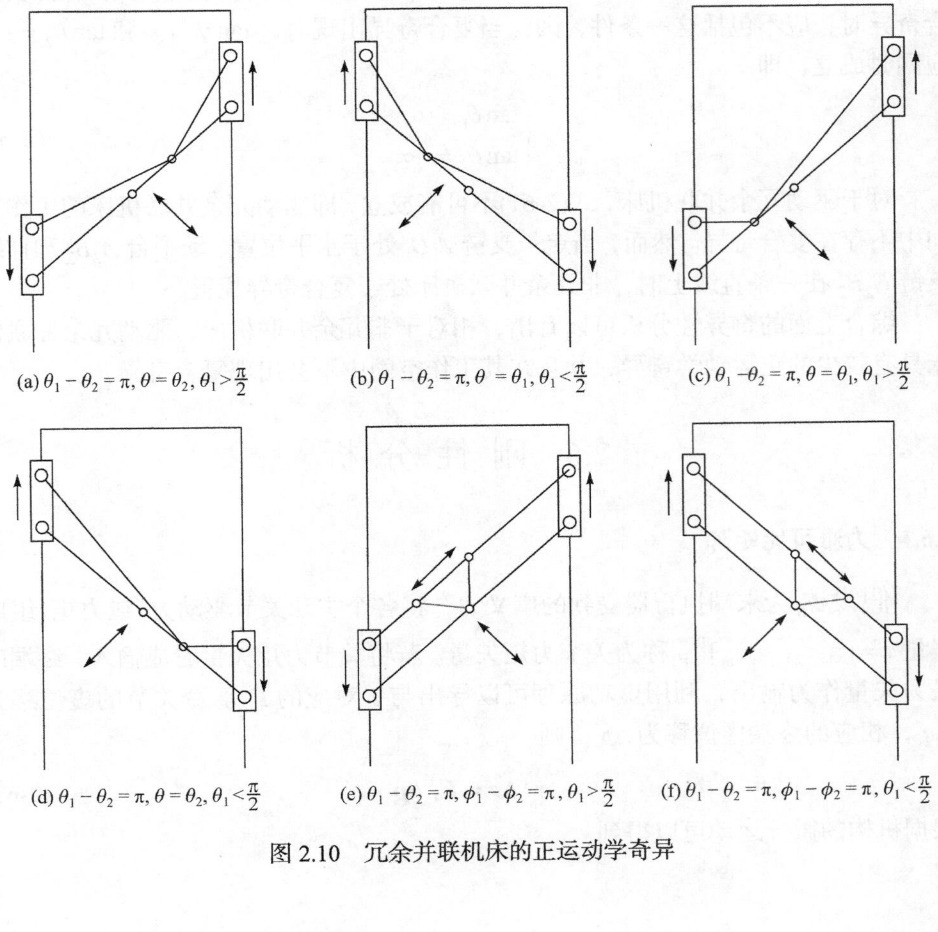

(a) $\theta_1-\theta_2=\pi, \theta=\theta_2, \theta_1>\frac{\pi}{2}$　(b) $\theta_1-\theta_2=\pi, \theta=\theta_1, \theta_1<\frac{\pi}{2}$　(c) $\theta_1-\theta_2=\pi, \theta=\theta_1, \theta_1>\frac{\pi}{2}$

(d) $\theta_1-\theta_2=\pi, \theta=\theta_2, \theta_1<\frac{\pi}{2}$　(e) $\theta_1-\theta_2=\pi, \phi_1-\phi_2=\pi, \theta_1>\frac{\pi}{2}$　(f) $\theta_1-\theta_2=\pi, \phi_1-\phi_2=\pi, \theta_1<\frac{\pi}{2}$

图2.10　冗余并联机床的正运动学奇异

当关节点 D_1、A_1 和 D_2 共线时，对应的非冗余并联机床也处于奇异位形，此时动平台的旋转角 θ 可以是任意值。而且，当动平台 A_2B_2 和伸缩支链 E_2B_2 在一条直线上时，非冗余并联机床也是奇异的。因此，驱动冗余并联机床的正运动学奇异位形少于对应的非冗余并联机床的正运动学奇异位形。

3. 复合奇异

根据 2.5.2 节分析可知，如果式(2-40)成立，那么并联机床的工作空间中会出现复合奇异，此时得到的奇异位形包括逆运动学奇异和复合奇异。因此，根据式(2-40)分析机构的复合奇异时，必须排除机构的逆运动学奇异。

对于本书研究的驱动冗余并联机床，可以得到

$$\operatorname{tr}(\boldsymbol{J}^{\mathrm{T}}\boldsymbol{J}) = \tan^2\theta_1 + \tan^2\theta_2 + J_{31}^2 + J_{41}^2 + J_{33}^2 + J_{43}^2 + 2 \tag{2-60}$$

从式(2-60)可以推断出 $\tan\theta_1 = \infty$ 和 $\tan\theta_2 = -\infty$ 同时成立，或者其中一个成立。在逆运动学奇异中，已经有 $\tan\theta_1 = \infty$ 和 $\tan\theta_2 = -\infty$ 中的一个等式成立，在分析复合奇异时，应不包括这一条件，因此当复合奇异出现时，$\tan\theta_1 = \infty$ 和 $\tan\theta_2 = -\infty$ 应同时成立，即

$$\begin{cases}\tan\theta_1 = \infty \\ \tan\theta_2 = -\infty\end{cases} \tag{2-61}$$

对于驱动冗余并联机床，式(2-61)不可能成立，即驱动冗余并联机床的工作空间中不存在复合奇异。然而，当定长支链 A_1D_1 处于水平位置、动平台 A_2B_2 和伸缩支链 E_2B_2 在一条直线上时，非冗余并联机床处于复合奇异配置。

综合上面的奇异性分析可以看出，相对于非冗余并联机床，驱动冗余并联机床具有较少的正运动学奇异，并且在其工作空间中不会出现复合奇异。

2.6 刚性分析

2.6.1 力雅可比矩阵

假设 $\boldsymbol{F}_0$ 为末端执行器受到的广义力，将各个主动关节驱动力(或力矩)组成矢量 $\boldsymbol{\tau} = [\tau_1, \tau_2, \cdots, \tau_m]^{\mathrm{T}}$，称为关节力矩矢量。若将关节力矩矢量看成输入，终端广义力矢量作为输出，利用虚功原理可以导出与 $\boldsymbol{\tau}$ 对应的 $\boldsymbol{F}_0$。令关节的虚位移为 $\Delta\boldsymbol{q}$，相应的终端虚位移为 $\Delta\boldsymbol{p}$，则

$$\boldsymbol{\tau}^{\mathrm{T}}\Delta\boldsymbol{q} = \boldsymbol{F}_0^{\mathrm{T}}\Delta\boldsymbol{p} \tag{2-62}$$

根据机构的微分运动可以得到

$$\Delta \boldsymbol{q} = \boldsymbol{J} \Delta \boldsymbol{p} \tag{2-63}$$

所以

$$\boldsymbol{F}_0 = \boldsymbol{J}^{\mathrm{T}} \boldsymbol{\tau} \tag{2-64}$$

式中，$\boldsymbol{J}^{\mathrm{T}}$ 称为并联机构的力雅可比矩阵。

可见，机构的力雅可比矩阵就是机构雅可比矩阵的转置，它把作用在关节上的驱动力矩映射为终端的广义外力。终端操作力由关节驱动力唯一确定。仿照机构微分运动的分析方法，可以得出以下结论：

(1) 当 $\det(\boldsymbol{J}^{\mathrm{T}}\boldsymbol{J}) \neq 0$ 时，$\mathrm{rank}(\boldsymbol{J}) = n < m$，此时式(2-64)是一个不定方程组，所以对于给定的末端操作力，其关节驱动力矩不是唯一确定的，这一点和非冗余并联机构有很大的不同；这也正是驱动冗余并联机构的一大优点，可以给定某种规则，对关节力矩进行优化，从而使机构具有更好的动力学性能，这将在第 5 章动力学分析部分进行讨论。

(2) 当 $\det(\boldsymbol{J}^{\mathrm{T}}\boldsymbol{J}) = 0$ 时，$\mathrm{rank}(\boldsymbol{J}) < n$，对于给定的终端操作力，要么没有关节驱动力与之平衡(这时机构在某些方向失去刚度)，要么有无数组的关节驱动力。机构处于奇异状态，这与机构奇异性分析结果是一致的。

(3) 当 $\det(\boldsymbol{J}^{\mathrm{T}}\boldsymbol{J}) = \infty$ 时，对于给定的终端操作力，不需要提供关节驱动力就可以保持机构的平衡。

2.6.2　刚度评价指标

在外力作用下，动平台将会产生变形，变形与并联机构的结构参数和配置有关。如果外力 $\boldsymbol{F}_0$ 沿不同方向作用在动平台上，那么动平台的变形可以认为分布在一个椭球上，其长轴和短轴分别为变形的最大值和最小值。动平台上变形最大方向的刚度最低。因此，当单位力 $\boldsymbol{F}_0$ 作用在动平台上时，动平台的最大变形可以作为评价刚度的指标[19-21]。

并联机构刚度依赖几个因素，包括连杆尺寸和材料、机械传递机构、电机及控制系统等。假设第 i 条运动学支链的刚度为 k_i，则力和变形之间的关系可以表示为

$$\tau_i = k_i \Delta q_i, \quad i = 1,2,3,4 \tag{2-65}$$

式中，τ_i 为第 i 条支链伺服电机提供的力矩；Δq_i 为 τ_i 作用下引起的变形。

方程(2-65)写成矩阵形式为

$$\boldsymbol{\tau} = \boldsymbol{K} \Delta \boldsymbol{q} \tag{2-66}$$

式中，$\boldsymbol{K}$ 为机构的弹簧刚度，$\boldsymbol{K} = \mathrm{diag}(k_1, k_2, k_3, k_4)$；$\Delta \boldsymbol{q} = \begin{bmatrix} \Delta q_1 & \Delta q_2 & \Delta q_3 & \Delta q_4 \end{bmatrix}^{\mathrm{T}}$；

$\boldsymbol{\tau}=\begin{bmatrix}\tau_1 & \tau_2 & \tau_3 & \tau_4\end{bmatrix}^{\mathrm{T}}$。

基于雅可比矩阵，动平台的变形$\Delta\boldsymbol{p}$与$\Delta\boldsymbol{q}$之间的关系可以表示为

$$\Delta\boldsymbol{q}=\boldsymbol{J}\Delta\boldsymbol{p} \tag{2-67}$$

联合方程(2-64)、(2-66)和(2-67)可以得到

$$\boldsymbol{F}_0=\boldsymbol{C}\Delta\boldsymbol{p}=\boldsymbol{J}^{\mathrm{T}}\boldsymbol{K}\boldsymbol{J}\Delta\boldsymbol{p} \tag{2-68}$$

式中，$\boldsymbol{C}=\boldsymbol{J}^{\mathrm{T}}\boldsymbol{K}\boldsymbol{J}$是动平台的刚度矩阵，其为一个对称矩阵。

本节刚度分析主要用来定性地评价冗余并联机构的刚性，并比较驱动冗余和非冗余情况下机构的刚性，因此可以基于刚度矩阵$\boldsymbol{C}$来构造评价指标。下面就刚度矩阵$\boldsymbol{C}$满秩和降秩时，分别提出刚度评价指标。

1. 刚度矩阵满秩时的刚度评价指标

当刚度矩阵满秩时，可以得到$\det(\boldsymbol{C})\neq 0$。基于方程(2-68)，可以得到

$$\Delta\boldsymbol{p}=\boldsymbol{C}^{-1}\boldsymbol{F}_0 \tag{2-69}$$

为了获得单位力作用下动平台变形的最大值，定义拉格朗日函数为

$$\boldsymbol{L}=\boldsymbol{F}_0^{\mathrm{T}}\boldsymbol{C}^{-\mathrm{T}}\boldsymbol{C}^{-1}\boldsymbol{F}_0-\lambda_0(\boldsymbol{F}_0^{\mathrm{T}}\boldsymbol{F}_0-1) \tag{2-70}$$

式中，λ_0为拉格朗日乘子。

当$\boldsymbol{L}$取相对极值时，需要满足如下条件：

$$\frac{\partial \boldsymbol{L}}{\partial \boldsymbol{F}_0}=0,\quad \frac{\partial \boldsymbol{L}}{\partial \lambda_0}=0 \tag{2-71}$$

即

$$\boldsymbol{C}^{-\mathrm{T}}\boldsymbol{C}^{-1}\boldsymbol{F}_0=\lambda_0\boldsymbol{F}_0 \tag{2-72}$$

因此，λ_0是矩阵$\boldsymbol{C}^{-\mathrm{T}}\boldsymbol{C}^{-1}$的特征值，$\boldsymbol{F}_0$是$\boldsymbol{L}$取相对极值时$\lambda_0$对应的特征向量。$\lambda_0$可以表示为

$$\lambda_0=\lambda_i(\boldsymbol{C}^{-\mathrm{T}}\boldsymbol{C}^{-1}) \tag{2-73}$$

式中，$\lambda_i(\boldsymbol{C}^{-\mathrm{T}}\boldsymbol{C}^{-1})$是矩阵$\boldsymbol{C}^{-\mathrm{T}}\boldsymbol{C}^{-1}$的第$i$个特征值。

从而可以得到如下关系式：

$$\|\Delta\boldsymbol{p}\|^2=\boldsymbol{F}_0^{\mathrm{T}}\boldsymbol{C}^{-\mathrm{T}}\boldsymbol{C}^{-1}\boldsymbol{F}_0=\lambda_0 \tag{2-74}$$

这表明$\|\Delta\boldsymbol{p}\|^2$的极限值等于矩阵$\boldsymbol{C}^{-\mathrm{T}}\boldsymbol{C}^{-1}$的最大特征值和最小特征值。因此，动平台变形的最大值可以表示为

$$p_{\max}=\|\Delta\boldsymbol{p}\|_{\max}=\sqrt{\lambda_{\max}(\boldsymbol{C}^{-\mathrm{T}}\boldsymbol{C}^{-1})} \tag{2-75}$$

式中，$p_{\max}$ 是单位力作用下的最大变形。由于 $p_{\max}$ 反映了并联机构的刚度特征，可以将其作为刚度性能评价指标。

与串联机构相似，并联机构刚度与机构的配置也直接相关。下面分析刚度与并联机构奇异构型之间的关系。分析过程中，假设连杆轴向刚度为无穷大。

当 $\det(\boldsymbol{C}^{-1})=0$ 时，可以得到

$$\det(\boldsymbol{C}^{-\mathrm{T}}\boldsymbol{C}^{-1})=\prod_{i=1}^{n}\lambda_i(\boldsymbol{C}^{-\mathrm{T}}\boldsymbol{C}^{-1})=0 \tag{2-76}$$

因此，矩阵 $\boldsymbol{C}^{-\mathrm{T}}\boldsymbol{C}^{-1}$ 至少有一个特征值为 0。因为 $\boldsymbol{C}^{-\mathrm{T}}\boldsymbol{C}^{-1}$ 是半正定矩阵，可以推导出

$$\lambda_{\min}(\boldsymbol{C}^{-\mathrm{T}}\boldsymbol{C}^{-1})=0 \tag{2-77}$$

方程(2-76)表明在 $\boldsymbol{F}_0$ 作用下，动平台沿 $\boldsymbol{F}_0$ 方向不会产生变形，即 $\Delta\boldsymbol{p}=0$。方程(2-69)可以重新写为

$$\boldsymbol{C}^{-1}\boldsymbol{F}_0=0 \tag{2-78}$$

由于 $\det(\boldsymbol{C}^{-1})=0$，所以 $\boldsymbol{F}_0$ 具有至少一个非零解，也就意味着并联机构在没有关节驱动力的情况下也可以承受外力。相应地，由于没有关节变形以致动平台的变形为 0，并联机构刚度无穷大。

2. 刚度矩阵降秩时的刚度评价指标

当刚度矩阵趋近非满秩时，满足 $\det(\boldsymbol{C})\to 0$，即

$$\det(\boldsymbol{C}^{-1})\to\infty \tag{2-79}$$

通过方程(2-79)，可以推导出

$$\lambda_{\max}(\boldsymbol{C}^{-\mathrm{T}}\boldsymbol{C}^{-1})\to\infty \tag{2-80}$$

基于方程(2-80)，动平台最大变形可以表示为

$$p_{\max}\to\infty \tag{2-81}$$

这表明 0 特征值对应的特征向量方向，动平台变形是无穷大的。

假设动平台上没有外力，即 $\boldsymbol{F}_0=0$，则方程(2-69)可以重新写为

$$\boldsymbol{C}\Delta\boldsymbol{p}=0 \tag{2-82}$$

由于 $\det(\boldsymbol{C})=0$，所以 $\Delta\boldsymbol{p}$ 至少有一个非零解，说明在没有外力作用下，动平台也会产生变形，并联机构将处于不可控状态，此时并联机构处于正运动学奇异构型。因此，刚度和奇异位形相关，刚度突变时，并联机构处于奇异位形。通过确定 $\boldsymbol{C}^{-\mathrm{T}}\boldsymbol{C}^{-1}$ 的最大特征值，就可以定性地研究并联机构的刚度[22,23]。

基于数学知识，可以得到

$$\lambda_{\min}(\boldsymbol{C}\boldsymbol{C}^{\mathrm{T}}) = \frac{1}{\lambda_{\max}(\boldsymbol{C}^{-\mathrm{T}}\boldsymbol{C}^{-1})} \tag{2-83}$$

因为$\boldsymbol{C}$是一个对称矩阵，所以有如下关系式成立：

$$\lambda(\boldsymbol{C}) = \sqrt{\lambda(\boldsymbol{C}\boldsymbol{C}^{\mathrm{T}})} \tag{2-84}$$

相应地可以得到

$$\lambda_{\min}(\boldsymbol{C}) = \sqrt{\frac{1}{\lambda_{\max}(\boldsymbol{C}^{-\mathrm{T}}\boldsymbol{C}^{-1})}} \tag{2-85}$$

这样，就可以将$\boldsymbol{C}$的最小特征值当成刚度评价指标来定性分析并联机构的刚性。$\lambda_{\min}(\boldsymbol{C})$越小，刚度越低。相反地，$\lambda_{\min}(\boldsymbol{C})$越大，刚度越高。

2.6.3　驱动冗余对机构刚度的影响

由式(2-68)可以推导出

$$\boldsymbol{C} = \boldsymbol{C}_u + \boldsymbol{C}_r \tag{2-86}$$

式中，$\boldsymbol{C}_u = \boldsymbol{J}_u^{\mathrm{T}}\boldsymbol{k}_u\boldsymbol{J}_u$；$\boldsymbol{C}_r = \boldsymbol{J}_r^{\mathrm{T}}\boldsymbol{k}_r\boldsymbol{J}_r$；$\boldsymbol{k}_u = \mathrm{diag}(k_1, k_2, \cdots, k_n)$；$\boldsymbol{k}_r = \mathrm{diag}(k_{n+1}, k_{n+2}, \cdots, k_m)$。根据$\boldsymbol{J}_u$的定义可知，$\boldsymbol{C}_u$为非冗余并联机构的末端刚度矩阵。设$R(\boldsymbol{x})$、$R_u(\boldsymbol{x})$和$R_r(\boldsymbol{x})$分别为实对称矩阵$\boldsymbol{C}$、$\boldsymbol{C}_u$和$\boldsymbol{C}_r$的 Rayleigh 商，则根据式(2-86)可以得到

$$R(\boldsymbol{x}) = R_u(\boldsymbol{x}) + R_r(\boldsymbol{x}) \tag{2-87}$$

假设特征值$\lambda_{\min}(\boldsymbol{C})$对应的特征向量为$\boldsymbol{S}$，由对称矩阵的性质可知$\|\boldsymbol{S}\|_2 = 1$，则

$$\lambda_{\min}(\boldsymbol{C}) = R(\boldsymbol{S}) = R_u(\boldsymbol{S}) + R_r(\boldsymbol{S}) \tag{2-88}$$

由于

$$\min_{x \neq 0} R_u(\boldsymbol{x}) = \lambda_{\min}(\boldsymbol{C}_u) \tag{2-89}$$

$$\min_{x \neq 0} R_r(\boldsymbol{x}) = \lambda_{\min}(\boldsymbol{C}_r) \tag{2-90}$$

从而可以得到如下不等式关系：

$$\lambda_{\min}(\boldsymbol{C}) \geqslant \lambda_{\min}(\boldsymbol{C}_u) + \lambda_{\min}(\boldsymbol{C}_r) \tag{2-91}$$

当且仅当$\boldsymbol{S}$为$\boldsymbol{C}_r$的 0 特征值对应的特征向量，且为$\lambda_{\min}(\boldsymbol{C}_u)$对应的特征向量时取等号。式(2-91)表明由于驱动冗余的引入，并联机构的刚度得到了提高。

2.6.4　驱动冗余并联机床刚度性能

基于方程(2-17)和(2-68)，可以推导出本书研究的驱动冗余并联机床的刚度矩阵为

$$C=\begin{bmatrix} c_{11} & -k_1\tan\theta_1-k_2\tan\theta_2 & c_{13} \\ -k_1\tan\theta_1-k_2\tan\theta_2 & k_1+k_2 & c_{23} \\ c_{31} & c_{32} & c_{33} \end{bmatrix} \tag{2-92}$$

式中

$$c_{11}=\sum_{i=1}^{2}k_i\tan^2\theta_i+k_3J_{31}^2+k_4J_{41}^2,\quad c_{23}=-\sum_{i=1}^{2}k_i(\sin\theta+\tan\theta_i\cos\theta)d_0$$

$$c_{13}=k_3J_{31}J_{33}+k_4J_{41}J_{44}+\sum_{i=1}^{2}k_i\tan\theta_i(\sin\theta+\tan\theta_i\cos\theta)d_0,\quad c_{31}=c_{13}$$

$$c_{32}=-\sum_{i=1}^{2}k_i(\sin\theta+\tan\theta_i\cos\theta)d_0$$

$$c_{33}=k_3J_{33}^2+k_4J_{43}^2+\sum_{i=1}^{2}k_i(\sin\theta+\tan\theta_i\cos\theta)^2d_0^2$$

由奇异性分析可知，驱动冗余克服了工作空间中的正运动学奇异位形，所以整个工作空间中，$\det(\boldsymbol{J})\neq 0$。因此，可以利用式(2-75)中求解的单位力作用下动平台最大变形作为驱动冗余并联机床的刚度评价指标。图 2.11 给出了驱动冗余并联机床在不同 Y 坐标和不同旋转角 θ 下的最大变形 $p_{\max}$。从图中可以看出，机床在整个工作空间的最大变形 $p_{\max}$ 连续光滑，没有突变，变形很小，因此机床在整个工作空间中具有良好的刚度。

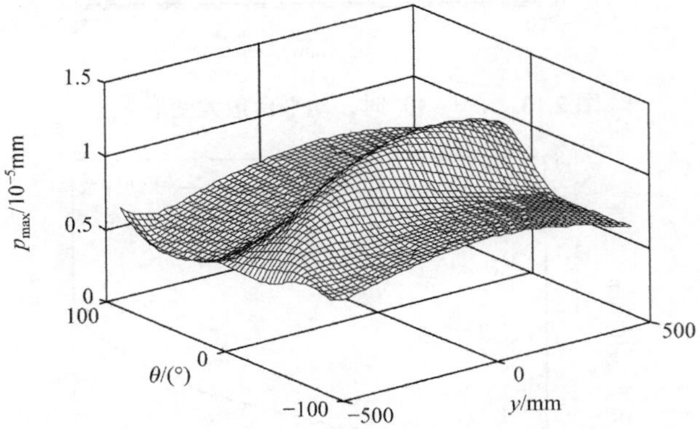

图 2.11　驱动冗余并联机床在整个工作空间动平台最大变形 $p_{\max}$

为了比较驱动冗余并联机床和非冗余并联机床的刚度，图 2.12～图 2.15 给出了 θ 为−60°、−30°、30°和 60°四种情况下机床的刚度。从这些图中可以看出，在工作空间中，驱动冗余并联机床动平台的最大变形小于非冗余并联机床动平台的最大变形，非冗余并联机床动平台在单位力作用下的最大变形改变显著，从而说明驱动冗余并联机床具有较高的刚度。当 θ 从−90°变化到 90°时，特别是当 $\theta=-30°$

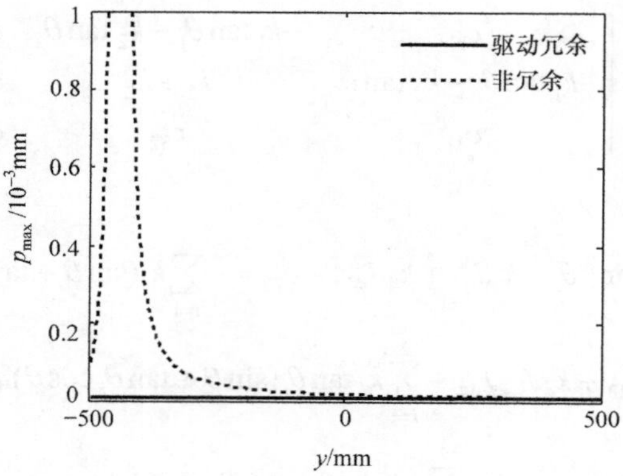

图 2.12　$\theta=-60°$ 时，动平台最大变形 p_{max}

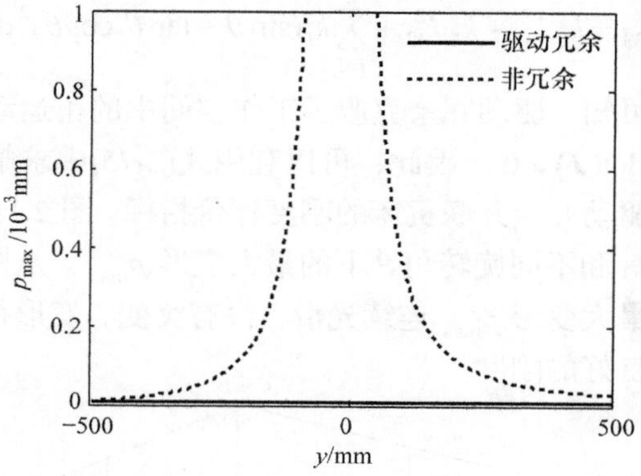

图 2.13　$\theta=-30°$ 时，动平台最大变形 p_{max}

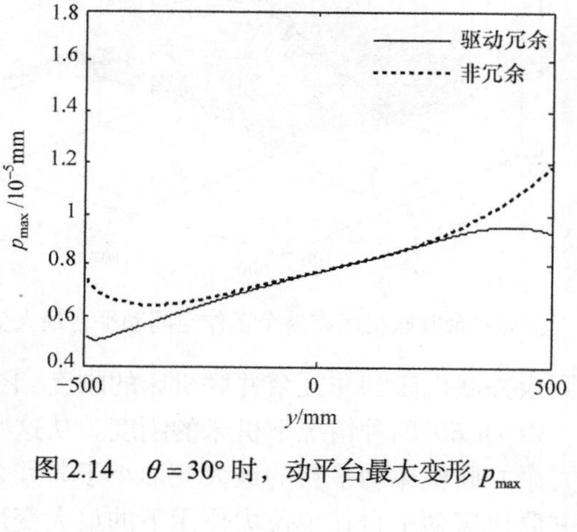

图 2.14　$\theta=30°$ 时，动平台最大变形 p_{max}

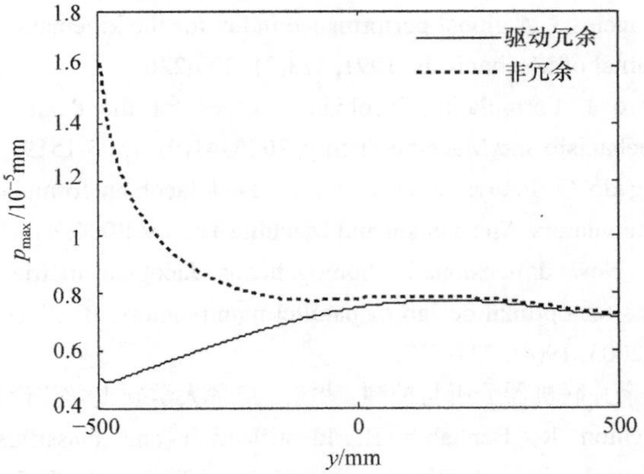

图 2.15　$\theta = 60°$ 时，动平台最大变形 p_{max}

时，动平台的最大变形非常大，其原因是非冗余并联机床接近正运动学奇异。然而，由于驱动冗余消除了非冗余并联机床的正运动学奇异，在工作空间内，对应的驱动冗余并联机床动平台的最大变形变化平缓。

参 考 文 献

[1] Wu J, Wang J S, Wang L P, et al. Performance comparison of three planar 3-DOF parallel manipulators with 4-RRR, 3-RRR and 2-RRR structures. Mechatronics, 2010, 20(4): 510-517.

[2] Kock S, Schumacher W. A parallel *x-y* manipulator with actuation redundancy for high-speed and active-stiffness application. IEEE International Conference on Robotics and Automation, 1998, 3: 2295-2300.

[3] Notash L, Podhorodeski R. Forward displacements analysis and uncertainty configurations of parallel manipulators with a redundant branch. Journal of Robotic Systems, 1996, 13(9): 587-601.

[4] Bichi A, Prattichizzo D. Manipulability of cooperating robots with unactuated joints and closed-chain mechanisms. IEEE Transactions on Robotics and Automation, 2000, 16(4): 336-345.

[5] Angeles J, Rojas A. Manipulator kinematic inversion via condition-number minimization and continuation. IEEE International Conference on Robotics and Automation, 1987, 2(2): 61-69.

[6] Majou F, Gosselin C, Wenger P, et al. Parametric stiffness analysis of the Orthoglide. Mechanism and Machine Theory, 2007, 42(3): 296-311.

[7] Bouzgarrou B, Fauroux J, Gogu G, et al. Rigidity analysis of T3R1 parallel robot uncoupled kinematics. International Symposium on Robotics, 2004: 1-6.

[8] Huang T, Zhao X Y, Whitehouse D J. Stiffness estimation of a tripod-based parallel kinematic machine. IEEE Transactions on Robotics and Automation, 2002, 18(1): 50-58.

[9] Bonev I, Zlatanov D, Gosselin C. Singularity analysis of 3-DOF planar parallel mechanisms via screw theory. ASME Journal on Mechanical Design, 2003, 125(3): 573-581.

[10] Angeles J, Lopez-Cajun C. Kinematic isotropy and the conditioning index of serial robotic manipulators. International Journal of Robotics Research, 1992, 11(6): 560-571.

[11] Gosselin C M, Angeles J. A global performance index for the kinematic optimization of robotic manipulators. Journal of Mechanisms, 1991, 113(3): 220-226.
[12] Pond G, Carretero J. Formulating Jacobian matrices for the dexterity analysis of parallel manipulators. Mechanism and Machine Theory, 2006, 41(9): 1505-1519.
[13] Altuzarra O, Salgado O, Petuya V, et al. Point-based Jacobian formulation for computational kinematics of manipulators. Mechanism and Machine Theory, 2006, 41(12): 1407-1423.
[14] Kim S, Ryu J. New dimensionally homogeneous Jacobian matrix formulation by three end-effector points for optimal design of parallel manipulators. IEEE Transactions on Robotics and Automation, 2003, 19(4): 731-737.
[15] 廖恒斌. 驱动冗余并联机器分析与控制. 北京: 清华大学硕士学位论文, 2006.
[16] Zlatanov D, Fenton R, Benhabib B. Identification and classification of the singular configurations of mechanisms. Mechanism and Machine Theory, 1998, 33(6): 743-760.
[17] Liu G, Lou Y, Li Z. Singularities of parallel manipulators: A geometric treatment. IEEE Transactions on Robotics and Automation, 2003, 19(4): 579-594.
[18] Su Y X, Zheng C H, Duan B Y. Fuzzy learning tracking of a parallel cable manipulator for the square kilometer array. Mechatronics, 2005, 15(6): 731-746.
[19] Liu X J, Jin Z L, Gao F. Optimum design of 3-DOF spherical parallel manipulators with respect to the conditioning and stiffness indices. Mechanism and Machine Theory, 2000, 35(9): 1257-1267.
[20] Gosselin C M. Stiffness mapping for parallel manipulators. IEEE Transactions on Robotics and Automation, 1990, 6(3): 377-382.
[21] Anatoly P, Damien C, Philippe W. Stiffness analysis of 3-d.o.f. over constrained translational parallel manipulators. IEEE International Conference on Robotics and Automation, 2008: 1562-1567.
[22] 唐晓强. 新型龙门混联机床设计及实验研究. 北京: 清华大学博士学位论文, 2001.
[23] Wu J, Wang J S, Li T M, et al. Performance analysis and application of a redundantly actuated parallel manipulator for milling. Journal of Intelligent and Robotic Systems, 2007, 50(2): 163-180.

第3章　驱动冗余并联机床的运动学标定

3.1　引　　言

运动学标定是利用闭链约束和误差可观性，通过测量机床输出的误差(或是其变形)，构造实测信息与模型输出间的残差方程，求解得到几何参数偏差，进而实现补偿，提高精度。并联机床运动学标定可以用较小的代价获得“硬技术”难以达到的精度水平。运动学标定一般分为四个步骤：误差建模、测量、参数辨识和误差补偿。标定时，首先根据几何误差源的实际分布情况，建立合理的误差模型；然后通过测量机床输出量，根据运动学输入输出关系构造辨识方程，由参数辨识算法求解几何参数偏差；最后通过修正控制模型参数进行实时补偿来提高运动精度。标定的这四个步骤不是孤立、简单地依次进行，而是相互联系、相互影响的。

本章针对驱动冗余并联机床运动学标定，提出最少参数线性组合的运动学标定方法。这种方法根据多参数耦合误差传递系统中参数线性组合的映射关系，将一般运动学标定中参数的建模、辨识与误差补偿，改变为参数线性组合的建模、辨识与误差补偿。其核心是关于辨识矩阵 QR 分解所得上三角方阵的四个数学特性，即方阵中零列、成比例列、线性相关列以及方阵的秩。该方法包括：①建立最少参数线性组合的辨识方程；②设计兼顾最少参数线性组合辨识性能和测量成本的测量方案；③分步标定中已辨识参数线性组合误差的补偿以及参数线性组合中每个参数的赋值。这种方法能更准确地反映参数线性组合映射关系，更好地提高并联机床精度，可广泛适用于运动学参数非线性弱的并联机床。

3.2　运动学标定原理

并联机床的几何精度可通过精度设计和运动学标定等途径来加以改善。精度设计主要应用于机床制造前的设计阶段，是先验地解决精度问题；运动学标定则应用于机床制造装配完成后的校验阶段，是后验地解决精度问题[1]。运动学标定是通过软件调整，而不涉及硬件改动，可以方便有效地提高精度，最大限度地减小因微小变化(如零件磨损、尺寸漂移、零件更换等)而修改应用程序的风险[2]。

图 3.1 给出了机床终端误差的产生原理，机床根据输入量产生运动输出，同

时伴随着运动形式或参数的变化。从控制的角度看，控制系统中需要对这种输入输出关系进行建模，来控制机构按预期要求输出运动。但控制模型与实际机床之间不可避免地存在误差，导致机床无法严格按照预期要求运动，即产生机床终端误差[3]。

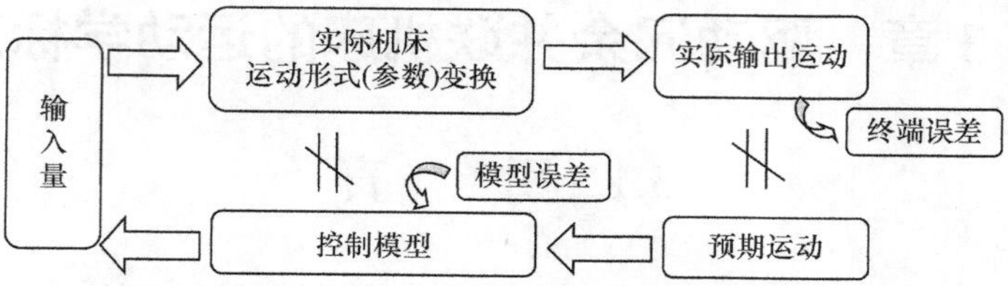

图 3.1　机床终端误差的产生原理

模型误差构成中，最主要的是模型几何参数偏差。实际中受测量手段、装配工艺等条件限制，通过直接测量来确定这些参数偏差往往十分困难。但是，几何参数偏差的存在必定会通过一定的形式反映出来，最直接的是终端误差。运动学标定通过测量输出的终端误差(或是其变形)来构造方程，通过求解间接得到几何参数偏差，进而实现补偿以提高精度。现象是本质的某种反映，运动学标定则是透过现象(机床终端误差或是其变形)来确定导致该现象的本质(模型几何参数偏差)。

并联机床的运动学标定是构造实测信息与模型输出间的误差泛函，并采用一定的数学方法辨识模型参数，再用识别结果修正控制器中的参数，进而达到静态精度补偿目的[4-6]。具体过程如图 3.2 所示。

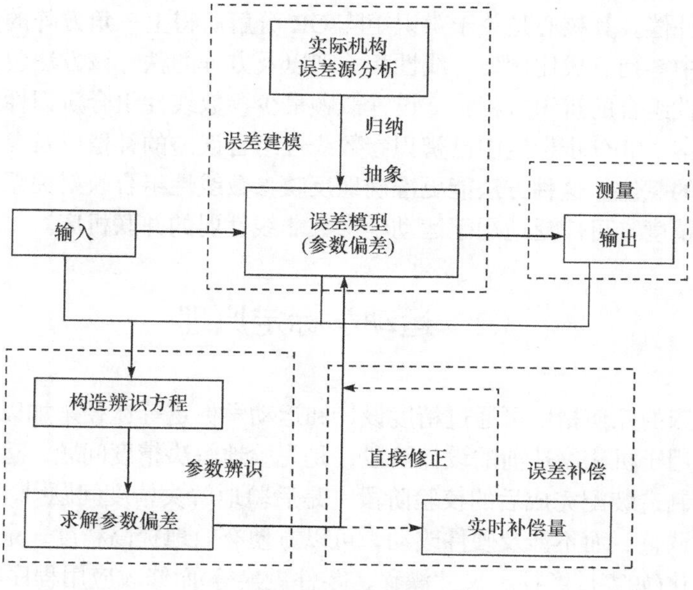

图 3.2　运动学标定过程

并联机床的运动学标定，根据测量方式分为外部标定和自标定，利用外部测量的标定称为外部标定[7]，利用内部测量的标定称为自标定[8,9]。外部测量时所用的测量仪器，独立于整个机床之外；内部测量则依赖于机床内部的冗余传感器。外部测量通常会和外部坐标系发生关系，内部测量与外部坐标系无关。

3.3　辨识方程

误差建模中，要选择和确定合适的函数形式，建立满足标定要求的误差模型。一个误差模型必须满足以下条件：①完备性，模型必须足够完整地来描述所有可能的几何关节位形；②均衡性(连续性)，随相应的关节位形变化时，模型参数是连续变化的；③等效性，模型应能够以方程的形式和其他模型建立等效联系；④最简性，模型参数必须都是相互独立的，避免任何参数的冗余。误差建模方法与精度分析建模方法相似，主要包括空间矢量链法和 D-H 齐次变换矩阵法，空间矢量链法利用各支链矢量闭环微小量变化得到误差模型。

3.3.1　辨识方程的简化

并联机床运动学标定可使用空间矢量链法得到如下方程[10-13]：

$$ {}^{e}\boldsymbol{p}_i = \boldsymbol{g}_i({}^{e}\boldsymbol{q}, \boldsymbol{v}_i) \approx 0, \quad i = 1, 2, \cdots, c \tag{3-1}$$

式中，${}^{e}\boldsymbol{p}_i$ 为位形 i 下，由几何参数误差、测量干扰和模型未包含误差所导致的 k 维残差矢量；$\boldsymbol{g}_i$ 为闭环方程；${}^{e}\boldsymbol{q}$ 为误差模型中的 n 维几何参数矢量；$\boldsymbol{v}_i$ 为机床传感器的读数矢量；c 为测量位形的数目。

对式(3-1)在几何参数名义值处进行线性化处理，有

$$\delta^{e}\boldsymbol{p}_i = {}^{e}\boldsymbol{J}_i \delta^{e}\boldsymbol{q}, \quad i = 1, 2, \cdots, c \tag{3-2}$$

式中，$\delta^{e}\boldsymbol{p}_i$ 是位形 i 下测量值与计算值之间的偏差；$\delta^{e}\boldsymbol{q}$ 是几何参数误差矢量；${}^{e}\boldsymbol{J}_i$ 是位形 i 下的雅可比矩阵。

合并 c 个测量位形的矩阵方程，由式(3-2)得

$$\delta^{e}\boldsymbol{p} = \boldsymbol{W}\delta^{e}\boldsymbol{q} \tag{3-3}$$

式中，$\delta^{e}\boldsymbol{p} = \left[\delta^{e}\boldsymbol{p}_1^{\mathrm{T}}, \delta^{e}\boldsymbol{p}_2^{\mathrm{T}}, \cdots, \delta^{e}\boldsymbol{p}_c^{\mathrm{T}}\right]^{\mathrm{T}}$，$\boldsymbol{W} = \left[{}^{e}\boldsymbol{J}_1^{\mathrm{T}}, {}^{e}\boldsymbol{J}_2^{\mathrm{T}}, \cdots, {}^{e}\boldsymbol{J}_c^{\mathrm{T}}\right]^{\mathrm{T}}$。

式(3-3)就是运动学标定的参数辨识方程，运动学标定中几何参数的辨识特性

都将在辨识矩阵 $\boldsymbol{W}$ 中体现。辨识矩阵 $\boldsymbol{W}$ 的每一列都对应 $\delta^e\boldsymbol{q}$ 的一个参数，于是对辨识矩阵 $\boldsymbol{W}$ 的列进行分析，就可得到 $\delta^e\boldsymbol{q}$ 中几何参数间的关系。但直接分析数据庞大的辨识矩阵很不方便，为此对辨识矩阵 $\boldsymbol{W}$ 进行 QR 分解得到

$$\boldsymbol{W}_{(c\times k)\times n}=\boldsymbol{Q}_{(c\times k)\times(c\times k)}\begin{bmatrix}\boldsymbol{R}_{\Delta n\times n}\\ \boldsymbol{0}_{(c\times k-n)\times n}\end{bmatrix} \tag{3-4}$$

式中，$\boldsymbol{Q}$ 是正交矩阵，$\boldsymbol{R}_\Delta$ 是上三角方阵。

式(3-3)两边同时左乘 $\boldsymbol{Q}^{\mathrm{T}}$ 得到

$$\begin{bmatrix}\boldsymbol{b}_{n\times 1}\\ \boldsymbol{d}_{(c\times k-n)\times 1}\end{bmatrix}=\boldsymbol{Q}^{\mathrm{T}}_{(c\times k)\times(c\times k)}\delta^e\boldsymbol{p}_{(c\times k)\times 1}=\begin{bmatrix}\boldsymbol{R}_{\Delta n\times n}\\ \boldsymbol{0}_{(c\times k-n)\times n}\end{bmatrix}\delta^e\boldsymbol{q}_{n\times 1} \tag{3-5}$$

由式(3-5)可得

$$\boldsymbol{R}_\Delta\delta^e\boldsymbol{q}=\boldsymbol{b} \tag{3-6}$$

根据数值分析理论[14]可知，$\boldsymbol{R}_\Delta\delta^e\boldsymbol{q}=\boldsymbol{b}$ 的解也就是 $\delta^e\boldsymbol{p}=\boldsymbol{W}\delta^e\boldsymbol{q}$ 的最小二乘解，即将 $\delta^e\boldsymbol{p}=\boldsymbol{W}\delta^e\boldsymbol{q}$ 的最小二乘辨识求解转化为简单的上三角方阵 $\boldsymbol{R}_\Delta$ 组成的方程 $\boldsymbol{R}_\Delta\delta^e\boldsymbol{q}=\boldsymbol{b}$ 的求解。那么，辨识矩阵 $\boldsymbol{W}$ 关于 $\delta^e\boldsymbol{q}$ 中参数的辨识特性在上三角方阵 $\boldsymbol{R}_\Delta$ 中得到体现。

一般对于初始误差模型的简化，多是通过物理观察、辨识矩阵 $\boldsymbol{W}$ 分析以及观察上三角方阵 $\boldsymbol{R}_\Delta$ 的对角线元素是否为 0 等方法实现。其中，通过物理观察的方法缺乏理论依据和目的性，可实施性差，难以归纳成通用方法；利用辨识矩阵分析的方法则过程烦琐，且辨识矩阵数据量大难以分析；利用对辨识矩阵 $\boldsymbol{W}$ 进行 QR 分解后的 $\boldsymbol{R}_\Delta$ 的对角线元素是否为 0，来判断参数是否冗余，虽然方法简洁、易于分析，但没有反映误差传递中存在参数线性组合的映射关系，不利于更好地提高机床终端精度。这些方法没有考虑参数线性组合的存在，只是将所有参数简单判断为冗余参数和非冗余参数，虽可在一定程度上解决模型简化问题，但阻碍了并联机床精度的进一步提高。

3.3.2 最少参数线性组合的误差建模方法

由式(3-6)可知，辨识矩阵 $\boldsymbol{W}$ 的辨识特性都集中体现在上三角方阵 $\boldsymbol{R}_\Delta$ 中。于是，对大数据量的辨识矩阵 $\boldsymbol{W}$ 的列分析，可以通过对简洁、易观察的上三角方阵 $\boldsymbol{R}_\Delta$ 的列分析代替。据此，得到基于上三角方阵 $\boldsymbol{R}_\Delta$ 的初始误差模型中最少参数线性组合的 4 个基本推论[15]。

推论 3.1 当 $\boldsymbol{R}_\Delta$ 中存在零列时，这些零列所对应的参数无法辨识，即这些参

数是冗余参数，同时将 $\boldsymbol{R}_\Delta$ 中这些零列和辨识矩阵 $\boldsymbol{W}$ 中所对应的列删去。

推论 3.2　当 $\boldsymbol{R}_\Delta$ 中存在成比例列时，即当 $\boldsymbol{R}_\Delta=[\boldsymbol{r}_1,\boldsymbol{r}_2,\cdots,\boldsymbol{r}_n]$ 中存在 m 个列矢量 $\boldsymbol{r}_{i1},\boldsymbol{r}_{i2},\cdots,\boldsymbol{r}_{im}$ 可提取出公共矢量 $\boldsymbol{r}_i$，也就是 $\boldsymbol{r}_{i1}=a_1\boldsymbol{r}_i,\boldsymbol{r}_{i2}=a_2\boldsymbol{r}_i,\cdots,\boldsymbol{r}_{im}=a_m\boldsymbol{r}_i$（$a_1,a_2,\cdots,a_m$ 为非零常数)，且这些列所对应的参数分别为 $\delta q_{i1},\delta q_{i2},\cdots,\delta q_{im}$ 时，此 m 个参数只能被辨识出一个数值，这一数值是由这 m 个参数组成的线性组合的值。故可令这 m 个参数中，除 δq_{ik} 外的其他 $m-1$ 个参数为 0，同时将 $\boldsymbol{R}_\Delta$ 和辨识矩阵 $\boldsymbol{W}$ 中的其他 $m-1$ 个参数所对应的列删去。这样由 δq_{ik} 所对应列 $\boldsymbol{r}_{ik}$ 辨识出来的数值是参数线性组合 $\dfrac{1}{a_k}\sum\limits_{j=1}^{m}a_j\delta q_{ij}$。

证明(推论 3.2)　当 $\boldsymbol{R}_\Delta=[\boldsymbol{r}_1,\boldsymbol{r}_2,\cdots,\boldsymbol{r}_n]$ 中有 m 个列矢量 $\boldsymbol{r}_{i1},\boldsymbol{r}_{i2},\cdots,\boldsymbol{r}_{im}$ 可提取出公共矢量 $\boldsymbol{r}_i$，即 $\boldsymbol{r}_{i1}=a_1\boldsymbol{r}_i,\boldsymbol{r}_{i2}=a_2\boldsymbol{r}_i,\cdots,\boldsymbol{r}_{im}=a_m\boldsymbol{r}_i$（$a_1,a_2,\cdots,a_m$ 为非零常数)，且这些列所对应的参数分别为 $\delta q_{i1},\delta q_{i2},\cdots,\delta q_{im}$ 时，式(3-6)可写为

$$\boldsymbol{r}_1\delta^e q_1+\boldsymbol{r}_2\delta^e q_2+\cdots+\boldsymbol{r}_i\left(\sum_{j=1}^{m}a_j\delta q_{ij}\right)+\cdots+\boldsymbol{r}_n\delta^e q_n=\boldsymbol{b}_{n\times1} \tag{3-7}$$

由式(3-7)可以看出，$\delta q_{i1},\delta q_{i2},\cdots,\delta q_{im}$ 这 m 个参数，当提取出公共矢量 $\boldsymbol{r}_i$ 作为列矢量时，唯一可求解出的数值是参数线性组合 $\sum\limits_{j=1}^{m}a_j\delta q_{ij}$，即这 m 个参数是结合成一个线性组合的形式被辨识求解的。令除 δq_{ik} 以外的其他 $m-1$ 个参数均为 0，同时将这 $m-1$ 个参数所对应的列删去，式(3-7)可以重写为

$$\boldsymbol{r}_1\delta^e q_1+\boldsymbol{r}_2\delta^e q_2+\cdots+\boldsymbol{r}_{ik}\left(\frac{1}{a_k}\sum_{j=1}^{m}a_j\delta q_{ij}\right)+\cdots+\boldsymbol{r}_n\delta^e q_n=\boldsymbol{b}_{n\times1} \tag{3-8}$$

由式(3-8)可以看出，由 δq_{ik} 所对应列 $\boldsymbol{r}_{ik}$ 辨识出来的数值是参数线性组合 $\dfrac{1}{a_k}\sum\limits_{j=1}^{m}a_j\delta q_{ij}$。

推论 3.3　当 $\boldsymbol{R}_\Delta$ 中存在线性相关列时，即当 $\boldsymbol{R}_\Delta=[\boldsymbol{r}_1,\boldsymbol{r}_2,\cdots,\boldsymbol{r}_n]$ 中存在 m 个列矢量线性相关，其中 $\boldsymbol{r}_{t1},\boldsymbol{r}_{t2},\cdots,\boldsymbol{r}_{tk}$ 是其极大线性无关组，且这 k 个列所对应的参数分别为 $\delta q_{t1},\delta q_{t2},\cdots,\delta q_{tk}$，其他 $m-k$ 个列矢量是 $\boldsymbol{r}_{s1},\boldsymbol{r}_{s2},\cdots,\boldsymbol{r}_{s(m-k)}$，而 $\delta q_{s1},\delta q_{s2},\cdots,\delta q_{s(m-k)}$ 为其所对应的参数，即 $\boldsymbol{r}_{s1}=\sum\limits_{j=1}^{k}a_{1j}\boldsymbol{r}_{tj},\boldsymbol{r}_{s2}=\sum\limits_{j=1}^{k}a_{2j}\boldsymbol{r}_{tj},\cdots,$ $\boldsymbol{r}_{s(m-k)}=\sum\limits_{j=1}^{k}a_{(m-k)j}\boldsymbol{r}_{tj}$，式中 a_{ij} $(i=1,2,\cdots,m-k;\ j=1,2,\cdots,k)$ 为 ±1 或机床结构几何参数的比值时，则将 $\boldsymbol{R}_\Delta$ 中的 $\boldsymbol{r}_{s1},\boldsymbol{r}_{s2},\cdots,\boldsymbol{r}_{s(m-k)}$ 列和辨识矩阵 $\boldsymbol{W}$ 中相对应的列删

去。这样由 $\boldsymbol{r}_{tv}$ 辨识出来的数值是参数线性组合 $\delta q_{tv} + \sum_{j=1}^{m-k} a_{jv}\delta q_{sj}$，$v=1,2,\cdots,k$。

证明(推论 3.3) 当 $\boldsymbol{R}_\Delta = [\boldsymbol{r}_1, \boldsymbol{r}_2, \cdots, \boldsymbol{r}_n]$ 中存在 m 个列矢量线性相关时，其中 $\boldsymbol{r}_{t1}, \boldsymbol{r}_{t2}, \cdots, \boldsymbol{r}_{tk}$ 是其极大线性无关组，则其他 $m-k$ 个列矢量 $\boldsymbol{r}_{s1}, \boldsymbol{r}_{s2}, \cdots, \boldsymbol{r}_{s(m-k)}$ 可写为

$$\boldsymbol{r}_{s1} = \sum_{j=1}^{k} a_{1j}\boldsymbol{r}_{tj}, \quad \boldsymbol{r}_{s2} = \sum_{j=1}^{k} a_{2j}\boldsymbol{r}_{tj}, \quad \cdots, \quad \boldsymbol{r}_{s(m-k)} = \sum_{j=1}^{k} a_{(m-k)j}\boldsymbol{r}_{tj} \tag{3-9}$$

将式(3-9)代入式(3-6)可以得到

$$\begin{aligned}&\boldsymbol{r}_1\delta^e q_1 + \boldsymbol{r}_2\delta^e q_2 + \cdots + \boldsymbol{r}_{t1}\left(\delta q_{t1} + \sum_{j=1}^{m-k} a_{j1}\delta q_{sj}\right) + \boldsymbol{r}_{t2}\left(\delta q_{t2} + \sum_{j=1}^{m-k} a_{j2}\delta q_{sj}\right) \\ &+ \cdots + \boldsymbol{r}_{tk}\left(\delta q_{tk} + \sum_{j=1}^{m-k} a_{jk}\delta q_{sj}\right) + \cdots + \boldsymbol{r}_n\delta^e q_n = \boldsymbol{b}\end{aligned} \tag{3-10}$$

式中，$\delta q_{t1}, \delta q_{t2}, \cdots, \delta q_{tk}$ 分别为 $\boldsymbol{r}_{t1}, \boldsymbol{r}_{t2}, \cdots, \boldsymbol{r}_{tk}$ 所对应的参数；$\delta q_{s1}, \delta q_{s2}, \cdots, \delta q_{s(m-k)}$ 分别为其他 $m-k$ 个列矢量 $\boldsymbol{r}_{s1}, \boldsymbol{r}_{s2}, \cdots, \boldsymbol{r}_{s(m-k)}$ 所对应的参数。

由式(3-10)可以看出：$\boldsymbol{r}_{tv}$ 列辨识出来的数值为参数线性组合 $\delta q_{tv} + \sum_{j=1}^{m-k} a_{jv}\delta q_{sj}$，$v=1,2,\cdots,k$。而 $\boldsymbol{R}_\Delta$ 中 $\boldsymbol{r}_{s1}, \boldsymbol{r}_{s2}, \cdots, \boldsymbol{r}_{s(m-k)}$ 列和辨识矩阵 $\boldsymbol{W}$ 中相对应的列可删去，即这 m 个参数最终是以线性组合的形式组合成 k 个参数线性组合被辨识的。

推论 3.4 辨识矩阵 $\boldsymbol{W}$ 可辨识的最少参数线性组合的数量为矩阵 $\boldsymbol{R}_\Delta$ 的秩。

证明(推论 3.4) 当 $\boldsymbol{R}_\Delta$ 中所有的零列、成比例列和线性相关列按照前三个推论处理完之后，$\boldsymbol{R}_\Delta$ 中所有的列线性无关，此时 $\boldsymbol{R}_\Delta$ 的秩就等于 $\boldsymbol{R}_\Delta$ 的列数，而所有的参数线性组合也全部分析得到，参数线性组合的数量达到最少。于是，这些列所对应的最少参数线性组合的数量等于 $\boldsymbol{R}_\Delta$ 的秩。

基于上面提到的四个基本推论，提出最少参数线性组合误差模型的建立方法，步骤如下：

(1) 构造辨识矩阵。建立初始误差模型，选择足够多的测量位形构造辨识矩阵。

(2) QR 分解辨识矩阵。对辨识矩阵进行 QR 分解，得到上三角方阵 $\boldsymbol{R}_\Delta$。

(3) $\boldsymbol{R}_\Delta$ 的列分析。对 $\boldsymbol{R}_\Delta$ 的列依次按推论 3.1～推论 3.4 进行分析，对存在的零列，依推论 3.1 进行处理；对成比例列，依推论 3.2 进行处理；对线性相关列，依推论 3.3 进行处理；求解 $\boldsymbol{R}_\Delta$ 的秩，若 $\boldsymbol{R}_\Delta$ 的秩等于已得到的参数线性组合数目，说明辨识矩阵已达到最简，得到最少参数线性组合。

(4) 辨识模型。将得到的辨识矩阵和最少参数线性组合，构造运动学辨识方程，

完成最少参数线性组合的误差建模。

另外，由于成比例列或线性相关列较难分析得到，特别是建立的初始误差模型比较复杂，包含的几何参数数量较多，辨识矩阵较大时，可将当前处理完之后的辨识矩阵重新进行 QR 分解，对得到的新上三角方阵 $\boldsymbol{R}_\Delta$ 的列再进行成比例列或线性相关列分析，直至得到的参数线性组合数目等于 $\boldsymbol{R}_\Delta$ 的秩。

3.3.3　驱动冗余并联机床外部标定的误差建模

1. *初始误差模型*

对本书研究的驱动冗余并联机床采用空间矢量链法，构造出包含参数误差的矢量链(图 3.3)。其中，β_1 和 β_2 分别是左、右导轨方向与铅垂线的夹角，$\alpha_i\,(i=1,2)$是 C_iE_i 延长线与 E_iD_i 的夹角，α_3 是 Z_N 轴与 O_NA_1 的夹角，α_4 是 O_NA_1 延长线与 A_1B_1 的夹角。$\boldsymbol{n}_1$ 和 $\boldsymbol{n}_2$ 分别为定长支链 D_1A_1 和 D_2A_2 的单位方向矢量，$\boldsymbol{n}_3$ 和 $\boldsymbol{n}_4$ 分别为伸缩支链 E_2B_2 和 E_1B_1 的单位方向矢量。理想情况下，$\beta_1=\beta_2=\alpha_1=\alpha_2=\alpha_3=\alpha_4=0\text{rad}$，$d_0=167\text{mm}$，其他参数的名义值如表 2.1 所示。

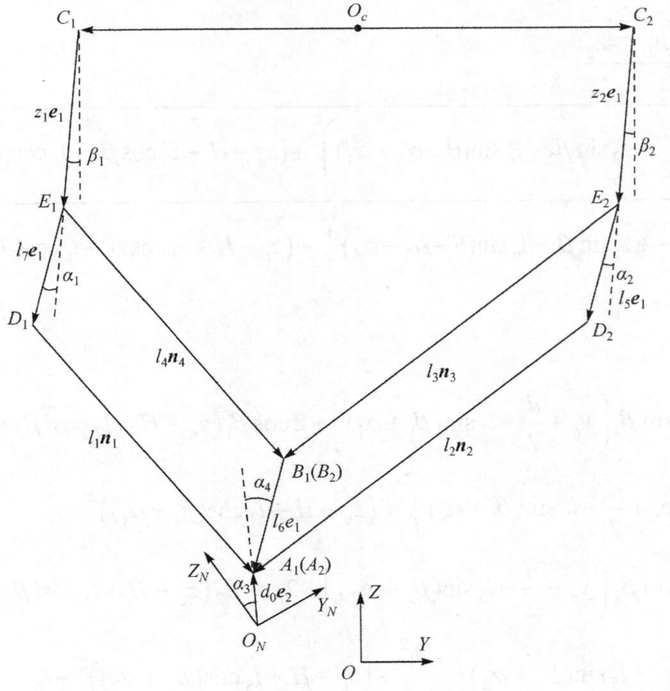

图 3.3　包含参数误差的矢量链

从基础坐标系 $O\text{-}YZ$ 到运动坐标系 $O_N\text{-}Y_NZ_N$ 形成四个矢量链闭环。在理想情

况下，点 O_N 在这四个矢量链中的位置矢量可分别表示为

$$\boldsymbol{r}=\boldsymbol{O}_c+\boldsymbol{C}_1+\boldsymbol{R}_{\beta 1}z_1\boldsymbol{e}_1+\boldsymbol{R}_{\beta 1+\alpha 1}l_7\boldsymbol{e}_1+l_1\boldsymbol{n}_1+\boldsymbol{R}_{\theta+\alpha 3}d_0\boldsymbol{e}_2 \tag{3-11}$$

$$\boldsymbol{r}=\boldsymbol{O}_c+\boldsymbol{C}_2+\boldsymbol{R}_{\beta 2}z_2\boldsymbol{e}_1+\boldsymbol{R}_{\beta 2+\alpha 2}l_5\boldsymbol{e}_1+l_2\boldsymbol{n}_2+\boldsymbol{R}_{\theta+\alpha 3}d_0\boldsymbol{e}_2 \tag{3-12}$$

$$\boldsymbol{r}=\boldsymbol{O}_c+\boldsymbol{C}_2+\boldsymbol{R}_{\beta 2}z_2\boldsymbol{e}_1+l_3\boldsymbol{n}_3+\boldsymbol{R}_{\theta+\alpha 3+\alpha 4}l_6\boldsymbol{e}_1+\boldsymbol{R}_{\theta+\alpha 3}d_0\boldsymbol{e}_2 \tag{3-13}$$

$$\boldsymbol{r}=\boldsymbol{O}_c+\boldsymbol{C}_1+\boldsymbol{R}_{\beta 1}z_1\boldsymbol{e}_1+l_4\boldsymbol{n}_4+\boldsymbol{R}_{\theta+\alpha 3+\alpha 4}l_6\boldsymbol{e}_1+\boldsymbol{R}_{\theta+\alpha 3}d_0\boldsymbol{e}_2 \tag{3-14}$$

式中，$\boldsymbol{r}=\begin{bmatrix}y & z\end{bmatrix}^{\mathrm{T}}$；$\boldsymbol{O}_c=\begin{bmatrix}0 & H\end{bmatrix}^{\mathrm{T}}$，$H$ 为立柱的高度；$z_i=H-q_i$；$\boldsymbol{e}_1=[0\ 1]^{\mathrm{T}}$，$\boldsymbol{e}_2=[0\ -1]^{\mathrm{T}}$；$\boldsymbol{C}_1=[-d/2\ 0]^{\mathrm{T}}$，$\boldsymbol{C}_2=[d/2\ 0]^{\mathrm{T}}$；$\boldsymbol{R}_{\theta+\alpha 3}=\boldsymbol{R}_{\theta}\boldsymbol{R}_{\alpha 3}$，$\boldsymbol{R}_{\beta 2+\alpha 2}=\boldsymbol{R}_{\beta 2}\boldsymbol{R}_{\alpha 2}$，$\boldsymbol{R}_{\theta+\alpha 3+\alpha 4}=\boldsymbol{R}_{\theta}\boldsymbol{R}_{\alpha 3}\boldsymbol{R}_{\alpha 4}$，$\boldsymbol{R}_{\beta i}=\boldsymbol{R}_{\alpha i}=\begin{bmatrix}1 & 0\\ 0 & 1\end{bmatrix}$，$\boldsymbol{R}_{\theta}=\begin{bmatrix}\cos\theta & -\sin\theta\\ \sin\theta & \cos\theta\end{bmatrix}$。

基于第 2 章逆运动学求解方法及图 3.3，可以得到该驱动冗余并联机床包含误差参数的运动学逆解为

$$\begin{cases}z_1=\dfrac{-b_1-\sqrt{b_1^2-4c_1}}{2}\\ z_2=\dfrac{-b_2-\sqrt{b_2^2-4c_2}}{2}\\ l_3=\sqrt{\left(y_c-\dfrac{d}{2}+z_2\sin\beta_2-l_6\sin(\theta-\alpha_3-\alpha_4)\right)^2+\left(z_c-H+z_2\cos\beta_2+l_6\cos(\theta-\alpha_3-\alpha_4)\right)^2}\\ l_4=\sqrt{\left(y_c+\dfrac{d}{2}+z_1\sin\beta_1-l_6\sin(\theta-\alpha_3-\alpha_4)\right)^2+\left(z_c-H+z_1\cos\beta_1+l_6\cos(\theta-\alpha_3-\alpha_4)\right)^2}\end{cases} \tag{3-15}$$

式中

$$b_1=2\sin\beta_1\left(y_c+\frac{d}{2}+l_7\sin(\beta_1+\alpha_1)\right)+2\cos\beta_1\left(z_c-H+l_7\cos(\beta_1+\alpha_1)\right)$$

$$c_1=\left(y_c+\frac{d}{2}+l_7\sin(\beta_1+\alpha_1)\right)^2+\left(z_c-H+l_7\cos(\beta_1+\alpha_1)\right)^2-l_1^2$$

$$b_2=2\sin\beta_2\left(y_c-\frac{d}{2}+l_5\sin(\beta_2+\alpha_2)\right)+2\cos\beta_2\left(z_c-H+l_5\cos(\beta_2+\alpha_2)\right)$$

$$c_2=\left(y_c+l_5\sin(\beta_2+\alpha_2)-\frac{d}{2}\right)^2+\left(z_c-H+l_5\cos(\beta_2+\alpha_2)\right)^2-l_2^2$$

$$y_c=y-d_0\sin(\theta-\alpha_3)$$

$$z_c=z+d_0\cos(\theta+\alpha_3)$$

建模过程中，假设 H 为固定值。当存在微小几何参数误差时，式(3-11)可以表示为

$$\boldsymbol{r}+\delta\boldsymbol{r}=\boldsymbol{O}_c+\boldsymbol{C}_1+\delta\boldsymbol{C}_1+(\boldsymbol{R}_{\beta1}+\delta\boldsymbol{R}_{\beta1})(z_1+\delta z_1)\boldsymbol{e}_1+(\boldsymbol{R}_{\beta1}+\delta\boldsymbol{R}_{\beta1})(\boldsymbol{R}_{\alpha1}+\delta\boldsymbol{R}_{\alpha1})(l_7+\delta l_7)\boldsymbol{e}_1$$
$$+(l_1+\delta l_1)(\boldsymbol{n}_1+\delta\boldsymbol{n}_1)+(\boldsymbol{R}_\theta+\delta\boldsymbol{R}_\theta)(\boldsymbol{R}_{\alpha3}+\delta\boldsymbol{R}_{\alpha3})(d_0+\delta d_0)\boldsymbol{e}_2 \tag{3-16}$$

式中，$\delta\boldsymbol{R}_{\beta i}=\delta\beta_i\boldsymbol{E}\boldsymbol{R}_{\beta i}$，$\delta\boldsymbol{R}_{\alpha i}=\delta\alpha_i\boldsymbol{E}\boldsymbol{R}_{\alpha i}$，$\delta\boldsymbol{R}_\theta=\delta\theta\boldsymbol{E}\boldsymbol{R}_\theta$。

式(3-16)减去式(3-11)得

$$\delta\boldsymbol{r}=\delta\boldsymbol{C}_1+\delta\beta_1\boldsymbol{E}\boldsymbol{R}_{\beta1}z_1\boldsymbol{e}_1+\delta z_1\boldsymbol{R}_{\beta1}\boldsymbol{e}_1+\delta l_7\boldsymbol{R}_{\beta1+\alpha1}\boldsymbol{e}_1+(\delta\beta_1+\delta\alpha_1)\boldsymbol{E}\boldsymbol{R}_{\beta1+\alpha1}l_7\boldsymbol{e}_1$$
$$+\delta l_1\boldsymbol{n}_1+l_1\delta\boldsymbol{n}_1+\delta d_0\boldsymbol{R}_{\theta+\alpha3}\boldsymbol{e}_2+(\delta\theta+\delta\alpha_3)\boldsymbol{E}\boldsymbol{R}_{\theta+\alpha3}d_0\boldsymbol{e}_2 \tag{3-17}$$

由于 $\boldsymbol{n}_i^{\mathrm{T}}\boldsymbol{n}_i=1$，$\boldsymbol{n}_i^{\mathrm{T}}\delta\boldsymbol{n}_i=0$，式(3-17)两边同时点乘 $\boldsymbol{n}_1^{\mathrm{T}}$ 可以得到

$$\begin{aligned}&\boldsymbol{n}_1^{\mathrm{T}}\delta\boldsymbol{r}-\boldsymbol{n}_1^{\mathrm{T}}\boldsymbol{E}\boldsymbol{R}_{\theta+\alpha3}d_0\boldsymbol{e}_2(\delta\theta+\delta\alpha_3)\\&=\boldsymbol{n}_1^{\mathrm{T}}\delta\boldsymbol{C}_1+\boldsymbol{n}_1^{\mathrm{T}}\boldsymbol{E}\boldsymbol{R}_{\beta1}z_1\boldsymbol{e}_1\delta\beta_1+\boldsymbol{n}_1^{\mathrm{T}}\boldsymbol{R}_{\beta1}\boldsymbol{e}_1\delta z_1+\boldsymbol{n}_1^{\mathrm{T}}\boldsymbol{R}_{\beta1+\alpha1}\boldsymbol{e}_1\delta l_7\\&\quad+\boldsymbol{n}_1^{\mathrm{T}}\boldsymbol{E}\boldsymbol{R}_{\beta1+\alpha1}l_7\boldsymbol{e}_1(\delta\beta_1+\delta\alpha_1)+\delta l_1+\boldsymbol{n}_1^{\mathrm{T}}\boldsymbol{R}_{\theta+\alpha3}\boldsymbol{e}_2\delta d_0\end{aligned} \tag{3-18}$$

同理，式(3-12)～式(3-14)也作相应操作，可分别得到

$$\begin{aligned}&\boldsymbol{n}_2^{\mathrm{T}}\delta\boldsymbol{r}-\boldsymbol{n}_2^{\mathrm{T}}\boldsymbol{E}\boldsymbol{R}_{\theta+\alpha3}d_0\boldsymbol{e}_2(\delta\theta+\delta\alpha_3)\\&=\boldsymbol{n}_2^{\mathrm{T}}\delta\boldsymbol{C}_2+\boldsymbol{n}_2^{\mathrm{T}}\boldsymbol{E}\boldsymbol{R}_{\beta2}z_2\boldsymbol{e}_1\delta\beta_2+\boldsymbol{n}_2^{\mathrm{T}}\boldsymbol{R}_{\beta2}\boldsymbol{e}_1\delta z_2+\boldsymbol{n}_2^{\mathrm{T}}\boldsymbol{R}_{\beta2+\alpha2}\boldsymbol{e}_1\delta l_5\\&\quad+\boldsymbol{n}_2^{\mathrm{T}}\boldsymbol{E}\boldsymbol{R}_{\beta2+\alpha2}l_5\boldsymbol{e}_1(\delta\beta_2+\delta\alpha_2)+\delta l_2+\boldsymbol{n}_2^{\mathrm{T}}\boldsymbol{R}_{\theta+\alpha3}\boldsymbol{e}_2\delta d_0\end{aligned} \tag{3-19}$$

$$\begin{aligned}&\boldsymbol{n}_3^{\mathrm{T}}\delta\boldsymbol{r}-(\boldsymbol{n}_3^{\mathrm{T}}\boldsymbol{E}\boldsymbol{R}_{\theta+\alpha3}d_0\boldsymbol{e}_2+\boldsymbol{n}_3^{\mathrm{T}}\boldsymbol{E}\boldsymbol{R}_{\theta+\alpha3+\alpha4}l_6\boldsymbol{e}_1)(\delta\theta+\delta\alpha_3)\\&=\boldsymbol{n}_3^{\mathrm{T}}\delta\boldsymbol{C}_2+\boldsymbol{n}_3^{\mathrm{T}}\boldsymbol{R}_{\beta2}\boldsymbol{e}_1\delta z_2+\boldsymbol{n}_3^{\mathrm{T}}\boldsymbol{E}\boldsymbol{R}_{\beta2}z_2\boldsymbol{e}_1\delta\beta_2+\delta l_3+\boldsymbol{n}_3^{\mathrm{T}}\boldsymbol{E}\boldsymbol{R}_{\theta+\alpha3+\alpha4}l_6\boldsymbol{e}_1\delta\alpha_4\\&\quad+\boldsymbol{n}_3^{\mathrm{T}}\boldsymbol{R}_{\theta+\alpha3+\alpha4}\boldsymbol{e}_1\delta l_6+\boldsymbol{n}_3^{\mathrm{T}}\boldsymbol{R}_{\theta+\alpha3}\boldsymbol{e}_2\delta d_0\end{aligned} \tag{3-20}$$

$$\begin{aligned}&\boldsymbol{n}_4^{\mathrm{T}}\delta\boldsymbol{r}-(\boldsymbol{n}_4^{\mathrm{T}}\boldsymbol{E}\boldsymbol{R}_{\theta+\alpha3}d_0\boldsymbol{e}_2+\boldsymbol{n}_4^{\mathrm{T}}\boldsymbol{E}\boldsymbol{R}_{\theta+\alpha3+\alpha4}l_6\boldsymbol{e}_1)(\delta\theta+\delta\alpha_3)\\&=\boldsymbol{n}_4^{\mathrm{T}}\delta\boldsymbol{C}_1+\boldsymbol{n}_4^{\mathrm{T}}\boldsymbol{R}_{\beta1}\boldsymbol{e}_1\delta z_1+\boldsymbol{n}_4^{\mathrm{T}}\boldsymbol{E}\boldsymbol{R}_{\beta1}z_1\boldsymbol{e}_1\delta\beta_1+\delta l_4+\boldsymbol{n}_4^{\mathrm{T}}\boldsymbol{E}\boldsymbol{R}_{\theta+\alpha3+\alpha4}l_6\boldsymbol{e}_1\delta\alpha_4\\&\quad+\boldsymbol{n}_4^{\mathrm{T}}\boldsymbol{R}_{\theta+\alpha3+\alpha4}\boldsymbol{e}_1\delta l_6+\boldsymbol{n}_4^{\mathrm{T}}\boldsymbol{R}_{\theta+\alpha3}\boldsymbol{e}_2\delta d_0\end{aligned} \tag{3-21}$$

非冗余情况下，由式(3-18)～式(3-20)整理得

$$\begin{bmatrix}\boldsymbol{n}_1^{\mathrm{T}} & -\boldsymbol{n}_1^{\mathrm{T}}\boldsymbol{E}\boldsymbol{R}_{\theta+\alpha3}\boldsymbol{e}_2d_0\\ \boldsymbol{n}_2^{\mathrm{T}} & -\boldsymbol{n}_2^{\mathrm{T}}\boldsymbol{E}\boldsymbol{R}_{\theta+\alpha3}\boldsymbol{e}_2d_0\\ \boldsymbol{n}_3^{\mathrm{T}} & -\boldsymbol{n}_3^{\mathrm{T}}\boldsymbol{E}\boldsymbol{R}_{\theta+\alpha3}\boldsymbol{e}_2d_0-\boldsymbol{n}_3^{\mathrm{T}}\boldsymbol{E}\boldsymbol{R}_{\theta+\alpha3+\alpha4}\boldsymbol{e}_1l_6\end{bmatrix}\begin{bmatrix}\delta\boldsymbol{r}\\ \delta(\theta+\alpha_3)\end{bmatrix}$$

$$
\begin{aligned}
&=\begin{bmatrix} -\boldsymbol{n}_{1(1)}^{\mathrm{T}}/2 & \boldsymbol{n}_1^{\mathrm{T}}\boldsymbol{R}_{\beta 1}\boldsymbol{e}_1 & 0 & \boldsymbol{n}_1^{\mathrm{T}}\boldsymbol{R}_{\theta+\alpha 3}\boldsymbol{e}_2 \\ \boldsymbol{n}_{2(1)}^{\mathrm{T}}/2 & 0 & \boldsymbol{n}_2^{\mathrm{T}}\boldsymbol{R}_{\beta 2}\boldsymbol{e}_1 & \boldsymbol{n}_2^{\mathrm{T}}\boldsymbol{R}_{\theta+\alpha 3}\boldsymbol{e}_2 \\ \boldsymbol{n}_{3(1)}^{\mathrm{T}}/2 & 0 & \boldsymbol{n}_3^{\mathrm{T}}\boldsymbol{R}_{\beta 2}\boldsymbol{e}_1 & \boldsymbol{n}_3^{\mathrm{T}}\boldsymbol{R}_{\theta+\alpha 3}\boldsymbol{e}_2 \end{bmatrix}\begin{bmatrix} \delta d \\ \delta z_1 \\ \delta z_2 \\ \delta d_0 \end{bmatrix}+\begin{bmatrix} 1 & 0 & 0 \\ 0 & 1 & 0 \\ 0 & 0 & 1 \end{bmatrix}\begin{bmatrix} \delta l_1 \\ \delta l_2 \\ \delta l_3 \end{bmatrix} \\
&\quad+\begin{bmatrix} 0 & 0 & \boldsymbol{n}_1^{\mathrm{T}}\boldsymbol{R}_{\alpha 1+\beta 1}\boldsymbol{e}_1 \\ \boldsymbol{n}_2^{\mathrm{T}}\boldsymbol{R}_{\alpha 2+\beta 2}\boldsymbol{e}_1 & 0 & 0 \\ 0 & \boldsymbol{n}_3^{\mathrm{T}}\boldsymbol{R}_{\theta+\alpha 3+\alpha 4}\boldsymbol{e}_1 & 0 \end{bmatrix}\begin{bmatrix} \delta l_5 \\ \delta l_6 \\ \delta l_7 \end{bmatrix} \\
&\quad+\begin{bmatrix} \boldsymbol{n}_1^{\mathrm{T}}\boldsymbol{E}\boldsymbol{R}_{\beta 1}\boldsymbol{e}_1 z_1+\boldsymbol{n}_1^{\mathrm{T}}\boldsymbol{E}\boldsymbol{R}_{\alpha 1+\beta 1}\boldsymbol{e}_1 l_7 & 0 \\ 0 & \boldsymbol{n}_2^{\mathrm{T}}\boldsymbol{E}\boldsymbol{R}_{\beta 2}\boldsymbol{e}_1 z_2+\boldsymbol{n}_2^{\mathrm{T}}\boldsymbol{E}\boldsymbol{R}_{\alpha 2+\beta 2}\boldsymbol{e}_1 l_5 \\ 0 & \boldsymbol{n}_3^{\mathrm{T}}\boldsymbol{E}\boldsymbol{R}_{\beta 2}\boldsymbol{e}_1 z_2 \end{bmatrix}\begin{bmatrix} \delta\beta_1 \\ \delta\beta_2 \end{bmatrix} \\
&\quad+\begin{bmatrix} \boldsymbol{n}_1^{\mathrm{T}}\boldsymbol{E}\boldsymbol{R}_{\alpha 1+\beta 1}\boldsymbol{e}_1 l_7 & 0 & 0 \\ 0 & \boldsymbol{n}_2^{\mathrm{T}}\boldsymbol{E}\boldsymbol{R}_{\alpha 2+\beta 2}\boldsymbol{e}_1 l_5 & 0 \\ 0 & 0 & \boldsymbol{n}_3^{\mathrm{T}}\boldsymbol{E}\boldsymbol{R}_{\theta+\alpha 3+\alpha 4}\boldsymbol{e}_1 l_6 \end{bmatrix}\begin{bmatrix} \delta\alpha_1 \\ \delta\alpha_2 \\ \delta\alpha_4 \end{bmatrix}
\end{aligned}
\tag{3-22}
$$

式中，$\boldsymbol{n}_{i(1)}^{\mathrm{T}}\ (i=1,2,3)$ 是 $\boldsymbol{n}_i^{\mathrm{T}}$ 的第 1 个元素。

式(3-22)中 $\delta\theta$ 和 $\delta\alpha_3$ 始终结合在一起，以 $\delta(\theta+\alpha_3)$ 的形式起作用，这是因为 $\delta\alpha_3$ 表示的是终端主轴相对于理想姿态的固定偏角，但在矢量链中，理想姿态偏差 $\delta\theta$ 和这种固定偏角 $\delta\alpha_3$ 是无法分离的。为便于分析，在不影响最终标定效果的情况下，令 $\delta(\theta+\alpha_3)$ 来代替 $\delta\theta$。

将式(3-22)中包含的几何参数写为矢量形式:

$$\delta^e\boldsymbol{q}=[\delta d\ \ \delta z_1\ \ \delta z_2\ \ \delta d_0\ \ \delta l_1\ \ \delta l_2\ \ \delta l_3\ \ \delta l_5\ \ \delta l_6\ \ \delta l_7\ \ \delta\beta_1\ \ \delta\beta_2\ \ \delta\alpha_1\ \ \delta\alpha_2\ \ \delta\alpha_4]^{\mathrm{T}}$$

于是式(3-22)可整理为

$$\delta^e\boldsymbol{p}={}^e\boldsymbol{J}\delta^e\boldsymbol{q} \tag{3-23}$$

在位形 i 下，由式(3-23)可得

$$(\delta^e\boldsymbol{p}_i)_{3\times 1}=({}^e\boldsymbol{J}_i)_{3\times 15}(\delta^e\boldsymbol{q})_{15\times 1} \tag{3-24}$$

式中，$\delta^e\boldsymbol{p}_i=[\delta y_i\ \ \delta z_i\ \ \delta\theta_i]^{\mathrm{T}}$ 为位形 i 下终端位姿误差；${}^e\boldsymbol{J}_i$ 为位形 i 下联系机床终端输出误差 $\delta^e\boldsymbol{p}_i$ 和机床几何参数误差 $\delta^e\boldsymbol{q}$ 的雅可比矩阵。

2. 固定姿态相对测量下的参数辨识分析

1) 构造辨识矩阵及 QR 分解

通过全工作空间绝对测量下的误差建模分析可知，线性无关的几何参数有 11

个[16]。在机床整个工作空间内随机选取相对于几何参数个数(11 个)足够多的位形(如 100 个位形)，每个位形下取位姿的全部 3 个分量。由式(3-24)得到各位形下的雅可比矩阵为 ${}^{e}\boldsymbol{J}_i(i=1,2,\cdots,100)$，再将这些雅可比矩阵合并得到绝对测量下包含所有所选位形的参数辨识矩阵为

$$\boldsymbol{W}_{300\times11}=\left[{}^{e}\boldsymbol{J}_1^{\mathrm{T}},\ {}^{e}\boldsymbol{J}_2^{\mathrm{T}},\cdots,\ {}^{e}\boldsymbol{J}_{100}^{\mathrm{T}}\right]^{\mathrm{T}} \tag{3-25}$$

该并联机床的位置精度具有相对性，那么相对测量就必然需要确定一个基准参考位形，其他所有位形都将基于这个基准参考位形。所以，以位形 0 为基准参考位形，基于方程(3-25)可以得到

$$\delta^{e}\boldsymbol{p}_{ai}^{0}-\delta^{e}\boldsymbol{p}_{a0}^{0}=({}^{e}\boldsymbol{J}_{ai}^{0}-{}^{e}\boldsymbol{J}_{a0}^{0})\delta^{e}q_a^{0} \tag{3-26}$$

式中，$\delta^{e}\boldsymbol{p}_{ai}^{0}$ 表示位形 i 下的终端输出误差；${}^{e}\boldsymbol{J}_{ai}^{0}$ 表示位形 i 下的雅可比矩阵。

同理，在机床整个位置工作空间内随机选取足够多(101 个)的位形，每个位形下取位姿的全部 3 个分量。任取某个位形为参考位形，得到相对测量下包含所有所选位形的参数辨识矩阵为

$$\boldsymbol{W}_{300\times11}=\begin{bmatrix}{}^{e}\boldsymbol{J}_{a1}^{0}-{}^{e}\boldsymbol{J}_{a0}^{0}\\ {}^{e}\boldsymbol{J}_{a2}^{0}-{}^{e}\boldsymbol{J}_{a0}^{0}\\ \vdots\\ {}^{e}\boldsymbol{J}_{a100}^{0}-{}^{e}\boldsymbol{J}_{a0}^{0}\end{bmatrix} \tag{3-27}$$

由最少参数线性组合误差建模方法第(2)步，对辨识矩阵 $\boldsymbol{W}$ 进行 QR 分解，得到的上三角方阵 $\boldsymbol{R}_\Delta$ 如表 3.1 所示。

表 3.1　固定 0° 姿态相对测量下的上三角方阵 $\boldsymbol{R}_\Delta$

1	2	3	4	5	6	7	8	9	10	11
−4.76	−0.78	2.56	−19.93	22.92	−23.70	24.48	3299.09	−2693.09	1190.01	0
0	−5.01	−4.06	−0.73	5.37	−0.58	5.59	−320.04	−656.99	0	0
0	0	0.47	−6.62	6.43	−6.43	6.43	193.99	−152.43	0	0
0	0	0	−1.55	1.41	−1.29	1.29	490.82	−63.13	0	0
0	0	0	0	0.38	−0.62	0.62	228.18	−338.01	0	0
0	0	0	0	0	0.02	−0.02	−143.63	−23.93	0	0
0	0	0	0	0	0	0	−173.03	81.13	0	0
0	0	0	0	0	0	0	−1245.75	−342.06	0	0
0	0	0	0	0	0	0	0	−972.33	0	0
0	0	0	0	0	0	0	0	0	0	0
0	0	0	0	0	0	0	0	0	0	0

2) $\boldsymbol{R}_\Delta$ 的列分析

对上三角方阵 $\boldsymbol{R}_\Delta$ 进行分析,可发现第 11 列为零列,由推论 3.1 可知 $\delta\alpha_4+\delta\alpha_1$ 在固定 0°姿态相对测量下的误差模型中是冗余参数，删去第 11 列，得到的参数线性组合为

$$\delta^e\boldsymbol{q}=[\delta d+2l_7\delta\alpha_1\ \ \delta z_1+\delta l_7+\delta d_0\ \ \delta l_1\ \ \delta l_2\ \ \delta l_3\\ \delta l_5+\delta z_2+\delta d_0\ \ \delta l_6+\delta z_2+\delta d_0\ \ \delta\beta_1\ \ \delta\beta_2\ \ \delta\alpha_2+\delta\alpha_1]^{\mathrm{T}}$$

第 1 列和第 10 列是成比例列，即 $l_5\boldsymbol{r}_1+\boldsymbol{r}_{10}=0$，由推论 3.2 删除 $\boldsymbol{r}_{10}$，得到的参数线性组合为

$$\delta^e\boldsymbol{q}=[\delta d+l_7\delta\alpha_1-l_5\delta\alpha_2\ \ \delta z_1+\delta l_7+\delta d_0\ \ \delta l_1\ \ \delta l_2\ \ \delta l_3\\ \delta l_5+\delta z_2+\delta d_0\ \ \delta l_6+\delta z_2+\delta d_0\ \ \delta\beta_1\ \ \delta\beta_2]^{\mathrm{T}}$$

第 2、6、7 列线性相关，即 $\boldsymbol{r}_2+\boldsymbol{r}_6+\boldsymbol{r}_7=0$，由推论 3.3 删除 $\boldsymbol{r}_7$，得到的参数线性组合为

$$\delta^e\boldsymbol{q}=[\delta d+l_7\delta\alpha_1-l_5\delta\alpha_2\ \ \delta z_1-\delta z_2+\delta l_7-\delta l_6\ \ \delta l_1\ \ \delta l_2\ \ \delta l_3\ \ \delta l_5-\delta l_6\ \ \delta\beta_1\ \ \delta\beta_2]^{\mathrm{T}}$$

同时，$\boldsymbol{R}_\Delta$ 的秩为 8，而得到参数组合的数量也是 8。所以，固定 0°姿态相对测量下，最终所得的最少参数线性组合为

$$\delta^e\boldsymbol{q}_r=[\delta d+l_7\delta\alpha_1-l_5\delta\alpha_2\ \ \delta z_1-\delta z_2+\delta l_7-\delta l_6\ \ \delta l_1\ \ \delta l_2\ \ \delta l_3\ \ \delta l_5-\delta l_6\ \ \delta\beta_1\ \ \delta\beta_2]^{\mathrm{T}}$$

因此，0°姿态下，机床终端的相对精度是由 $\delta^e\boldsymbol{q}_r$ 中的 8 个参数线性组合决定的，也就是说，在 0°姿态的相对测量方式下，外部标定只可辨识出这 8 个参数组合的数值。同时，式(3-26)中的 ${}^e\boldsymbol{J}_{ai}^0-{}^e\boldsymbol{J}_{a0}^0$ 变为 ${}^e\boldsymbol{J}_{ri}-{}^e\boldsymbol{J}_{r0}$，其中 ${}^e\boldsymbol{J}_{ri}$ 表示由 8 个参数线性组合确定的误差模型所确定的位形 i 下的雅可比矩阵。

3) 误差模型

将得到的辨识矩阵和最少参数线性组合，构造出固定 0°姿态的相对测量位形 i 下的外部标定辨识方程：

$$\delta^e\boldsymbol{p}_i-\delta^e\boldsymbol{p}_0=({}^e\boldsymbol{J}_{ri}-{}^e\boldsymbol{J}_{r0})\delta^e\boldsymbol{q}_r \tag{3-28}$$

3.4 测　　量

在运动学标定中，测量要为参数辨识提供有关未知几何误差的必要信息，需要考虑辨识性分析、抗扰动性能和测量成本三方面因素。辨识性分析用来定性分析当前测量方案的误差模型中哪些参数可被辨识。抗扰动性能定量分析可辨识参数的辨识性能，在终端位姿空间内选择出最佳测量位形。测量成本则需考虑实施测量的仪器、测量方式操作复杂程度等问题。测量在运动学标定中不仅和参数辨

识性能密切相关，还在很大程度上决定了标定方法的实用性。

运动学标定中，测量成本会决定一个标定过程能否实用化。这是一个涉及测量仪器、测量方式操作难易的问题。理想情况下，测量仪器应能完成对并联机床工作空间内终端位姿或其他变量的测量，并达到足够的精度。目前，研究者使用的测量仪器有商业化成熟的仪器(如激光干涉仪[17]、倾角仪[18]、激光跟踪仪[19]、电荷耦合器件(CCD)[20]、球杆仪[21]等)或自行设计的特定测量装置。但这些仪器或测量装置常存在测量精度较差的缺陷，尤其是姿态测量的精度，例如，激光跟踪仪虽然测量位移精度很高，但转角测量误差较大，对整体精度影响很大，且存在跟踪仪机械间隙沿激光光轴的分量；而 CCD 基于立体视觉的位姿检测方法，因其检测精度与目标的活动范围成反比，无法在较大范围内达到所需精度要求。为了降低测量成本，魏世民等[22]针对 6 自由度并联机床的标定，基于球杆仪测量原理专门设计并制造出一套光栅球杆测长仪来测量终端 6 维位姿。

3.4.1　最少参数线性组合的测量方案设计方法

一般的抗扰动指标，通常都是基于辨识矩阵 $\boldsymbol{W}$ 的奇异值来构造的[23]。例如，Borm 和 Menq[24]提出的指标为 $O_1=\dfrac{\sqrt[L]{\sigma_1\sigma_2\cdots\sigma_L}}{\sqrt{m}}$，式中 $\sigma_1,\sigma_2,\cdots,\sigma_L$ 为辨识矩阵 $\boldsymbol{W}$ 的奇异值，L 为奇异值的数量，σ_1 和 σ_L 分别为最大奇异值和最小奇异值，m 为测量位形数量；Driels 和 Pathre[25]提出的指标为 $O_2=\dfrac{\sigma_L}{\sigma_1}$；Nahvi 等[26]提出的指标为 $O_3=\sigma_L$ 和 $O_4=\dfrac{\sigma_L^2}{\sigma_1}$。这些抗扰动指标存在如下缺点：①只是一个笼统的全局指标，即一个指标对应所有可辨识参数；②实际意义模糊，即这些指标只有相对意义，在实际应用中通过相互比较，才能得到相对有效的结论；③只反映辨识矩阵的信息，没有反映干扰源的信息，即只考虑扰动传递过程中被放大(缩小)的程度，没有考虑干扰源本身的扰动大小[27]。为了克服这些缺点，本章提出一种新的可定量描述各参数辨识抗扰动性能的指标。

由式(3-6)，可得参数的辨识结果为

$$\delta^e\boldsymbol{q}_{n\times1}=\boldsymbol{R}_{\Delta n\times n}^{-1}\boldsymbol{b}_{n\times1} \tag{3-29}$$

式中，$\boldsymbol{b}_{n\times1}=\boldsymbol{Q}_{n\times(c\times k)}^{\mathrm{T}}\delta^e\boldsymbol{p}_{(c\times k)\times1}$，于是

$$\delta^e\boldsymbol{q}_{n\times1}=\boldsymbol{R}_{\Delta n\times n}^{-1}\boldsymbol{Q}_{n\times(c\times k)}^{\mathrm{T}}\delta^e\boldsymbol{p}_{(c\times k)\times1} \tag{3-30}$$

令 $\boldsymbol{G}_{n\times(c\times k)}=\boldsymbol{R}_{\Delta n\times n}^{-1}\boldsymbol{Q}_{n\times(c\times k)}^{\mathrm{T}}$，则有

$$\delta^e\boldsymbol{q}=\boldsymbol{G}\delta^e\boldsymbol{p} \tag{3-31}$$

式中，$\delta^e \boldsymbol{q} = [\delta^e q_1, \delta^e q_2, \cdots, \delta^e q_n]^{\mathrm{T}}$；$\boldsymbol{G} = [\boldsymbol{G}_1^{\mathrm{T}}, \boldsymbol{G}_2^{\mathrm{T}}, \cdots, \boldsymbol{G}_n^{\mathrm{T}}]^{\mathrm{T}}$，其中$\boldsymbol{G}_i = [g_{i1}, g_{i2}, \cdots, g_{i(c\times k)}]^{\mathrm{T}}$，$i = 1, 2, \cdots, n$。由式(3-31)，可得$\delta^e \boldsymbol{q}$中第 i 个参数$\delta^e q_i$的辨识结果为

$$\delta^e q_i = g_{i1}\delta^e p_1 + g_{i2}\delta^e p_2 + \cdots + g_{i(c\times k)}\delta^e p_{(c\times k)}, \quad i = 1, 2, \cdots, n \tag{3-32}$$

当测量数据$\delta^e \boldsymbol{p}$存在扰动时，即$\delta^e p_j \ (j = 1, 2, \cdots, (c\times k))$在区间$[\delta p_{j\min}, \delta p_{j\max}]$内扰动时，$\delta^e q_i$辨识结果的变化范围$\Delta\delta q_i$为

$$\Delta\delta q_i = |g_{i1}|\Delta\delta p_1 + |g_{i2}|\Delta\delta p_2 + \cdots + |g_{i(c\times k)}|\Delta\delta p_{(c\times k)} \tag{3-33}$$

式中，$\Delta\delta p_j = \frac{1}{2}(\delta p_{j\max} - \delta p_{j\min}), j = 1, 2, \cdots, (c\times k)$；$\Delta\delta q_i = \frac{1}{2}(\delta q_{i\max} - \delta q_{i\min})$，$i = 1, 2, \cdots, n$。

定义$\Delta\delta q_i$为δq_i新的抗测量扰动指标O_n，它定量地表示了参数$\delta^e q_i$在已知测量扰动下辨识结果的变化范围。在$\delta p_{j\min}$和$\delta p_{j\max} \ (j = 1, 2, \cdots, (c\times k))$未知的情况下，可认为$\Delta\delta p_1 = \Delta\delta p_2 = \cdots = \Delta\delta p_{(c\times k)} = \Delta\delta p$，于是

$$\Delta\delta q_i = \|\boldsymbol{G}_i\|_1 \Delta\delta \boldsymbol{p} \tag{3-34}$$

可见行矢量$\boldsymbol{G}_i$的 1-范数$\|\boldsymbol{G}_i\|_1$就是δq_i 的扰动放大系数。观察这一新抗测量扰动指标，可发现其有三个特点：①是一个详细的、可反映局部细节的指标，每个可辨识参数对应一个指标；②具有实际意义，即反映了参数辨识结果的数值变化范围；③反映了干扰源和辨识矩阵两方面的信息。这些特点完全克服了一般抗测量扰动指标存在的缺点。

设计一个满足实际工程运动学标定要求的测量方案，需解决三个核心问题：①辨识性分析；②参数辨识的抗测量扰动性能；③测量成本。辨识性分析所要解决的问题是定性分析出当前测量方式下哪些参数可被辨识。由 3.2 节提出的最少参数线性组合误差建模方法可知，对辨识矩阵 QR 分解后的上三角方阵$\boldsymbol{R}_\Delta$按照最少参数线性组合的四个推论进行列分析，即可得到当前误差模型中可被辨识的最少参数线性组合。因此，各测量方式下的辨识性分析完全可利用最少参数线性组合误差建模方法。参数辨识的抗测量扰动性能，可通过提出的新抗测量扰动指标O_n来定量描述各参数线性组合的辨识性能。测量成本较好判断，可通过测量仪器的选择、测量操作难易程度、耗时长短等来判断。

综上所述，最少参数线性组合的简单测量方案的设计流程如下：

(1) 确定常用的基本测量方式。根据机构自由度和误差模型输出，结合工程可实施性，确定出尽可能多的基本测量方式。通常，平面并联机床外部标定下的

基本测量方式为：在工作空间内，控制终端一维直线运动时，测量某一位姿误差。

(2) 各基本测量方式的辨识性分析。对步骤(1)确定的各基本测量方式由四个基本推论进行辨识性分析，得到各基本测量方式下可被辨识的最少参数线性组合。

(3) 各基本测量方式的抗测量扰动指标计算。由提出的新抗测量扰动指标 O_n 对步骤(1)确定出的各基本测量方式进行辨识性能计算。

(4) 确定测量方案。以保证辨识完整性和抗扰动性能为原则，兼顾实用性，比较和整合各基本测量方式。淘汰无用或作用不大的测量方式，保留合适的测量方式，必要时组合测量方式。例如，某种测量方式可单独辨识部分参数组合，且抗测量扰动指标非常好，则确定出分步测量方案，将这种测量方式作为其中的一步；若辨识性能和抗干扰性能相近，则选择实施成本低的基本测量方式。最终确定出满足要求的测量方案。最后由新抗测量扰动指标 O_n 选择得到最佳测量位形。

3.4.2 驱动冗余并联机床外部标定的测量方案设计

由 3.3 节的误差建模可知，该并联机床的外部标定在终端固定 0°姿态下进行测量。基本测量方式又分为基本的绝对测量方式和基本的相对测量方式。

1. 基本的绝对测量方式

工程实际中，限于厂房环境、使用成本和实施效率等因素影响，很难在平面内随意测量位姿误差，通常将终端限制为垂直或水平的一维运动。对于该并联机床来说，只有终端动平台的转角姿态误差是可绝对测量的。因此，可采用的基本的绝对测量方式主要包括以下两种(图 3.4)：①绝对测量方式 1，固定 Z 坐标的名义值，控制终端沿 Y 轴运动，测量姿态误差 $\delta\theta$；②绝对测量方式 2，固定 Y 坐标的名义值，控制终端沿 Z 轴运动，测量姿态误差 $\delta\theta$。

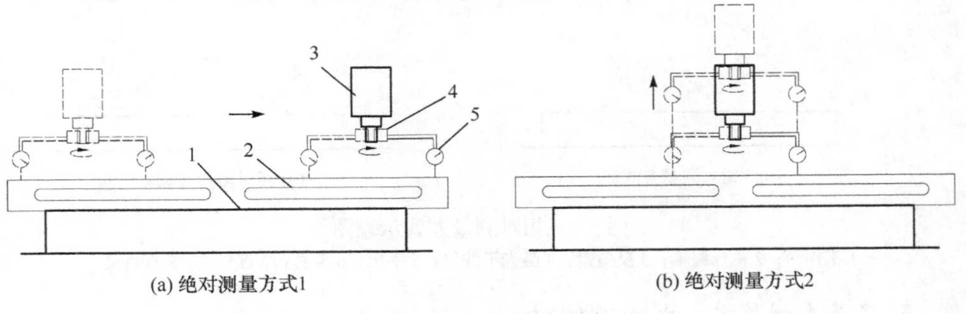

图 3.4 绝对测量方式示意图

1.工作台；2.平尺；3.机床终端；4.卡具；5.百分表

由于水平仪测量转角范围非常小，其他精密的角度测量仪器又过于昂贵，所以以上转角姿态误差 $\delta\theta$ 测量采用的是工程中的常用方法，即先将吸附在主轴头的百分表打在平尺上进行测量，然后主轴旋转180°，再次进行打表测量(图 3.4)。将两次百分表示数相减的差除以两次百分表指针的平尺落点间距，在微小角度条件下所得结果约等于 $\delta\theta$ 。以下所有 $\delta\theta$ 的测量，均是采用这种方式。

2. 基本的相对测量方式

结合该机床的具体情况，工程中可采用的相对测量方式主要包括以下几种(图 3.5)：①相对测量方式 1，固定 Z 坐标的名义值，控制终端沿 Y 轴运动，相对某参考位形的 Y 坐标值，用激光干涉仪测量 Y 向误差 δy ；②相对测量方式 2，固定 Z 坐标的名义值，控制终端沿 Y 轴运动，相对于与 Y 轴平行的基准面，用百分表测量 Z 向误差 δz ；③相对测量方式 3，固定 Y 坐标的名义值，控制终端沿 Z 轴运动，相对于与 Y 轴垂直的基准面，用百分表测量 Y 向误差 δy ；④相对测量方式 4，固定 Z 坐标的名义值，控制终端沿 Y 轴运动，相对于某参考位形下的姿态，测量姿态误差 $\delta\theta$ 。

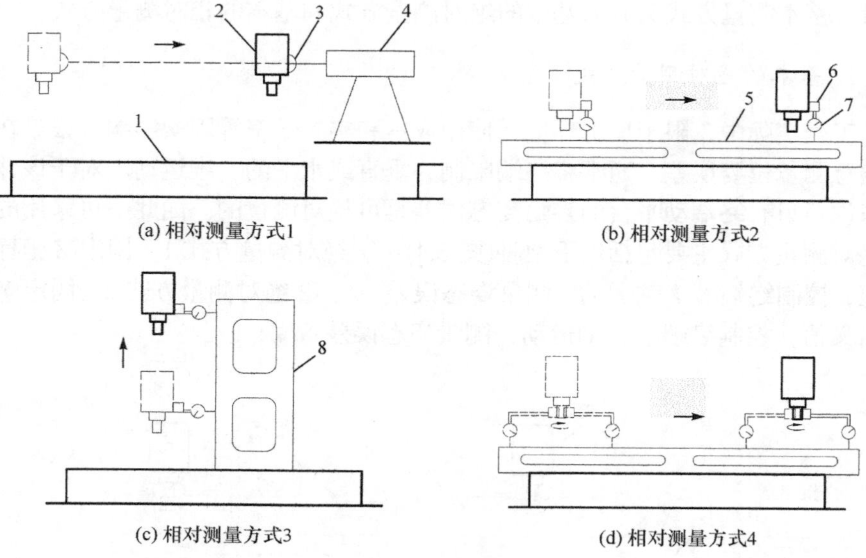

图 3.5 相对测量方式示意图

1.工作台；2.机床终端；3.反射镜；4.激光干涉仪；5.平尺；6.卡具；7.百分表；8.直角尺

3. 各基本测量方式的辨识性分析

各基本测量方式的辨识性分析是利用最少参数线性组合的误差建模方法。首先建立当前测量方式下的误差模型，对辨识矩阵 QR 分解后的 $\boldsymbol{R}_{\Delta}$ 的列，依次按照最少参数线性组合的四个推论进行处理，从而得到当前测量方式下可被辨识的最少参数线性组合。

1) 各基本的绝对测量方式的辨识性分析

绝对测量方式 1 选取 $z=150\text{mm}$ 水平测量线上的 7 个位置 $y=-350\text{mm}, -250\text{mm}, -150\text{mm}, \cdots, 250\text{mm}$。测量 $\delta\theta$，构造出辨识矩阵 $\boldsymbol{W}$，可辨识出 $\delta l_2-\delta l_3$、$\delta l_5-\delta l_6$ 和 $\delta\alpha_2+\delta\beta_2-\delta\alpha_4$。绝对测量方式 2 选取 $y=0\text{mm}$ 垂直测量线上的 6 个位置 $z=0\text{mm}, 50\text{mm}, 100\text{mm}, \cdots, 250\text{mm}$。测量 $\delta\theta$，由 ${}^{e}\boldsymbol{J}_{ia}^{0}$ 的第二行构造 $\boldsymbol{W}$。由辨识性分析可知，可辨识出

$$(\delta l_2-\delta l_3)/(l_6\sin\gamma)+(\delta l_5-\delta l_6)/(l_6\tan\gamma)+(\delta\alpha_2+\delta\beta_2-\delta\alpha_4) \tag{3-35}$$

式中，γ 表示机床矢量链中 E_2B_2 与 E_2D_2 之间的夹角。

2) 各基本的相对测量方式的辨识性分析

(1) 相对测量方式 1 选取 $z=50\text{mm}, 150\text{mm}, 250\text{mm}$ 三条水平测量线，在每条水平测量线上取 7 个位置 $y=-350\text{mm}, -250\text{mm}, -150\text{mm}, \cdots, 250\text{mm}$，其中位形 $(50\text{mm}, 50\text{mm})$、$(50\text{mm}, 150\text{mm})$ 和 $(50\text{mm}, 250\text{mm})$ 分别为各测量线上的参考位形。测量 δy，故式(3-28)中的 ${}^{e}\boldsymbol{J}_{ri}-{}^{e}\boldsymbol{J}_{r0}$ 只取第一行，构造出与式(3-27)类似的 $\boldsymbol{W}$，由辨识性分析可知，可辨识出 $\delta d+l_7\delta\alpha_1-l_5\delta\alpha_2$、$\delta z_1-\delta z_2+\delta l_7-\delta l_6+d\delta\beta_2$、$\delta l_1$、$\delta l_2$、$\delta l_3$、$\delta l_5-\delta l_6$、$\delta\beta_1-\delta\beta_2$。

(2) 相对测量方式 2 的测量位形和参考位形与相对测量方式 1 相同。测量 δz，由 ${}^{e}\boldsymbol{J}_{ri}-{}^{e}\boldsymbol{J}_{r0}$ 的第二行构造 $\boldsymbol{W}$，由辨识性分析可知，可辨识出 $\delta d+l_7\delta\alpha_1-l_5\delta\alpha_2$、$\delta z_1-\delta z_2+\delta l_7-\delta l_5$、$\delta l_1$、$\delta l_2$、$\delta\beta_1$ 和 $\delta\beta_2$。

(3) 相对测量方式 3 的测量位形和参考位形与相对测量方式 2 相同。测量 δy，由 ${}^{e}\boldsymbol{J}_{ri}-{}^{e}\boldsymbol{J}_{r0}$ 的第一行构造 $\boldsymbol{W}$，由辨识性分析可知，可辨识出 $\delta\beta_1$ 和 $\delta\beta_2$。

(4) 相对测量方式 4 的测量位形和参考位形与相对测量方式 1 相同。测量 $\delta\theta$，由 ${}^{e}\boldsymbol{J}_{ri}-{}^{e}\boldsymbol{J}_{r0}$ 的第三行构造 $\boldsymbol{W}$。由辨识性分析可知，可辨识出 $\delta l_2-\delta l_3$ 和 $\delta l_5-\delta l_6$。

4. 各基本测量方式的抗测量扰动指标计算

由前文提出的各基本测量方式，再根据各测量方式的辨识性分析结果，分别对绝对测量方式 1、2 和相对测量方式 1～4 进行抗测量扰动指标 O_n 计算：

绝对测量方式 1 中，参数线性组合 $\delta l_2-\delta l_3$、$\delta l_5-\delta l_6$ 和 $\delta\alpha_2+\delta\beta_2-\delta\alpha_4$ 的抗测量扰动指标分别为 0.057mm、0.050mm 和 $1.253\times10^{-4}\text{rad}$。绝对测量方式 2 中，参数线性组合 $(\delta l_2-\delta l_3)/(l_6\sin\gamma)+(\delta l_5-\delta l_6)/(l_6\tan\gamma)+(\delta\alpha_2+\delta\beta_2-\delta\alpha_4)$ 的抗测量扰动指标为 $0.100\times10^{-4}\text{rad}$。

相对测量方式 1 中，参数线性组合 $\delta d+l_7\delta\alpha_1-l_5\delta\alpha_2$、$\delta z_1-\delta z_2+\delta l_7-\delta l_6+$

$d\delta\beta_2$、δl_1、δl_2、δl_3、$\delta l_5-\delta l_6$ 和 $\delta\beta_1-\delta\beta_2$ 的抗测量扰动指标分别为 4.072mm、79.279mm、141.055mm、114.106mm、56.368mm、59.854mm 和 0.342×10^{-4} rad。相对测量方式 2 中，参数线性组合 $\delta d+l_7\delta\alpha_1-l_5\delta\alpha_2$、$\delta z_1-\delta z_2+\delta l_7-\delta l_5$、$\delta l_1$、$\delta l_2$、$\delta\beta_1$ 和 $\delta\beta_2$ 的抗测量扰动指标分别为 24.396mm、1111.106mm、495.286mm、605.826mm、0.538rad 和 0.538rad。相对测量方式 3 中，参数线性组合 $\delta\beta_1$ 和 $\delta\beta_2$ 的抗测量扰动指标均为 1.400×10^{-4} rad。相对测量方式 4 中，参数线性组合 $\delta l_2-\delta l_3$ 和 $\delta l_5-\delta l_6$ 的抗测量扰动指标分别为 0.032mm 和 0.027mm。

5. 确定测量方案

相对测量方式 2 可辨识的参数线性组合虽包含了相对测量方式 3，但相对测量方式 3 辨识 $\delta\beta_1$ 和 $\delta\beta_2$ 的抗测量扰动性能远强于相对测量方式 2，所以保留相对测量方式 3。绝对测量方式 1 和相对测量方式 1 的可辨识参数线性组合虽都包含了相对测量方式 4 的参数线性组合，但相对测量方式 4 辨识 $\delta l_2-\delta l_3$ 和 $\delta l_5-\delta l_6$ 的抗测量扰动指标远强于相对测量方式 1，也比绝对测量方式 1 强近 1 倍，故保留相对测量方式 4。在可辨识参数线性组合的种类上，绝对测量方式 1 虽包含了绝对测量方式 2，但通过比较抗测量扰动指标，绝对测量方式 2 的抗干扰性能强于绝对测量方式 1，而且绝对测量方式 1 中的 $\delta l_2-\delta l_3$、$\delta l_5-\delta l_6$ 完全可通过相对测量方式 4 来辨识，剩下的 $\delta\alpha_2+\delta\beta_2-\delta\alpha_4$ 可通过绝对测量方式 2 来辨识，故淘汰绝对测量方式 1。

比较相对测量方式 1 和相对测量方式 2，可以发现它们的抗测量扰动性能都非常差，根本达不到实用标准。但综合分析发现 $\delta l_2-\delta l_3$、$\delta l_5-\delta l_6$、$\delta\alpha_2+\delta\beta_2-\delta\alpha_4$、$\delta\beta_1$ 和 $\delta\beta_2$ 已分别被相对测量方式 4、绝对测量方式 2 和相对测量方式 3 辨识得到，那么剩余的 $\delta d+l_7\delta\alpha_1-l_5\delta\alpha_2$、$\delta z_1-\delta z_2+\delta l_7-\delta l_6$、$\delta l_1$ 和 δl_2 (或 δl_3，由相对测量方式 1 辨识得到的 δl_2，与相对测量方式 4 辨识得到的 $\delta l_2-\delta l_3$ 相减，即可得到 δl_3) 可由相对测量方式 1 辨识得到，或者 $\delta d+l_7\delta\alpha_1-l_5\delta\alpha_2$、$\delta z_1-\delta z_2+\delta l_7-\delta l_5$ (或 $\delta z_1-\delta z_2+\delta l_7-\delta l_6$，由相对测量方式 2 辨识得到的 $\delta z_1-\delta z_2+\delta l_7-\delta l_5$，与相对测量方式 4 辨识得到的 $\delta l_5-\delta l_6$ 相加，即可得到 $\delta z_1-\delta z_2+\delta l_7-\delta l_6$)、$\delta l_1$ 和 δl_2 可由相对测量方式 2 辨识得到。

于是，根据各测量方式可辨识出不同参数线性组合的情况，进行分步测量、分步辨识。首先利用相对测量方式 4 辨识 $\delta l_2-\delta l_3$ 和 $\delta l_5-\delta l_6$；其次利用绝对测量方式 2 辨识 $\delta\alpha_2+\delta\beta_2-\delta\alpha_4$；再次利用相对测量方式 3 辨识 $\delta\beta_1$ 和 $\delta\beta_2$；而剩余参数线性组合 $\delta d+l_7\delta\alpha_1-l_5\delta\alpha_2$、$\delta z_1-\delta z_2+\delta l_7-\delta l_6$、$\delta l_1$ 和 δl_2 从辨识参数组合的种类上来看，可单独应用相对测量方式 1 或 2 进行辨识。但为保证辨识性能，需进一步分析。

通过观察，发现相对测量方式 1 和 2 可很方便地同时进行，且测量复杂度没有增加。于是定义这种同时包含相对测量方式 1 和 2 的测量方式为相对测量方式 5。对相对测量方式 5 进行辨识性分析，测量位形和参考位形与相对测量方式 1 相同。同时测量 δy 和 δz，由 ${}^e\boldsymbol{J}_{ri} - {}^e\boldsymbol{J}_{r0}$ 第一、二行构造 $\boldsymbol{W}$，由辨识性分析可知，可辨识出 $\delta d + l_7\delta\alpha_1 - l_5\delta\alpha_2$、$\delta z_1 - \delta z_2 + \delta l_7 - \delta l_6$、$\delta l_1$、$\delta l_2$、$\delta l_3$、$\delta l_5 - \delta l_6$、$\delta\beta_1$ 和 $\delta\beta_2$。

为比较相对测量方式 1、2 和 5 参数辨识的抗干扰性能，选取与相对测量方式 1 相同的测量位形和参考位形，构造出各相对测量方式下 4 个参数组合 $\delta d + l_7\delta\alpha_1 - l_5\delta\alpha_2$、$\delta z_1 - \delta z_2 + \delta l_7 - \delta l_6$ (或 $\delta z_1 - \delta z_2 + \delta l_7 - \delta l_5$)、$\delta l_1$ 和 δl_2 相应的 $\boldsymbol{W}$，计算出各相对测量方式下的抗干扰指标，所得结果如表 3.2 所示。

表 3.2 相对测量方式 1、2 和 5 参数辨识的抗干扰性能对比(单位：mm)

抗干扰指标	$\delta d + l_7\delta\alpha_1 - l_5\delta\alpha_2$	$\delta z_1 - \delta z_2 + \delta l_7 - \delta l_6$ 或 $\delta z_1 - \delta z_2 + \delta l_7 - \delta l_5$	δl_1	δl_2
相对测量方式 1	0.341	0.683	0.897	0.081
相对测量方式 2	16.127	6.362	42.020	34.901
相对测量方式 5	0.269	0.083	0.253	0.255

可见，相对测量方式 5 在抗干扰性能上明显好于相对测量方式 1 和 2，而且测量过程不复杂。所以选择相对测量方式 5 辨识剩余的四个参数组合。综上所述，兼顾辨识性分析、参数辨识性能和测量成本，确定出最终的测量方案。该方案包括如下四个步骤：

(1) 应用相对测量方式 4，辨识 $\delta l_2 - \delta l_3$ 和 $\delta l_5 - \delta l_6$；

(2) 应用绝对测量方式 2，辨识 $\delta\alpha_2 + \delta\beta_2 - \delta\alpha_4$；

(3) 应用相对测量方式 3，辨识 $\delta\beta_1$ 和 $\delta\beta_2$；

(4) 应用相对测量方式 5，辨识 $\delta d + l_7\delta\alpha_1 - l_5\delta\alpha_2$、$\delta z_1 - \delta z_2 + \delta l_7 - \delta l_6$、$\delta l_1$ 和 δl_2。

确定出最终测量方案后，再通过抗扰动指标，选择每个步骤下的最佳测量位形，它们分别是：①取 $z = 150\text{mm}$ 水平测量线，在此测量线上取 3 个位置 $y = -350\text{mm}, 36\text{mm}, 300\text{mm}$，参考位形为 $(36\text{mm}, 150\text{mm})$，在这种测量位形下，抗测量扰动指标为 0.020mm 和 0.018mm；②取 $(36\text{mm}, 150\text{mm})$ 为测量位形，抗测量扰动指标为 $0.100\times10^{-4}\,\text{rad}$；③取 $y = -350\text{mm}, 300\text{mm}$ 两条垂直测量线，在每条测量线上取两个位置 $z = 0\text{mm}, 250\text{mm}$，位形 $(-350\text{mm}, 0)$ 和 $(300\text{mm}, 0)$ 分别为各测量线上的参考位形，在这种测量位形下，抗测量扰动指标为 $0.601\times10^{-4}\,\text{rad}$ 和

0.550×10^{-4}rad；④取 $z=150$mm 水平测量线，在此测量线上取 3 个位置 $y=-350$mm, 0mm, 300mm，参考位形为(0,150mm)，在这种测量位形下，抗测量扰动指标为 0.165mm、0.067mm、0.154mm 和 0.147mm。

3.5 误差补偿

误差补偿时，若控制模型中包含误差模型的部分(或所有)参数，则可根据辨识结果直接修正控制模型中的这些参数，使控制模型更接近实际机床[28,29]。一般 6 自由度的并联机床进行误差补偿时都可通过直接修正参数来实现，而对于那些控制模型中未包含的参数，如果直接修改控制模型，则过于烦琐且影响插补效率，故此时简单有效的方法是实时计算并修改系统输入。其原理是，实际机床的几何参数都是通过与位形相关的某种映射来影响输出量的。当机床运动到某个目标位形时，首先利用已知映射关系通过迭代或一阶近似来计算在该目标位形下这类误差对终端位形的影响大小，然后结合目标位形，得到控制插补中实际所需的位形，实现对这类几何误差的补偿。

3.5.1 最少参数线性组合的分步误差补偿方法

最少参数线性组合的分步运动学标定中，每步参数辨识出的数值是参数线性组合。为了在每步中补偿已辨识出的参数线性组合，提高后续步骤中参数组合辨识的准确性，本节提出最少参数线性组合的分步误差补偿方法：

(1) 当每步中已辨识的参数线性组合中所有参数均未在后续步骤的参数线性组合中出现时，直接将此参数线性组合进行补偿。具体而言，就是在此参数线性组合中随机选择某一参数，以满足此参数线性组合辨识值的形式进行补偿。

(2) 当每步中已辨识的参数线性组合中部分参数在后续步骤的参数线性组合中出现时，对此参数线性组合中这些出现过的参数不进行处理，对未出现过的参数以满足参数线性组合辨识值的形式进行补偿。

(3) 当每步中已辨识的参数线性组合以整体形式在后续步骤的参数线性组合中出现时，直接将此参数线性组合进行补偿，后续步骤中包含此参数线性组合的后续参数线性组合辨识得到的数值，将是后续参数线性组合中剩余参数线性组合的数值。

(4) 当每步中已辨识的参数线性组合中所有参数均在后续步骤的参数线性组合中出现，而不是以整体形式出现时，在此参数组合中随机选择某一参数以满足参数组合辨识值的形式进行补偿。后续参数辨识时，需对辨识矩阵的列进行重组，以便于后续参数线性组合的准确辨识。

(5) 当所要补偿的参数影响前面步骤补偿的参数时，对前面步骤补偿的参数进行调整，重新进行修正补偿，以满足当前和前面步骤辨识出的参数线性组合辨识值。

3.5.2　驱动冗余并联机床外部标定的误差补偿

由 3.3 节可知，并联机床外部标定的测量方案如下：

(1) 应用相对测量方式 4，辨识 $\delta l_2-\delta l_3$ 和 $\delta l_5-\delta l_6$；

(2) 应用绝对测量方式 2，辨识 $\delta\alpha_2+\delta\beta_2-\delta\alpha_4$；

(3) 应用相对测量方式 3，辨识 $\delta\beta_1$ 和 $\delta\beta_2$；

(4) 应用相对测量方式 5，辨识 $\delta d+l_7\delta\alpha_1-l_5\delta\alpha_2$、$\delta z_1-\delta z_2+\delta l_7-\delta l_6$、$\delta l_1$ 和 δl_2。

1. 误差补偿方案

第 1 步，当 $(\delta l_2-\delta l_3)_e$ 和 $(\delta l_5-\delta l_6)_e$ 被辨识出来后，由于包含 δl_2 和 δl_6 的参数组合 $\delta z_1-\delta z_2+\delta l_7-\delta l_6$ 和 δl_2 将在后面的第 4 步中被辨识，所以按照最少参数线性组合的分步误差补偿方法(2)处理，在数控系统中直接修正参数 l_5 为 $l_5+(\delta l_5-\delta l_6)_e$，然后由式(3-16)计算运动学逆解得到并修正各驱动电机的新回零参数，其中驱动电机 l_3 的回零参数修正为 $l_3-(\delta l_2-\delta l_3)_e$，所有其他参数不做改动。这种将参数 l_3 和 l_5 的参数误差暂时分别赋值为参数组合 $(\delta l_2-\delta l_3)_e$ 和 $(\delta l_5-\delta l_6)_e$ 辨识值的处理方式，使后续分步测量中的测量数据不再受 $(\delta l_2-\delta l_3)_e$ 和 $(\delta l_5-\delta l_6)_e$ 的影响，提高了后续分步辨识中其他线性参数组合被准确辨识的精度。重复这一步骤，直至相对姿态偏差足够小。

第 2 步，当 $(\delta\alpha_2+\delta\beta_2-\delta\alpha_4)_e$ 被辨识出来后，由于 $\delta\beta_2$ 将在第 3 步中被辨识，包含 $\delta\alpha_2$ 的参数组合将在第 4 步中被辨识，所以按照分步误差补偿方法(2)处理，将当前辨识出来的参数组合 $(\delta\alpha_2+\delta\beta_2-\delta\alpha_4)_e$ 的辨识值赋值给 $\delta\alpha_4$，即在数控系统中直接修正参数 α_4 为 $\alpha_4-(\delta\alpha_2+\delta\beta_2-\delta\alpha_4)_e$，然后由式(3-16)计算运动学逆解得到并修正各驱动电机的新回零参数。重复这一步骤，直至绝对姿态偏差足够小为止。

第 3 步，辨识得到 $(\delta\beta_1)_e$ 和 $(\delta\beta_2)_e$ 数值，由于 $\delta\beta_1$ 和 $\delta\beta_2$ 这两个参数均未在后续步骤中出现，故按照分步误差补偿方法(1)处理，在数控程序中直接修正参数 β_1 和 β_2 分别为 $\beta_1+(\delta\beta_1)_e$ 和 $\beta_2+(\delta\beta_2)_e$，而 $\delta\beta_2$ 已在前面第 2 步中的 $\delta\alpha_2+\delta\beta_2-\delta\alpha_4$ 中出现过，故按照分步误差补偿方法(5)处理，修正 α_4 为 $\alpha_4-(\delta\alpha_2+\delta\beta_2-\delta\alpha_4)_e+(\delta\beta_2)_e$，然后计算并修正各驱动电机的新回零参数。重复这一步骤，直至垂直测量线上 Y 向相对位置偏差足够小。

第 4 步，由于相对测量方式 5 可辨识 8 个参数组合，$\delta d+l_7\delta\alpha_1-l_5\delta\alpha_2$、$\delta z_1-\delta z_2+\delta l_7-\delta l_6$、$\delta l_1$、$\delta l_2$、$\delta l_3$、$\delta l_5-\delta l_6$、$\delta\beta_1$ 和 $\delta\beta_2$，但 $\delta l_2-\delta l_3$、$\delta l_5-\delta l_6$、

$\delta\alpha_2+\delta\beta_2-\delta\alpha_4$、$\delta\beta_1$ 和 $\delta\beta_2$ 都已在前 3 步中辨识并补偿，所以为了辨识 $\delta d+l_7\delta\alpha_1-l_5\delta\alpha_2$、$\delta z_1-\delta z_2+\delta l_7-\delta l_6$、$\delta l_1$ 和 δl_2，按照分步误差补偿方法(4)，做如下处理：

令 $\boldsymbol{W}_4=\left[\boldsymbol{w}_{41},\boldsymbol{w}_{42},\cdots,\boldsymbol{w}_{48}\right]$ 为第 4 步测量方式的辨识矩阵，由式(3-28)得

$$\delta\boldsymbol{p}-\delta\boldsymbol{p}_0=[\boldsymbol{w}_{41}\quad\boldsymbol{w}_{42}\quad\boldsymbol{w}_{43}\quad\boldsymbol{w}_{44}]\begin{bmatrix}\delta d+l_7\delta\alpha_1-l_5\delta\alpha_2\\\delta z_1-\delta z_2+\delta l_7-\delta l_6\\\delta l_1\\\delta l_2\end{bmatrix}+[\boldsymbol{w}_{45}\quad\boldsymbol{w}_{46}\quad\boldsymbol{w}_{47}\quad\boldsymbol{w}_{48}]\begin{bmatrix}\delta l_3\\\delta l_5-\delta l_6\\\delta\beta_1\\\delta\beta_2\end{bmatrix}\tag{3-36}$$

将已辨识的 $\delta l_2-\delta l_3$、$\delta l_5-\delta l_6$、$\delta\beta_1$ 和 $\delta\beta_2$ 分离出来，得

$$\delta\boldsymbol{p}-\delta\boldsymbol{p}_0=[\boldsymbol{w}_{41}\quad\boldsymbol{w}_{42}\quad\boldsymbol{w}_{43}\quad\boldsymbol{w}_{44}+\boldsymbol{w}_{45}]\begin{bmatrix}\delta d+l_7\delta\alpha_1-l_5\delta\alpha_2\\\delta z_1-\delta z_2+\delta l_7-\delta l_6\\\delta l_1\\\delta l_2\end{bmatrix}+[-\boldsymbol{w}_{45}\quad\boldsymbol{w}_{46}\quad\boldsymbol{w}_{47}\quad\boldsymbol{w}_{48}]\begin{bmatrix}\delta l_2-\delta l_3\\\delta l_5-\delta l_6\\\delta\beta_1\\\delta\beta_2\end{bmatrix}\tag{3-37}$$

由式(3-37)可以看出参数组合 $\delta d+l_7\delta\alpha_1-l_5\delta\alpha_2$、$\delta z_1-\delta z_2+\delta l_7-\delta l_6$ 和 δl_1 分别是辨识矩阵 $\boldsymbol{W}_4$ 第 1、2、3 列的系数，而 δl_2 则是 $\boldsymbol{W}_4$ 第 4 列与第 5 列相加所得的 $\boldsymbol{w}_{44}+\boldsymbol{w}_{45}$ 的系数，故这 4 个参数线性组合将由 $\boldsymbol{w}_{41}$、$\boldsymbol{w}_{42}$、$\boldsymbol{w}_{43}$ 和 $\boldsymbol{w}_{44}+\boldsymbol{w}_{45}$ 组成的矩阵来辨识，即

$$(\delta\boldsymbol{p}-\delta\boldsymbol{p}_0)-[-\boldsymbol{w}_{45}\quad\boldsymbol{w}_{46}\quad\boldsymbol{w}_{47}\quad\boldsymbol{w}_{48}]\begin{bmatrix}\delta l_2-\delta l_3\\\delta l_5-\delta l_6\\\delta\beta_1\\\delta\beta_2\end{bmatrix}=[\boldsymbol{w}_{41}\quad\boldsymbol{w}_{42}\quad\boldsymbol{w}_{43}\quad\boldsymbol{w}_{44}+\boldsymbol{w}_{45}]\begin{bmatrix}\delta d+l_7\delta\alpha_1-l_5\delta\alpha_2\\\delta z_1-\delta z_2+\delta l_7-\delta l_6\\\delta l_1\\\delta l_2\end{bmatrix}\tag{3-38}$$

式(3-38)等号左边就是前 3 步测量、辨识、误差补偿后，第 4 步测量得到的终端相对误差。

根据辨识得到的$(\delta d + l_7\delta\alpha_1 - l_5\delta\alpha_2)_e$、$(\delta z_1 - \delta z_2 + \delta l_7 - \delta l_6)_e$、$(\delta l_1)_e$和$(\delta l_2)_e$数值，在数控程序中直接修正参数$d$、$l_1$和$l_2$分别为$d + (\delta d + l_7\delta\alpha_1 - l_5\delta\alpha_2)_e$、$l_1 + (\delta l_1)_e$和$l_2 + (\delta l_2)_e$，然后重新计算并修正各驱动电机的新回零参数，其中驱动电机z_1的回零参数修正为$z_1 + (\delta z_1 - \delta z_2 + \delta l_7 - \delta l_6)_e$，按照分步误差补偿方法(5)处理，驱动电机$l_3$的回零参数修正为$l_3 + (\delta l_2)_e - (\delta l_2 - \delta l_3)_e$。重复这一步骤，直至水平测量线上$Y$向和$Z$向相对位置偏差足够小。

2. 实验结果

通过实验来验证该并联机床的最少参数线性组合外部标定方法，如图 3.6 所示。采用 3.3 节的误差建模方法进行建模，利用 3.4 节的测量方案进行测量，按照本节的补偿方案进行误差补偿，由最小二乘法进行参数辨识。

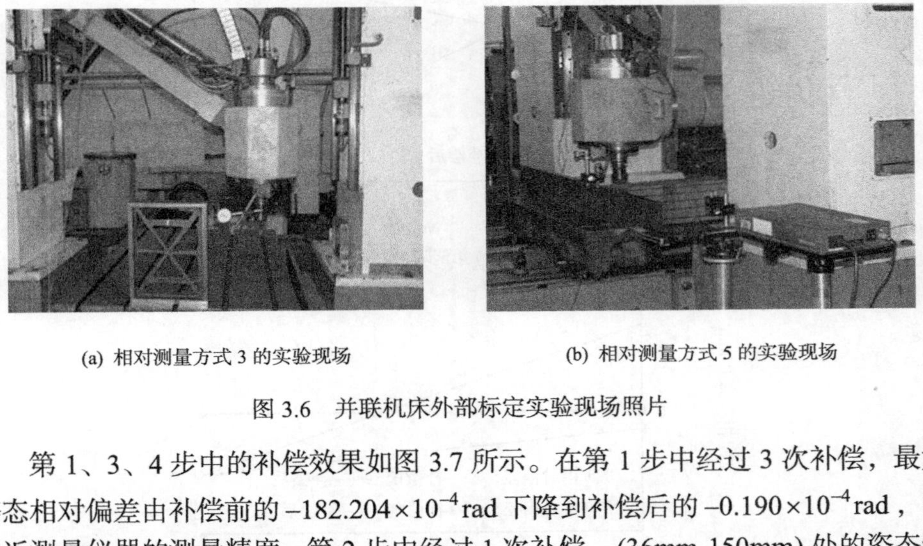

(a) 相对测量方式 3 的实验现场　　(b) 相对测量方式 5 的实验现场

图 3.6　并联机床外部标定实验现场照片

第 1、3、4 步中的补偿效果如图 3.7 所示。在第 1 步中经过 3 次补偿，最大姿态相对偏差由补偿前的-182.204×10^{-4} rad 下降到补偿后的-0.190×10^{-4} rad，已接近测量仪器的测量精度；第 2 步中经过 1 次补偿，(36mm, 150mm) 处的姿态绝对误差由220.407×10^{-4} rad 下降到-1.209×10^{-4} rad；第 3 步中经过 1 次补偿，Y向最大相对偏差由补偿前的-0.019mm 下降到 0.008mm，已接近百分表测量精度；第 4 步中经过 1 次补偿，Y向最大相对偏差由补偿前的-1.025mm 下降到-0.011mm，Z向最大相对偏差由补偿前的 1.476mm 下降到-0.015mm，均已接近百分表的测量精度。最终补偿到数控系统中 7 个参数的修正值分别为$\delta d = 1.582$mm、$\delta l_1 = 0.077$mm、$\delta l_2 = 0.316$mm、$\delta l_5 = 0.196$mm、$\delta\beta_1 = 1.063\times10^{-4}$ rad、$\delta\beta_2 = 0.527\times10^{-4}$ rad 和$\delta\alpha_4 = -220.322\times10^{-4}$ rad，驱动电机z_1和l_3的回零参数修正

值为 $\delta l_3 = -0.003\text{mm}$ 和 $\delta z_1 = 3.744\text{mm}$ 。运动学标定后本书研究的并联机床的精度得到大幅度改善，由外部标定前的±6mm 提高到±0.01mm，已经接近测量扰动和机床重复定位精度，验证了这种最少参数线性组合外部标定方法的有效性。

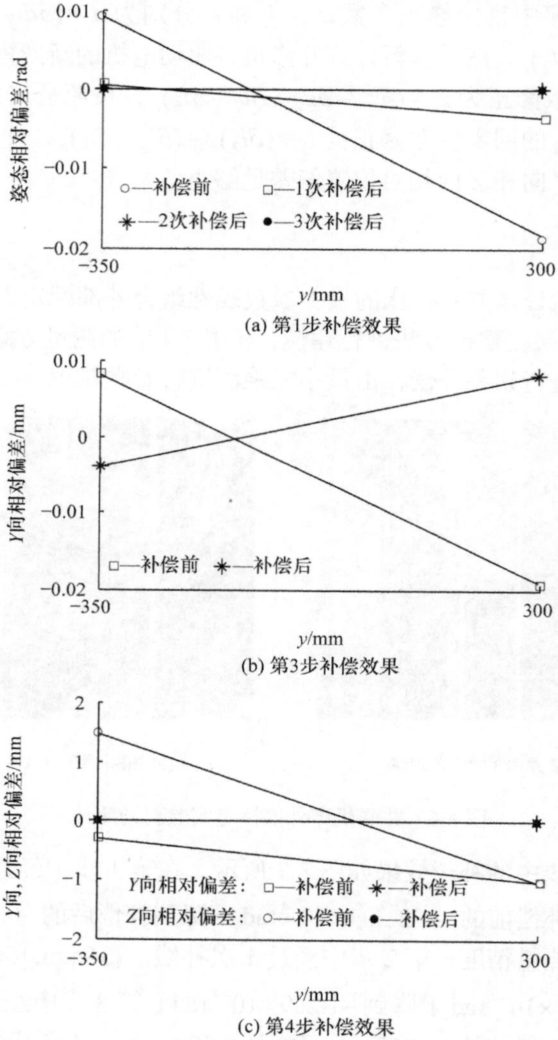

(a) 第1步补偿效果

(b) 第3步补偿效果

(c) 第4步补偿效果

图 3.7　第 1、3、4 步补偿效果

参 考 文 献

[1] Weck M, Staimer D. Accuracy issues of parallel kinematic machine tools. Proceedings of the Institution of Mechanical Engineers, Part K: Journal of Multi-body Dynamics, 2002, 216(1): 51-57.

[2] Roth Z S, Mooring B W, Ravani B. Overview of robot calibration. IEEE Journal of Robotics and Automation, 1987, RA-3(5): 377-385.

[3] 高猛. 少自由度并联机构运动学标定. 北京: 清华大学博士学位论文, 2005.

[4] Mooring B W, Roth Z S, Driels M. Fundamentals of Manipulator Calibration. New York: John Wiley & Sons, 1992.

[5] Huang T, Tang G B, Li S W, et al. Kinematic calibration of a class of parallel kinematic machines (PKM) with fewer than six degrees of freedom. Science in China Series E: Technological Sciences, 2003, 46(5): 515-526.

[6] Joubair A, Slamani M, Bonev I A. Kinematic calibration of a five-bar planar parallel robot using all working modes. Robotics and Computer-Integrated Manufacturing, 2013, 29(4): 15-25.

[7] Huang P, Wang J, Wang L, et al. Identification of structure errors of 3-PRS-XY mechanism with regularization method. Mechanism and Machine Theory, 2011, 46(7): 927-944.

[8] Zhuang H. Self-calibrations of parallel mechanisms with a case study on Stewart platform. IEEE Transactions on Robotics and Automation, 1997, 13(3): 387-397.

[9] Wisama K, Sebastien B. Self-calibration of Stewart-Gough parallel robots without extra sensors. IEEE Transactions on Robotics and Automation, 1999, 15(6): 1116-1121.

[10] Nahvi A, Hollerbach J M. The noise amplification index for optimal pose selection in robot calibration. Proceedings of the IEEE International Conference on Robotics and Automation, 1996: 647-654.

[11] Zhang J, Chen Q, Wu C, et al. Kinematic calibration of a 2-DOF translational parallel manipulator. Advanced Robotics, 2014, 28(10): 707-714.

[12] Chen Y, Xie F, Liu X, et al. Error modeling and sensitivity analysis of a parallel robot with SCARA (selective compliance assembly robot arm) motions. Chinese Journal of Mechanical Engineering, 2014, 27(4): 693-702.

[13] Chang P, Wang J S, Li T M, et al. Step kinematic calibration of a 3-DOF planar parallel kinematic machine tool. Science in China Series E: Technological Sciences, 2008, 51(12): 2165-2177.

[14] Charles C L, Hanson R J. Solving Least Squares Problems. Upper Saddle River: Prentice-Hall, 1974.

[15] 常鹏. 平面并联机器的精度分析与运动学标定. 北京: 清华大学博士学位论文, 2008.

[16] Chang P, Li C R, Wu J, et al. Observability index of identified parameter for kinematic calibration of parallel mechanism. International Conference on Mechanic Automation and Control Engineering, 2010: 3097-3101.

[17] Zhuang H, Roth Z S. A method for kinematic calibration of Stewart platforms. Proceedings of ASME Winter Annual Meeting, 1991: 43-48.

[18] Besnard S, Khalil W. Calibration of parallel robots using two inclinometers. Proceedings of IEEE International Conference on Robotics and Automation, 1999: 1758-1763.

[19] 孙华德. 并联刀具磨床的标定、位姿检测和闭环控制研究. 北京: 北京航空航天大学博士学位论文, 2002.

[20] 阮晓东, 李世伦, 诸葛良, 等. 用立体视觉测量多自由度机械装置姿态的研究. 中国机械

工程, 2000, 11(5): 571-573.
[21] Takeda Y, Shen G, Funabashi H. A DBB-based kinematic calibration method for in-parallel actuated mechanisms using a Fourier series. Journal of Mechanical Design, Transactions of the ASME, 2004, 126(5): 856-865.
[22] 魏世民, 周晓光, 廖启征. 六轴并联机床运动精度的标定研究. 中国机械工程, 2003, 14(23): 1981-1984.
[23] Bernhard J J, John C Z, Lothar B. Uncertainty propagation in calibration of parallel kinematic machines. Precision Engineering, 2001, 25(1): 48-55.
[24] Borm J H, Menq C H. Determination of optimal measurement configurations for robot calibration based on observability measure. Journal of Robotic Systems, 1991, 10(1): 51-63.
[25] Driels M R, Pathre U S. Significance of observation strategy on the design of robot calibration experiments. Journal of Robotic Systems, 1990, 7(2): 197-223.
[26] Nahvi A, Hollerbach J M, Hayward V. Calibration of a parallel robot using multiple kinematic closed loops. Proceedings of IEEE International Conference of Robotics and Automation, 1994: 407-412.
[27] 刘大炜. 并联机器运动学参数误差的辨识性分析及标定. 北京: 清华大学博士学位论文, 2010.
[28] 毕宇昭, 赵晓明. HexaM 并联机床的误差分析及补偿. 机械科学与技术, 2006, 25(5): 598-602.
[29] 裴葆青, 罗学科, 陈五一, 等. 6UPS并联机构静态误差的矢量法标定. 中国机械工程, 2006, 17(8): 854-857.

第 4 章 驱动冗余并联机床的静刚度建模与实验

4.1 引 言

静刚度分析主要评价外力作用对末端动平台变形的影响，静刚度是机床设计的重要指标，它对机床的抗振性、噪声、运动平稳、发热和磨损等均有显著影响。在机床设计阶段，通过建立准确的静刚度模型，可以预测并联机床在工作空间内的静刚度分布规律，发现刚度低的部件或单元，进一步可以根据某种优化目标函数，对部件或单元进行刚度优化，从而提高机床整机的刚度，为机床的结构设计和动态分析提供理论依据。有限元法在机床刚度建模中得到大量应用，尤其是ANSYS 和 ABAQUS 等商用有限元软件的出现，使得研究人员方便地利用这些商用软件研究机床的静刚度。虽然有限元法得到的机床整机刚度模型较为准确，但是也存在建模过程繁复、计算效率较低等问题。

本章采用结构矩阵分析法建立整机的静刚度理论模型，将整机划分为连接件和结构件，建立各单元的单元刚度矩阵，将各单元刚度矩阵组集装配成整机刚度矩阵。在整机静刚度理论模型基础上给出机床刚度评价指标，并综合分析和比较驱动冗余并联机床和非冗余并联机床的刚度性能。进一步，利用有限元分析软件ABAQUS 分别建立驱动冗余并联机床和非冗余并联机床的有限元模型，通过有限元软件仿真结果和理论模型计算结果的比较初步验证理论模型的准确性。最后，分别在驱动冗余并联机床和非冗余并联机床上进行刚度实验研究，进一步检验理论模型以及有限元模型的正确性。本章研究的刚度如无特殊说明均为静刚度。

4.2 刚 度 建 模

刚度是机床的一项非常重要的性能，刚度的好坏直接决定了机床的变形大小与精度高低。因此，通常在机床设计的初始阶段就需要建立机床的刚度模型，预测其刚度。目前，并联机床的刚度建模方法大概可以分为三种：有限元法、虚拟铰链法和矩阵结构分析法[1-4]。有限元法把连续系统分割成众多的单元，单元之间只在有限数目的节点处相互连接，构成一个单元集合体来代替原来的连续系统。虚拟铰链法假设并联机床杆件为刚体、铰链为柔性体，从而建立操作力和末端变形之间的映射关系。矩阵结构分析法将系统划分成若干构件，根据各构件受力情况建立构件的力平衡方程和截面变形协调方程，通过集成构造整个系统的刚度模型[5-9]。

本章采用矩阵结构分析法建立驱动冗余并联机床刚度模型。整机由进给工作台、机架、并联机构、主轴箱、滚动直线导轨滑台及轴承等连接件组成，其中机架包含横梁、立柱等固定结构件。由于进给工作台刚度较高，本章不考虑进给工作台的刚度。机床在实际加工的过程中可能承受来自不同方向的切削力作用，所以每个杆件既可能承受轴向拉压载荷，也可能承受弯曲和扭转载荷，因此在刚度建模时均采用梁[10]单元对机床主要部件结构进行离散化处理。轴承和直线导轨滑台系统等连接件单独建立刚度模型，最后利用结构矩阵分析法将各个单元刚度矩阵组集起来，得到整机刚度矩阵。

4.2.1 坐标变换

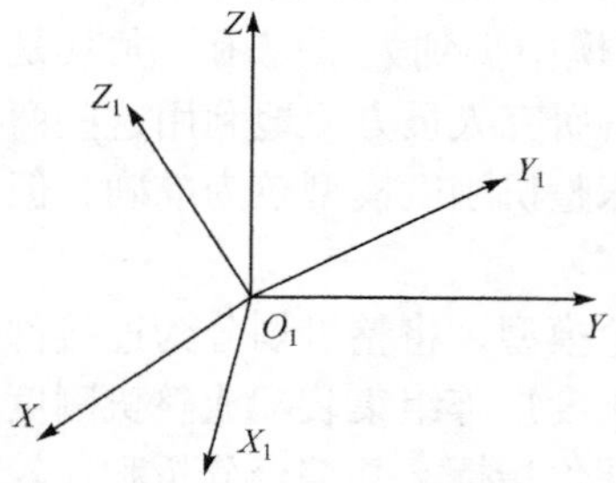

图 4.1 整体坐标系与单元坐标系

利用结构矩阵分析法建立刚度矩阵时，需要将各单元的刚度矩阵变换到统一的整体坐标系来表达，这就涉及坐标变换。设某单元的单元坐标系为 $O_1\text{-}X_1Y_1Z_1$，整体坐标系为 $O_1\text{-}XYZ$，如图 4.1 所示。X_1 轴与 X、Y、Z 轴之间的夹角分别为 α_{o1}、α_{o2}、α_{o3}，Y_1 轴与 X、Y、Z 轴之间的夹角分别为 β_{o1}、β_{o2}、β_{o3}，Z_1 轴与 X、Y、Z 轴之间的夹角分别为 γ_{o1}、γ_{o2}、γ_{o3}。X_1、Y_1、Z_1 轴的方向向量 $\boldsymbol{x}_1$、$\boldsymbol{y}_1$、$\boldsymbol{z}_1$ 可用整体坐标系的方向向量 $\boldsymbol{x}$、$\boldsymbol{y}$、$\boldsymbol{z}$ 表示为

$$\begin{bmatrix}\boldsymbol{x}_1\\ \boldsymbol{y}_1\\ \boldsymbol{z}_1\end{bmatrix}=\begin{bmatrix}\cos\alpha_{o1} & \cos\alpha_{o2} & \cos\alpha_{o3}\\ \cos\beta_{o1} & \cos\beta_{o2} & \cos\beta_{o3}\\ \cos\gamma_{o1} & \cos\gamma_{o2} & \cos\gamma_{o3}\end{bmatrix}\begin{bmatrix}\boldsymbol{x}\\ \boldsymbol{y}\\ \boldsymbol{z}\end{bmatrix}=\boldsymbol{t}_r\begin{bmatrix}\boldsymbol{x}\\ \boldsymbol{y}\\ \boldsymbol{z}\end{bmatrix} \tag{4-1}$$

式中，$\boldsymbol{t}_r=\begin{bmatrix}\cos\alpha_{o1} & \cos\alpha_{o2} & \cos\alpha_{o3}\\ \cos\beta_{o1} & \cos\beta_{o2} & \cos\beta_{o3}\\ \cos\gamma_{o1} & \cos\gamma_{o2} & \cos\gamma_{o3}\end{bmatrix}$。

每个单元有 2 个节点，每个节点有 6 个自由度。设 12 自由度单元在单元坐标系和整体坐标系中的节点位移向量分别为 $\boldsymbol{\delta}^e$ 和 $\boldsymbol{\delta}$，则有变换关系

$$\boldsymbol{\delta}^e=\boldsymbol{T}_r\boldsymbol{\delta} \tag{4-2}$$

式中，$\boldsymbol{T}_r = \begin{bmatrix} \boldsymbol{t}_r & \boldsymbol{0}_{3\times3} & \boldsymbol{0}_{3\times3} & \boldsymbol{0}_{3\times3} \\ \boldsymbol{0}_{3\times3} & \boldsymbol{t}_r & \boldsymbol{0}_{3\times3} & \boldsymbol{0}_{3\times3} \\ \boldsymbol{0}_{3\times3} & \boldsymbol{0}_{3\times3} & \boldsymbol{t}_r & \boldsymbol{0}_{3\times3} \\ \boldsymbol{0}_{3\times3} & \boldsymbol{0}_{3\times3} & \boldsymbol{0}_{3\times3} & \boldsymbol{t}_r \end{bmatrix}$。

设该单元在单元坐标系和整体坐标系中的节点力向量分别为 $\boldsymbol{F}^e$ 和 $\boldsymbol{F}$，则 $\boldsymbol{F}^e$ 和 $\boldsymbol{F}$ 之间存在如下关系：

$$\boldsymbol{F}^e = \boldsymbol{T}_r \boldsymbol{F} \tag{4-3}$$

在单元坐标系中，节点力向量与位移向量之间存在映射关系，用单元刚度矩阵 $\boldsymbol{k}^e$ 表征，即

$$\boldsymbol{F}^e = \boldsymbol{k}^e \boldsymbol{\delta}^e \tag{4-4}$$

将式(4-2)、式(4-3)代入式(4-4)中可以得到

$$\boldsymbol{T}_r \boldsymbol{F} = \boldsymbol{k}^e \boldsymbol{T}_r \boldsymbol{\delta} \tag{4-5}$$

因为 $\boldsymbol{T}_r$ 为正交矩阵，所以 $\boldsymbol{T}_r^{-1} = \boldsymbol{T}_r^{\mathrm{T}}$，有

$$\boldsymbol{F} = \boldsymbol{T}_r^{\mathrm{T}} \boldsymbol{k}^e \boldsymbol{T}_r \boldsymbol{\delta} = \boldsymbol{k}\boldsymbol{\delta} \tag{4-6}$$

式中，单元在整体坐标系、单元坐标系中的刚度矩阵 $\boldsymbol{k}$、$\boldsymbol{k}^e$ 有如下变换关系：

$$\boldsymbol{k} = \boldsymbol{T}_r^{\mathrm{T}} \boldsymbol{k}^e \boldsymbol{T}_r \tag{4-7}$$

利用式(4-7)给出的映射关系，可将任意单元在单元坐标系中的刚度矩阵 $\boldsymbol{k}^e$ 变换为整体坐标系中的刚度矩阵 $\boldsymbol{k}$。

4.2.2　滚动直线导轨滑台系统刚度模型

滚动直线导轨滑台是一种做相对往复直线运动的滚动支撑，能以滑块和导轨之间的滚动体滚动来代替滑动接触，并且滚动体可以在导轨和滑块内实现无限循环。滚动直线导轨滑台由导轨、滑块、滚动体、返向器、保持架、密封端盖及挡板等组成，如图 4.2 所示。

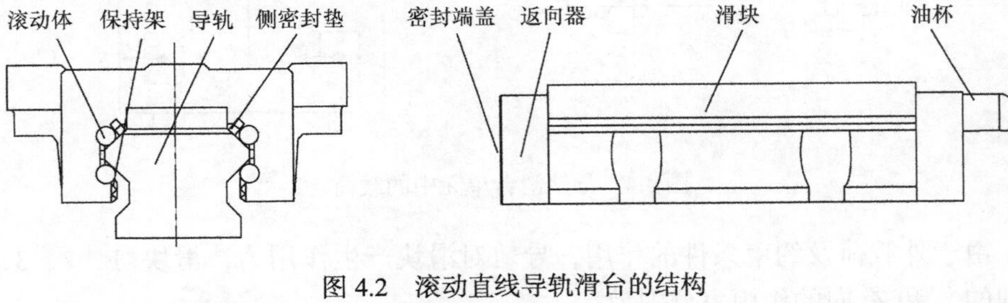

图 4.2　滚动直线导轨滑台的结构

当导轨与滑块做相对运动时，滚动体就沿着导轨上的经过淬硬和精密磨削加

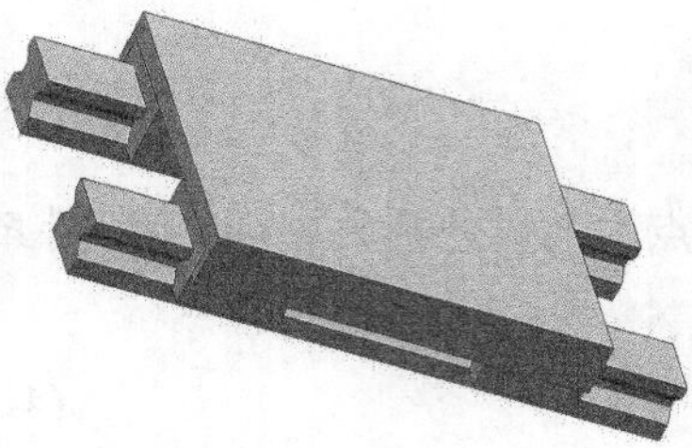

图 4.3　滚动直线导轨滑台系统

工而成的四条滚道滚动，在滑块端部钢球又通过返向装置(返向器)进入返向孔后再进入滚道，滚动体就这样周而复始地做滚动运动。滑块两端装有密封端盖，底部采用密封底片，具有良好的防尘性能，可有效地防止灰尘、屑末等进入滑块内部，同时导轨固定螺孔上配有螺孔盖，防止灰尘的积塞，从而保证了滚动直线导轨滑台的寿命和自适应性能。在实际应用中，滚动直线导轨滑台要承受来自 6 个自由度方向的较大载荷(空间三个方向的集中力及力矩)，因此往往成对安装，且配合滑台在机械结构中使用。双导轨滑台 4 滑块或 6 滑块系统在工程应用中最为常见[11-14]，本书研究的并联机床采用了双导轨滑台 4 滑块系统[15,16]，如图 4.3 所示。

在滚动直线导轨滑台单元中建立坐标系 O_2-$X_2Y_2Z_2$ 及各滑块所受载荷的模型，如图 4.4 所示。在图中共有 4 个滑块，编号分别为 1、2、3、4。作用于滑座上的力和力偶矩(外载荷)向原点 O_2 简化为一合力矢量 $\boldsymbol{F}$ 和一合力偶矩 $\boldsymbol{M}$，且

$$\begin{bmatrix} \boldsymbol{F} \\ \boldsymbol{M} \end{bmatrix} = \begin{bmatrix} F_x\boldsymbol{i} + F_y\boldsymbol{j} + F_z\boldsymbol{k} \\ M_x\boldsymbol{i} + M_y\boldsymbol{j} + M_z\boldsymbol{k} \end{bmatrix} \tag{4-8}$$

式中，F_x、F_y 和 F_z 分别表示 $\boldsymbol{F}$ 在 X_2、Y_2 和 Z_2 向的分量；M_x、M_y 和 M_z 分别表示 $\boldsymbol{M}$ 在 X_2、Y_2 和 Z_2 向的分量。

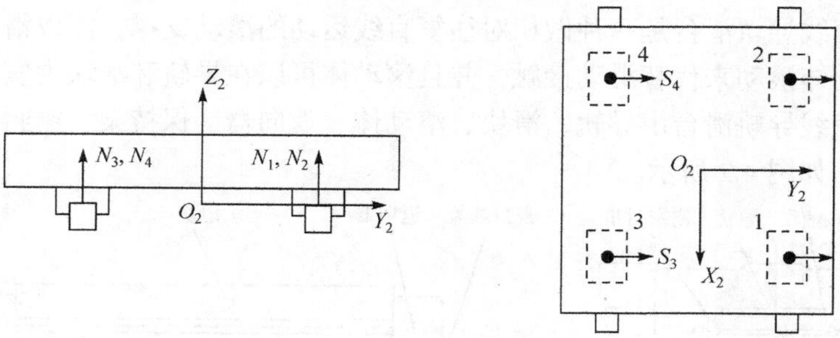

图 4.4　导轨滑台单元中的载荷

由于外载荷及约束条件的作用，导轨对滑块产生作用力，滑块 1、2、3、4 受到的 Y_2 和 Z_2 向的作用力分别为

$$\begin{bmatrix} \boldsymbol{S} \\ \boldsymbol{N} \end{bmatrix} = \begin{bmatrix} S_1 & S_2 & S_3 & S_4 \\ N_1 & N_2 & N_3 & N_4 \end{bmatrix} \tag{4-9}$$

滑块 1、2、3 和 4 的 X_2 坐标和 Y_2 坐标分别为

$$\begin{bmatrix} \boldsymbol{x} \\ \boldsymbol{y} \end{bmatrix} = \begin{bmatrix} x_1 & x_2 & x_3 & x_4 \\ y_1 & y_2 & y_3 & y_4 \end{bmatrix} \tag{4-10}$$

式(4-10)中各分量均有符号，表示坐标值的大小及正负。

由于滚动直线导轨滑台沿 X_2 向无约束，在实际工程中由滚珠丝杠副来提供 X_2 向刚度，所以在下列力系的平衡方程组中没有列出 X_2 向的平衡方程。根据空间一般力系的平衡条件，可列出下列平衡方程组：

$$\begin{bmatrix} \sum_{i=1}^{4} S_i + F_y \\ \sum_{i=1}^{4} N_i + F_z \\ \sum_{i=1}^{4} y_i N_i + M_x \\ \sum_{i=1}^{4} x_i N_i + M_y \\ \sum_{i=1}^{4} x_i S_i + M_z \end{bmatrix} = \boldsymbol{0} \tag{4-11}$$

式(4-11)中有 8 个未知量，只有 5 个方程，所以上述问题是一个静不定问题。根据材料力学知识，需要根据滚动直线导轨滑台系统受力后的变形协调条件找出三个补充方程，才可解出方程组。

由于滑座、滑块、导轨刚度较高，建模过程中将滑座、滑块、导轨视为刚体，滚动直线导轨滑台中的滚动体视为弹性体。滑台沿 Z_2 向的位移如图 4.5(a)所示，沿 Y_2 向的位移如图 4.5(b)所示。

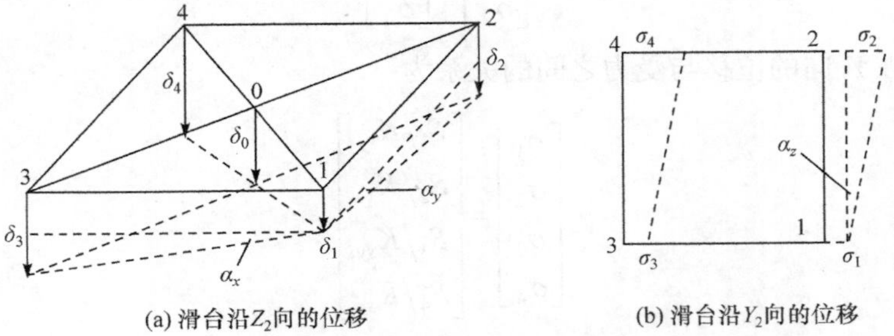

图 4.5　滑台的位移

以 $d_{ij}(i,j=0,1,\cdots,4)$表示图 4.5(a)中点 0～4 中任意两点之间的距离，因为滑座发生位移前后，其上的 2、0、3 点始终在一条直线上，从而可以得到

$$\delta_0=\delta_2+\lambda_{d1}(\delta_3-\delta_2) \tag{4-12}$$

式中，$\lambda_{d1}=\dfrac{d_{02}}{d_{32}}$。

在式(4-12)中，d_{02}、d_{32}可根据点 1～4 的位置坐标求出。由于点 1、0、4 始终在一条直线上，所以有

$$\delta_0=\delta_1+\lambda_{d2}(\delta_4-\delta_1) \tag{4-13}$$

式中，$\lambda_{d2}=\dfrac{d_{01}}{d_{41}}$。

在式(4-13)中，d_{01}、d_{41}可根据点 1～4 的位置坐标求出。联立式(4-12)与式(4-13)可得

$$\delta_1-\delta_2=\lambda_{d1}(\delta_3-\delta_2)-\lambda_{d2}(\delta_4-\delta_1) \tag{4-14}$$

4 个滑块在 Z_2 向的位移与受力之间的关系为

$$\begin{bmatrix}\delta_1\\ \delta_2\\ \delta_3\\ \delta_4\end{bmatrix}=\begin{bmatrix}N_1/K_{sz}\\ N_2/K_{sz}\\ N_3/K_{sz}\\ N_4/K_{sz}\end{bmatrix} \tag{4-15}$$

式中，K_{sz} 表示导轨滑台系统中滑块的 Z_2 向刚度。

联立式(4-14)与式(4-15)可得

$$N_1-N_2=\lambda_{d1}(N_3-N_2)-\lambda_{d2}(N_4-N_1) \tag{4-16}$$

在图 4.5(b)中，滑座沿 Y_2 向产生位移，由于点 1、3、2 和 4 均是刚体上的点，所以它们在发生位移前后的距离保持不变，即

$$\begin{bmatrix}\sigma_1\\ \sigma_2\end{bmatrix}=\begin{bmatrix}\sigma_3\\ \sigma_4\end{bmatrix} \tag{4-17}$$

4 个滑块在 Y_2 向的位移与受力之间的关系为

$$\begin{bmatrix}\sigma_1\\ \sigma_2\\ \sigma_3\\ \sigma_4\end{bmatrix}=\begin{bmatrix}S_1/K_{sy}\\ S_2/K_{sy}\\ S_3/K_{sy}\\ S_4/K_{sy}\end{bmatrix} \tag{4-18}$$

式中，K_{sy} 表示导轨滑台系统中滑块的 Y_2 向刚度。

联立式(4-17)与式(4-18)可得

$$\begin{bmatrix} S_1 \\ S_2 \end{bmatrix} = \begin{bmatrix} S_3 \\ S_4 \end{bmatrix} \tag{4-19}$$

联立式(4-11)、式(4-16)及式(4-19)可得

$$\begin{bmatrix} S_1 + S_2 + S_3 + S_4 + F_y \\ N_1 + N_2 + N_3 + N_4 + F_z \\ y_1 N_1 + y_2 N_2 + y_3 N_3 + y_4 N_4 + M_x \\ -x_1 N_1 - x_2 N_2 - x_3 N_3 - x_4 N_4 + M_y \\ x_1 S_1 + x_2 S_2 + x_3 S_3 + x_4 S_4 + M_z \\ N_1 - N_2 - \lambda_{d1}(N_3 - N_2) + \lambda_{d2}(N_4 - N_1) \\ S_1 - S_3 \\ S_2 - S_4 \end{bmatrix} = \mathbf{0} \tag{4-20}$$

方程组(4-20)中共有 8 个未知数 N_1～N_4、S_1～S_4，是一个静定问题。求出 N_1～N_4、S_1～S_4之后，即可根据式(4-15)、式(4-18)求出 δ_1～δ_4、σ_1～σ_4，进一步可根据几何关系求出原点 O_2 的位移及滑座绕各坐标轴的转角，即$\begin{bmatrix} \delta_y & \delta_z & \varphi_x & \varphi_y & \varphi_z \end{bmatrix}$，因此该系统各方向刚度为

$$\begin{bmatrix} K_{ay} \\ K_{az} \\ K_{\varphi x} \\ K_{\varphi y} \\ K_{\varphi z} \end{bmatrix} = \begin{bmatrix} F_y/\delta_y \\ F_z/\delta_z \\ M_x/\varphi_x \\ M_y/\varphi_y \\ M_z/\varphi_z \end{bmatrix} \tag{4-21}$$

式中，K_{ay} 和 K_{az} 分别表示导轨滑台系统的 Y_2 向和 Z_2 向刚度。导轨滑台系统 X_2 向刚度 K_{ax} 可以用滚珠丝杠刚度来表示，这样就获得了整个导轨滑台系统的刚度。

4.2.3　整机刚度模型

建立各单元刚度矩阵后，将各单元刚度矩阵通过坐标变换，再经过插入端处理和自由度凝聚[17]，采用结构矩阵分析法[18]得到整机刚度矩阵 $\boldsymbol{K}$ 。整体坐标系中并联机床的整机刚度方程为

$$\boldsymbol{F} = \boldsymbol{K\Delta} \tag{4-22}$$

式中，$\boldsymbol{K}$ 为关于动平台位姿的函数；$\boldsymbol{\Delta}$ 为所有节点的位移向量；$\boldsymbol{F}$ 为所有节点的力向量。

静刚度分为位置刚度和转动刚度，在实际的生产加工中，评价机床刚度性能的指标最常用的是刀尖点在 X、Y、Z 三个方向上分别产生移动和转动单位位移时所需施加的静力和静力矩，本章刚度建模不考虑刀具的刚度影响，选择的受力点是动平台中心点，各方向刚度值分别用 K_x、K_y、K_z、K_{xr}、K_{yr} 和 K_{zr} 来表示。

建立好整机刚度矩阵 $\boldsymbol{K}$ 后，在编号为 i 的机床受力点施加 X 向力 f_x，即 $\boldsymbol{F}=\{0,0,\cdots,0,f_{x,6(i-1)+1},0,0,\cdots,0\}$，根据式(4-22)，可以求得所有节点的弹性位移 $\boldsymbol{\varDelta}$ 为

$$\boldsymbol{\varDelta}=\boldsymbol{K}^{-1}\boldsymbol{F} \tag{4-23}$$

则机床 X 向位置刚度为

$$K_x=\frac{f_x}{\delta_{6(i-1)+1}} \tag{4-24}$$

式中，$\delta_{6(i-1)+1}$ 为机床动平台受力点在 X 向的位移量。同理，可求得 K_y、K_z、K_{xr}、K_{yr} 和 K_{zr}。

4.3 驱动冗余及非冗余并联机床刚度模型

4.3.1 驱动冗余并联机床整机刚度

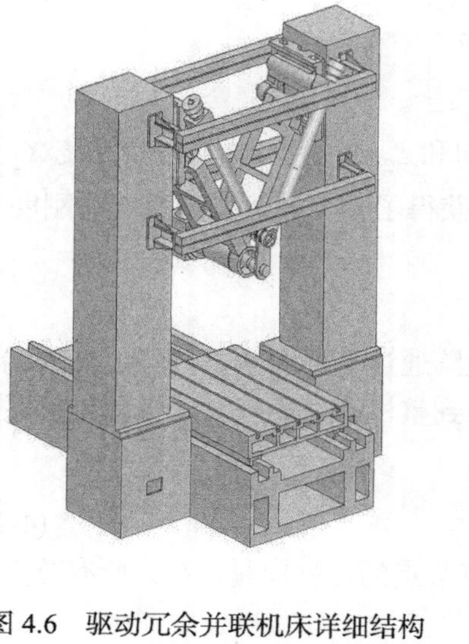

图 4.6 驱动冗余并联机床详细结构

驱动冗余并联机床的详细结构如图 4.6 所示。将主轴箱作集中质量点处理，作用于点 10 上，点 10 为刀头点，承受外力作用，所有单元划分如图 4.7 所示，单元节点编号如表 4.1 所示。单元 13、14、15、16、17、18、19、20 为转动副单元，单元 21、22 为直线导轨滑台系统单元，其他单元为空间梁单元。刀头作为集中质量加于节点 10 上，节点 10 为施力点。对所有单元建立局部坐标系，求出在单元局部坐标系中的单元刚度矩阵和坐标转换矩阵，继而求得单元在整体坐标系中的单元刚度矩阵。基于刚度组集方法装配各个单元刚度矩阵，得到整机刚度矩阵。

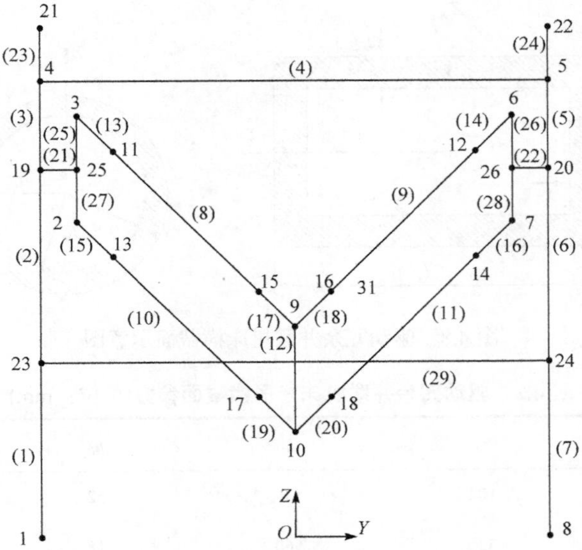

图 4.7　单元节点编号简图

表 4.1　驱动冗余并联机床单元节点编号

单元编号	1	2	3	4	5	6	7	8
起始节点	1,23	23,19	19,4	4,5	5,20	20,24	24,8	11,15
单元编号	9	10	11	12	13	14	15	16
起始节点	12,16	13,17	14,18	9,10	3,11	6,12	2,13	7,14
单元编号	17	18	19	20	21	22	23	24
起始节点	15,9	16,9	17,10	18,10	19,25	26,20	4,21	22,5
单元编号	25	26	27	28	29			
起始节点	25,3	6,26	2,25	26,7	23,24			

机床主要设计参数值见表 2.1，机床所有部件的弹性模量为 210GPa，泊松比为 0.3。护板、立柱、连杆和摆杆等单元的横截面都是中空(或实心)的矩形，伸缩杆横截面为圆环，如图 4.8 所示。矩形横截面单元参数见表 4.2，R_o=106mm，R_i=80mm。

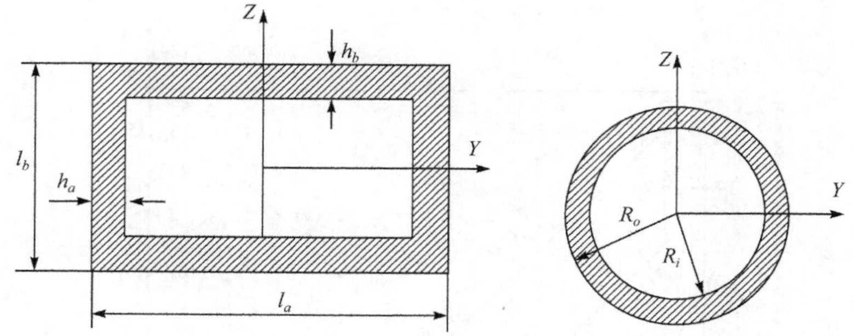

图 4.8　驱动冗余并联机床横截面示意图

表 4.2　驱动冗余并联机床矩形横截面参数(单位：mm)

参数	l_a	l_b	h_a	h_b
护板	104	90	52	45
立柱	520	560	18	18
连杆	550	114	5.3	5.3
摆杆	120	25	0	0

并联机床转动副处成对使用 30210 圆锥滚子轴承，假设轴承预紧和轴承内外圈配合的过盈量均为 2μm。丝杠系统的刚度取 K_s=160N/μm。机床在 O-YZ 平面($y\in[-0.415\text{m}, 0.415\text{m}]$、$z\in[0.78\text{m}, 1.38\text{m}]$、$\theta=0°$)的刚度分布如图 4.9 所示。由图可以看出，三个方向的位置刚度和转动刚度均关于 y=0 对称，这是由机床结构对称性决定的。Z 坐标变化对刚度的影响较小。Z 向位置刚度 10N/μm<K_z<16N/μm，Y 向位置刚度 8N/μm<K_y<16N/μm，X 向位置刚度 9.5N/μm<K_x<10.1N/μm。当 Z 坐标保持不变时，$y=0$ 点的 X 向和 Y 向位置刚度最差，而 Z 向位置刚度最好。机床 Z 向的转动刚度较差，X 向和 Y 向转动刚度较好。

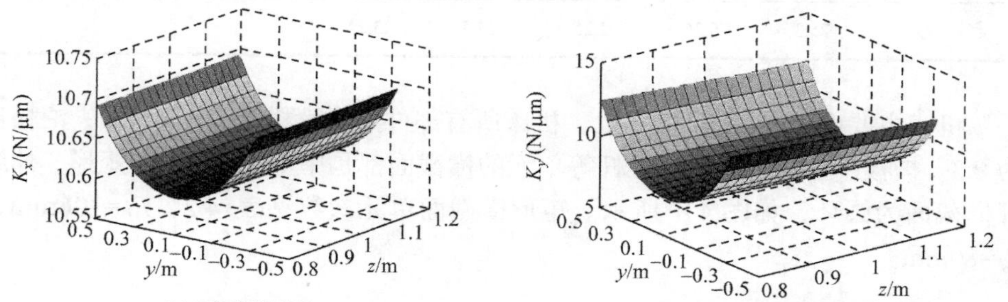

(a) X向位置刚度　　(b) Y向位置刚度

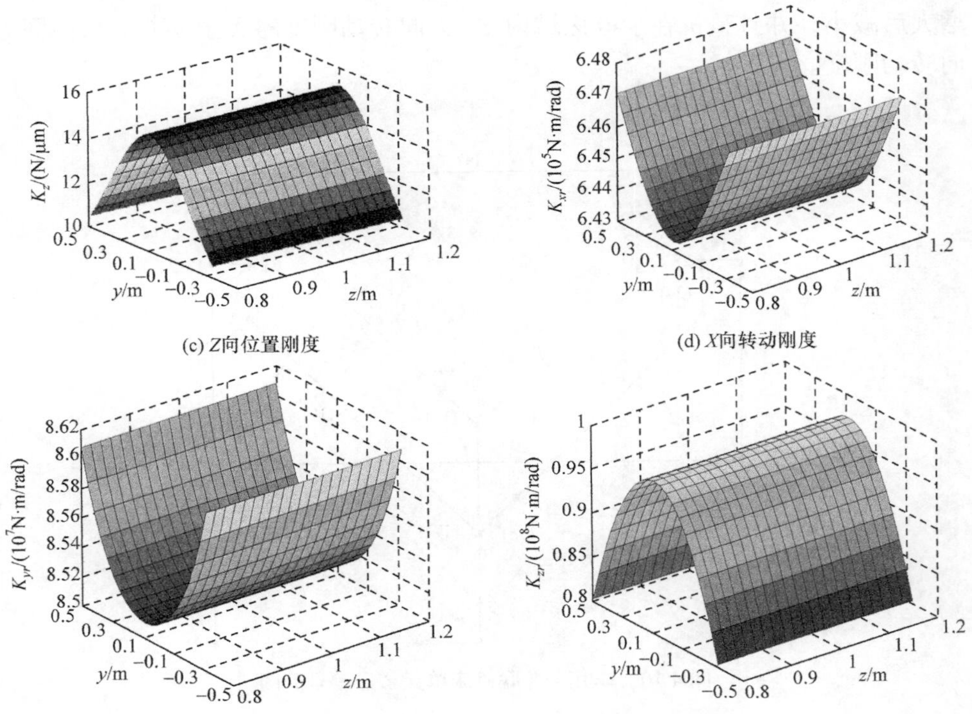

(c) Z向位置刚度　(d) X向转动刚度

(e) Y向转动刚度　(f) Z向转动刚度

图 4.9　驱动冗余并联机床刚度分布

4.3.2　非冗余并联机床整机刚度

将驱动冗余并联机床的一条伸缩杆去掉，得到非冗余并联机床。同样利用结构矩阵分析法可以建立非冗余并联机床的刚度模型，其单元节点编号如图 4.10 所示，刀头作为集中质量加于节点 10 上，节点 10 为施力点。

非冗余并联机床设计参数与驱动冗余并联机床相同，轴承与丝杠参数分别与驱动冗余并联机床轴承与丝杠参数相同。非冗余并联机床在 *O-YZ* 平面($y\in[-0.415\text{m}, 0.415\text{m}]$、$z\in[0.78\text{m}, 1.38\text{m}]$、$\theta=0°$)的刚度分布如图 4.11 所示，由图可以看出，三个方向的位置刚度和转动刚度不严格对称于 $y=0$ 平面，这是由结构的非对称性决定的。*Z* 坐标的变化对刚度的影响较小。*X* 向位置刚度为 $9.47\text{N/μm}<K_x<10\text{N/μm}$，*Y* 向位置刚度为 $8.36\text{N/μm}<K_y<13.6\text{N/μm}$，*Z* 向位置刚度为 $8.94\text{N/μm}<K_z<13.5\text{N/μm}$。当 *Z* 坐标保持不变时，$y=0$ 点的 *X* 向和 *Y* 向位置刚度最差，而 *Z* 向位置刚度最好。固定 *Z* 坐标，整机在 $y>0$ 区域内 *X*、*Y* 向位置刚度略大于 $y<0$ 区域内同方向位置刚度。机床 *Z* 向的转动刚度较差，*X*、*Y* 向转动刚度较好，这与驱动冗余并联机床刚度分布规律一致。固定 *Z* 坐标，*X* 向转动刚度沿 *Y* 向逐渐增加，*Y* 向转动刚度先减小后增加，*Z* 向转动刚度先

增大后减小，并且整机在 $y>0$ 区域内 Y、Z 向转动刚度略大于 $y<0$ 区域内同方向转动刚度。

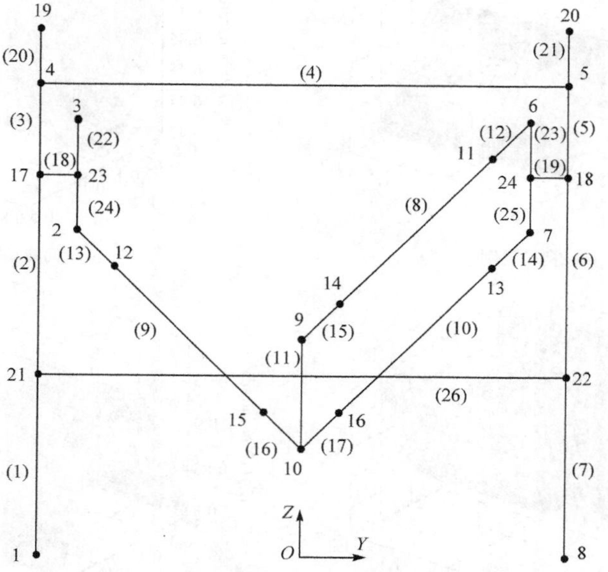

图 4.10　非冗余并联机床单元节点编号简图

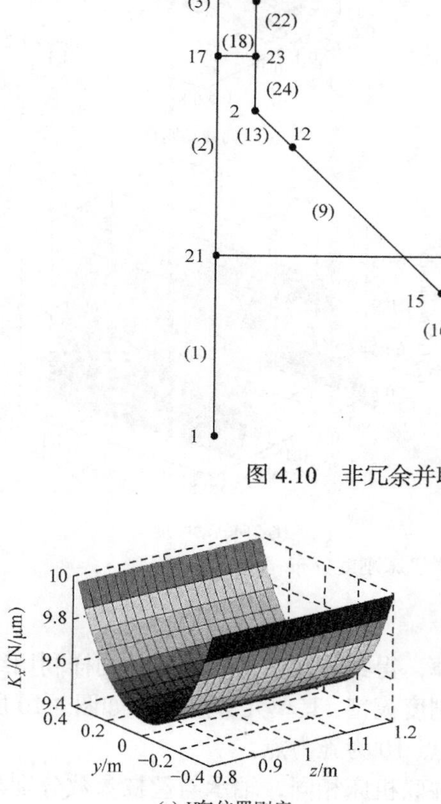

(a) X向位置刚度

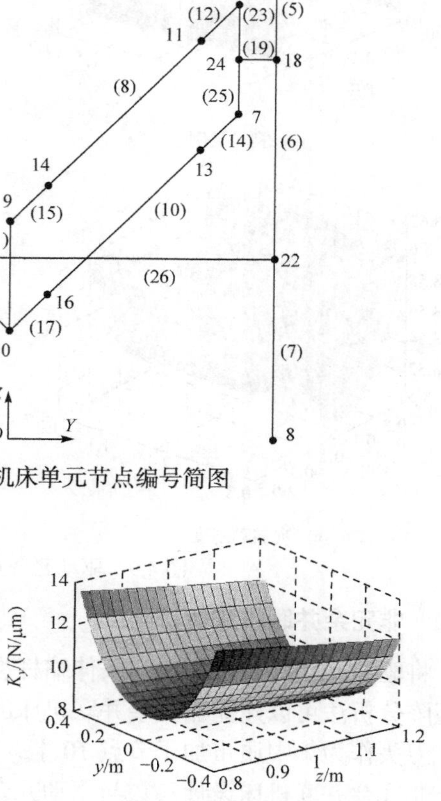

(b) Y向位置刚度

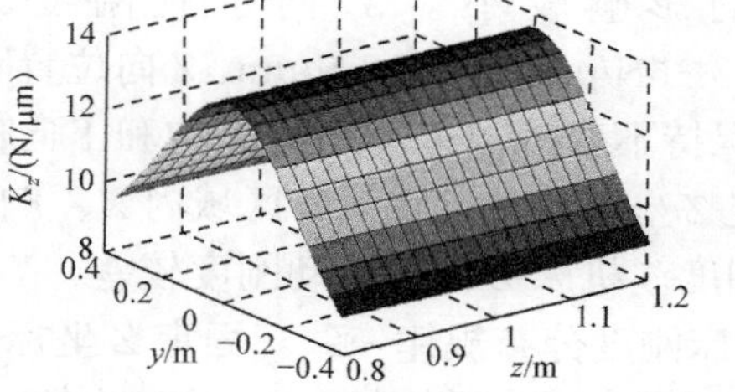

(c) Z向位置刚度

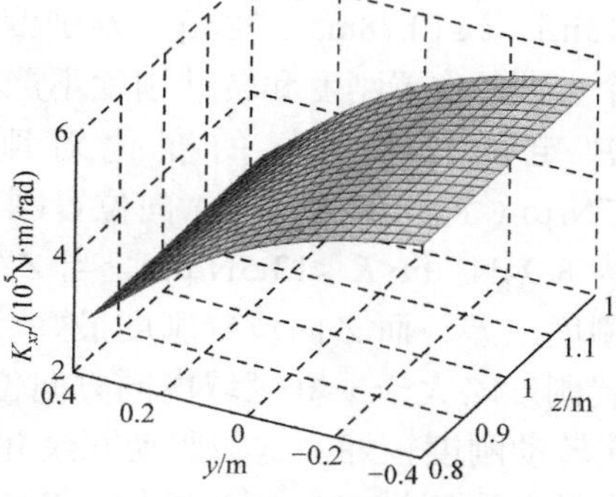

(d) X向转动刚度

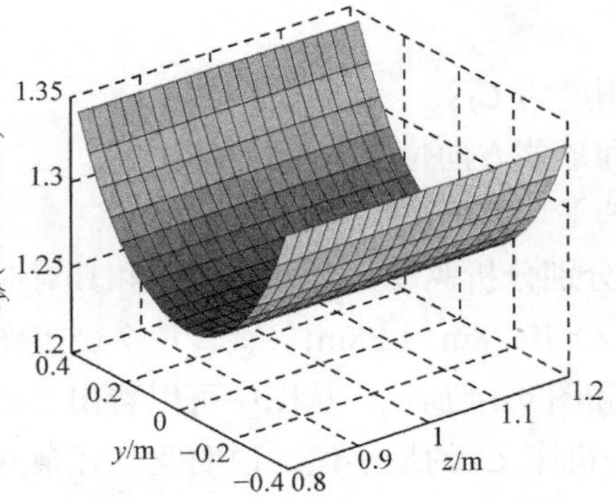

(e) Y向转动刚度

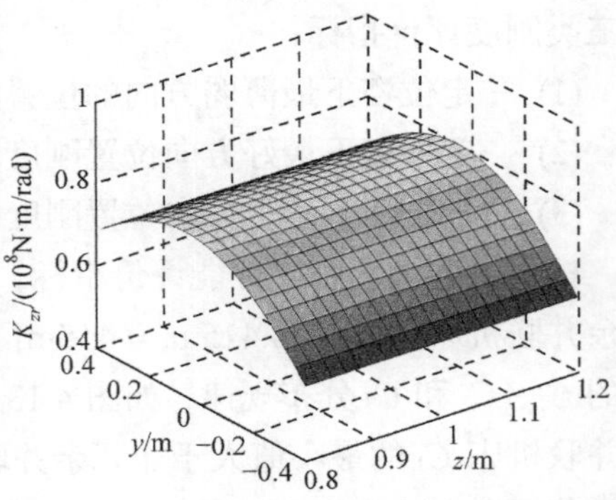

(f) Z向转动刚度

图 4.11　非冗余并联机床刚度分布

4.3.3　驱动冗余并联机床和非冗余并联机床刚度比较

为了说明驱动冗余对机床刚度的影响，对驱动冗余并联机床及对应的非冗余并联机床的刚度进行比较。由于机床刚度沿 Z 向变化不大，所以比较过程中指定 $y\in[-0.415\text{m}, 0.415\text{m}]$，$z$=1.16m，动平台旋转角 θ=0°。驱动冗余并联机床和非冗余并联机床位置刚度比较结果如图 4.12 所示，从图中可以看出，驱动冗余并联机床刚度分布完全对称，而非冗余并联机床刚度分布不完全对称，表明冗余支链对机床的刚度对称性影响较大。采用驱动冗余方式，机床 X 向刚度提高约 7.6%，Y 向刚度提高约 8.3%，Z 向刚度提高约 13.2%，冗余支链对 Z 向刚度影响最大。

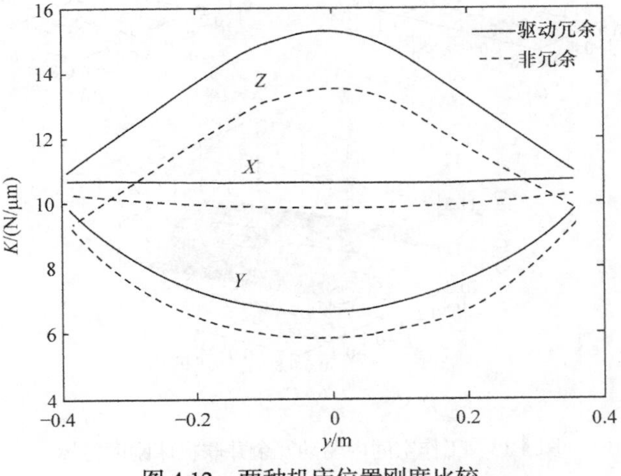

图 4.12　两种机床位置刚度比较

仅仅考察机床 X 向、Y 向、Z 向位置刚度和转动刚度不能反映出机床真正的薄弱刚度方向。为了研究机床在一定位姿下沿不同方向的刚度变化情况，定义以下三类刚度评价指标：

(1) 一定位姿下最薄弱方向的位置刚度为 C_1；

(2) 一定位姿下最好方向位置刚度和最差方向位置刚度比值为 C_2；

(3) 一定位姿下各个方向位置刚度的平均值为 C_3。

根据上述三个刚度性能评价指标，分别分析驱动冗余并联机床和其对应的非冗余并联机床在 $y\in[-0.415\text{m}, 0.415\text{m}]$、$z\in[0.78\text{m}, 1.38\text{m}]$、旋转角 θ=0°工作空间中的 C_1、C_2 和 C_3 分布规律，如图 4.13 和图 4.14 所示。从图中可以看出，驱动冗余并联机床 C_1 的最小值大于非冗余并联机床 C_1 的最小值，说明驱动冗余并联机床最薄弱方向的刚度大于非冗余并联机床最薄弱方向的刚度；在工作空间中，驱动冗余并联机床 C_2 值小于非冗余并联机床 C_2 值，也就是驱动冗余并联机床最好方向刚度和最差方向刚度比值小于非冗余并联机床最好方向刚度和最差方向刚度比值，从而说明驱动冗余并联机床的刚度在工作空间中变化不大；驱动冗余并联机床在 y=0 附近 C_3 值较大，非冗余并联机床在 y>0 附近 C_3 值较大。通过比较驱动冗余并联机床和非冗余并联机床在工作空间中的 C_1、C_2 和 C_3 值，可以看出驱动冗余并联机床的刚度比非冗余并联机床的刚度好。

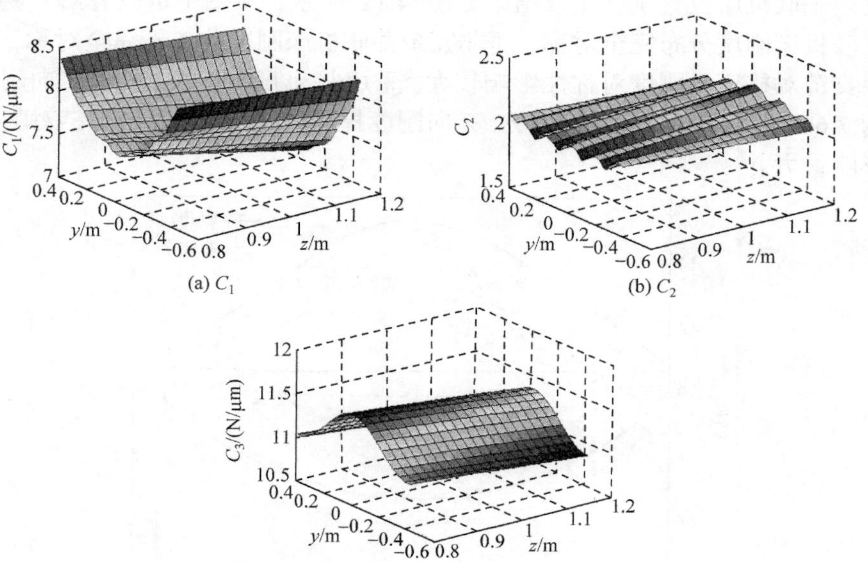

(a) C_1　(b) C_2　(c) C_3

图 4.13　工作空间内驱动冗余并联机床刚度指标

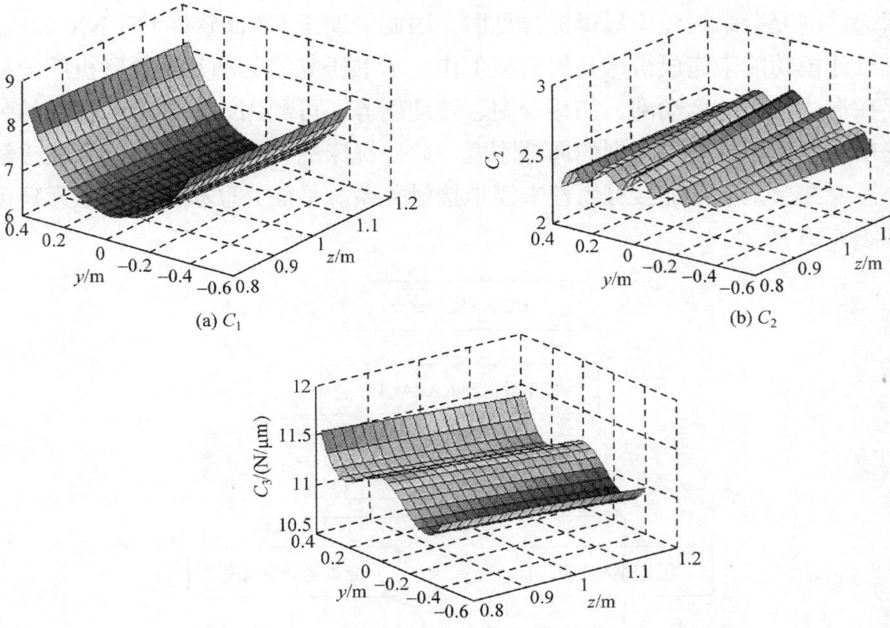

(a) C_1　(b) C_2

(c) C_3

图 4.14　工作空间内非冗余并联机床刚度指标

4.4　基于 ABAQUS 的刚度分析

自 1960 年 Clough[19]提出有限元法(finite element method, FEM)这一概念以来，随着计算机技术的高速发展，有限元法在工程技术领域得到了广泛的应用，从简单的弹性力学分析到复杂的弹塑性非线性分析；从最初只在航空工业中使用到目前广泛应用于机械设计制造、航空航天、汽车等领域；从最初的结构静力学分析到现在的结构动力学、热学、电磁学等多物理场的耦合分析。在短短的几十年时间里，有限元法得到了迅速的发展，在工程技术领域的各个方面也得到了广泛的应用[20,21]。

通用的商业有限元分析软件有很多种，在本章的有限元分析中使用的是 ABAQUS。ABAQUS 是一套功能强大的基于有限元法的工程模拟软件，它可以解决从相对简单的线性分析到极富挑战性的非线性模拟等各种问题[22-24]。本章利用 ABAQUS 分析驱动冗余并联机床及其对应的非冗余并联机床刚度，从而验证 4.3 节建立的刚度理论模型的准确性。由于 ABAQUS 的前处理功能并不强大，对于机床部件的复杂结构建模显得捉襟见肘，因此借助于CAD软件UG NX 2.0强大的三维建模功能来完成机床几何造型工作。本书研究的驱动冗余并联机床的结构中存在形式各异的运动副，如移动副、转动副等，可利用ABAQUS提供的弹簧阻尼单元来模拟这些运动副的局部刚度。此外机床的各部件之间可能存在接触关系，需要在模型中添加接触属性来模拟接触关系。平面并联机床的有限元建模过程如图4.15所示。

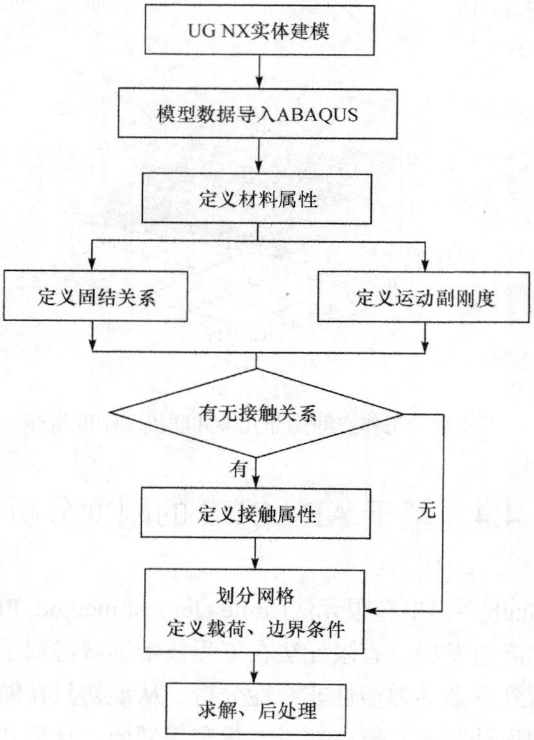

图4.15　有限元建模流程

ABAQUS分析模型结构复杂，计算耗费大量机时，因此采用 A (y=–300mm, z=280mm, $\theta=0°$)、B (y=–100mm, z=280mm, $\theta=0°$)、C (y=0mm, z=280mm, $\theta=0°$)、D (y=100mm, z=280mm, $\theta=0°$)和 E (y=300mm, z=280mm, $\theta=0°$)五个位姿点来衡量机床的刚度分布情况。这五个位姿点关于 y=0 对称，将力 F_x=(1000N, 0N, 0N)、F_y=(0N, 1000N, 0N)和 F_z=(0N, 0N, 1000N)分别作用于刀头点，得到机床五个位姿下的变形，其中在位姿点 C 的变形如图4.16所示。综合比较三个方向的应力图可知，立柱在 F_z 作用下发生较大变形，平均变形量为2.4μm，总体而言，立柱变形量很小，仍需保证立柱与基座固结；护板在 F_y 作用下产生较

大变形，平均变形量为 40μm。机床的主轴箱、连杆和曲柄变形量均很大，是机床的刚度薄弱环节，最大变形量达到 130μm，在机床的结构优化中要提高上述零部件的刚度来优化整机刚度。

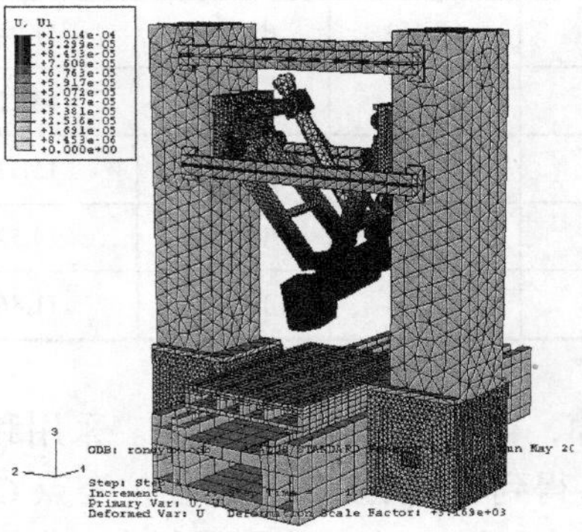

(a) F_x作用下X向变形

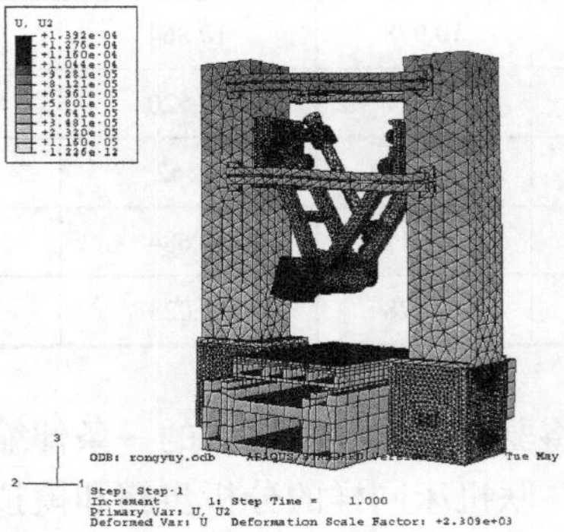

(b) F_y作用下Y向变形

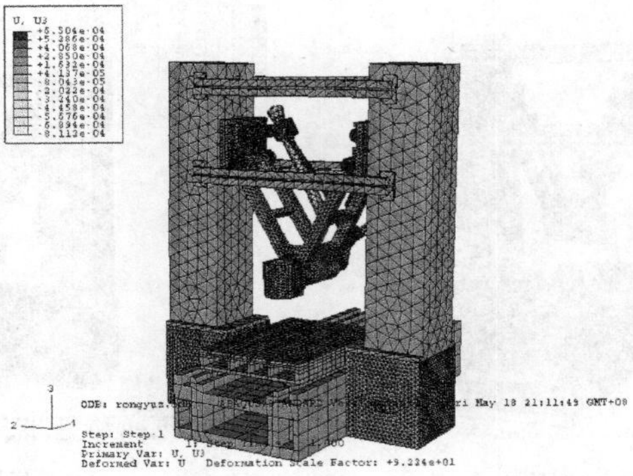

(c) F_z作用下Z向变形

图 4.16　驱动冗余并联机床 C 点变形图(单位：m)

冗余机床在其他四个位姿点的变形情况与 C 点类似，这里给出机床在五个位姿点的有限元分析结果，如表 4.3 所示。为了与理论分析结果进行比较，表中也给出这五个位姿点刚度的理论分析结果。通过对比可以发现有限元分析结果略低于理论模型得到的数值。这是因为在有限元模型中，机床各零部件的结构相对理论模型更加复杂，接触面更多，所以导致整机刚度略低于理论模型。在有限元模型中，Z 向刚度最大，X、Y 向刚度略差；Z 向刚度沿 Y 坐标先增大后减小，X、Y 向刚度沿 Y 坐标先减小后增大；五个位姿点的刚度关于 y=0 平面近似对称，这与理论模型得到的刚度分布规律相似。

表 4.3　驱动冗余并联机床刚度有限元分析结果

位姿点	X 向刚度/(N/μm)		Y 向刚度/(N/μm)		Z 向刚度/(N/μm)	
	理论值	FEA 结果	理论值	FEA 结果	理论值	FEA 结果
A	10.978	10.864	10.829	10.012	11.934	11.942
B	10.717	10.520	7.275	7.163	14.954	14.256
C	10.688	9.862	7.110	7.184	15.497	15.511
D	10.717	10.684	7.275	7.204	14.954	14.524
E	10.978	11.023	10.829	10.103	11.934	11.862

将驱动冗余并联机床的一条伸缩杆去掉，得到非冗余并联机床。采用和驱动冗余并联机床同样的分析步骤和模拟方法，得到非冗余并联机床在位姿点 *C* 的变形如图 4.17 所示。综合比较三个方向的应力图可知，立柱变形量很小，仍需保证

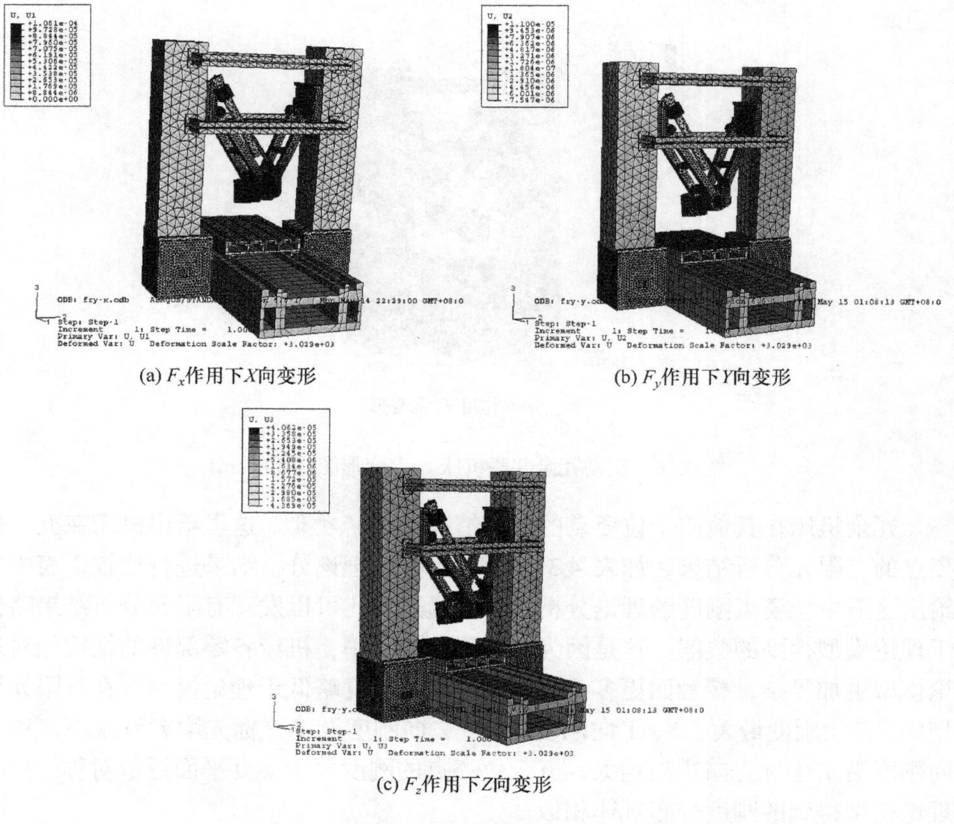

(a) F_x作用下X向变形

(b) F_y作用下Y向变形

(c) F_z作用下Z向变形

图 4.17　非冗余并联机床 *C* 点变形图(单位：m)

立柱与基座固结。同样给出非冗余并联机床在五个位姿点的刚度有限元分析结果，如表 4.4 所示。为了方便对比，表中还给出了理论模型计算结果。两种机床的仿真结果和理论模型计算结果相近，FEA 结果验证了理论模型的准确性。同时由于 FEA 模型考虑的因素较多，部件结构与实际机床一致，更能准确地反映机床的真实刚度。

表 4.4　非冗余并联机床刚度有限元分析结果

位姿点	X 向刚度/(N/μm)		Y 向刚度/(N/μm)		Z 向刚度/(N/μm)	
	理论值	FEA 结果	理论值	FEA 结果	理论值	FEA 结果
A	10.864	10.624	8.380	8.012	12.393	11.568
B	10.627	10.325	6.472	6.246	15.679	12.104
C	10.606	9.425	6.284	6.161	16.335	15.274
D	10.639	10.437	6.481	6.374	15.024	14.768
E	10.886	10.826	8.438	8.143	12.863	12.904

4.5　机床部件对整机刚度的影响

4.5.1　曲柄厚度对整机刚度的影响

曲柄是连接摆臂和伸缩杆的关键部件，曲柄的刚度对机床静态性能有重要影响。由前文分析可以看出机床在 Z 向刚度变化不大，为了研究方便，取机床工作空间 $y\in[-0.415\text{m}, 0.415\text{m}]$、$z$=1.16m、$\theta=0°$。图 4.18 给出了曲柄的结构图，其中曲柄厚度为 b。曲柄厚度影响机床的刚度，改变厚度 b 的数值，机床在 X、Y、Z 向的刚度就会改变，如图 4.19 所示。从图中可以看出，整机 X 向刚度从 10.8N/μm 增加到 24.5N/μm，提高为原来的 2.3 倍，Y、Z 向刚度基本没有变化。图 4.20 给出了机床在位姿点 y=0mm、z=1.16m、$\theta=0°$ 时，刚度评价指标和曲柄厚度之间的变化规律。整机最小刚度不变，平均刚度增加 17%，而最大刚度和最小刚度比增加 76%，因此可以在空间允许情况下适当增加曲柄厚度来提高机床 X 向刚度。

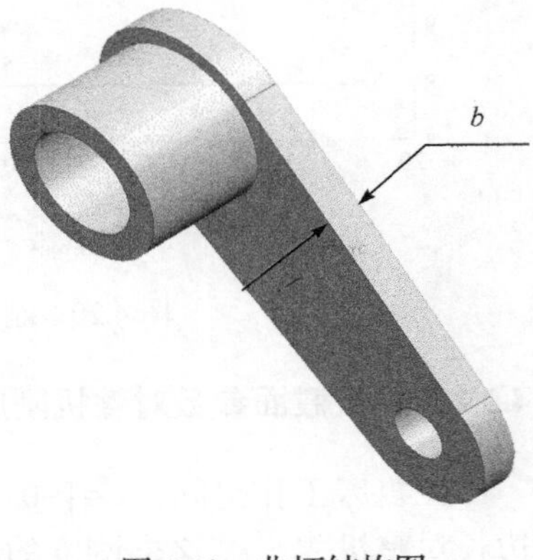

图 4.18　曲柄结构图

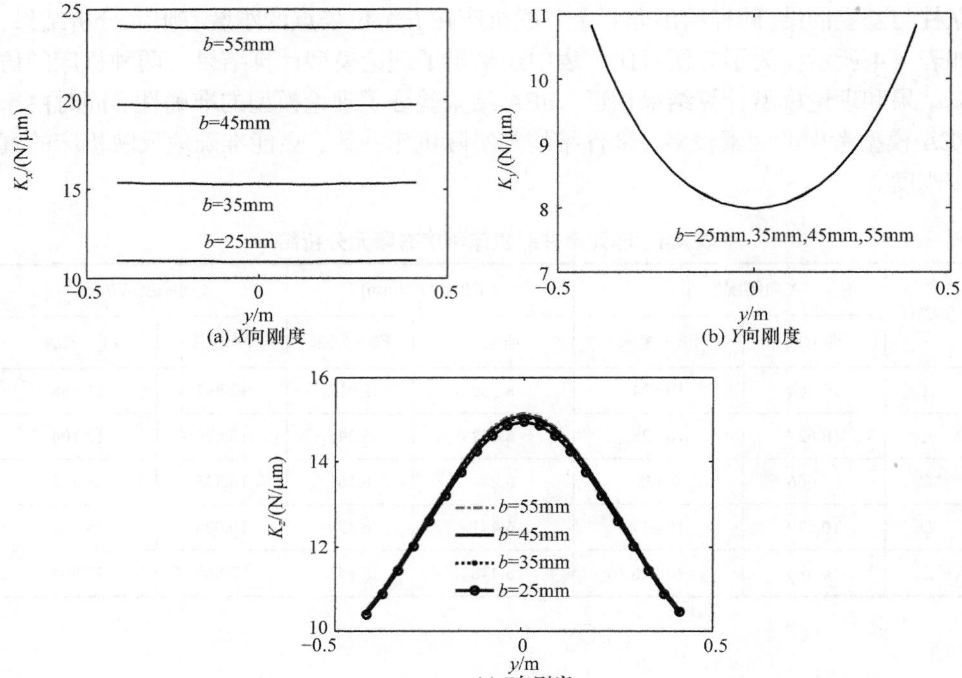

(a) X向刚度　　(b) Y向刚度

(c) Z向刚度

图 4.19　机床刚度与曲柄厚度之间的关系曲线

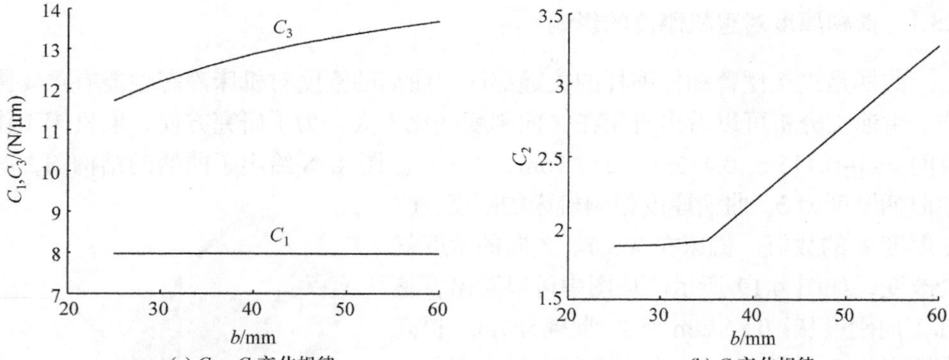

(a) C_1、C_3变化规律　　(b) C_2变化规律

图 4.20　刚度评价指标随曲柄厚度的变化规律

4.5.2　护板截面参数对整机刚度的影响

在机床工作空间：$y\in[-0.415\text{m},\ 0.415\text{m}]$、$z$=1.16m、$\theta$=0°内，考察护板截面边长对整机 X、Y、Z 向刚度的影响。设护板截面宽度为 w、高度为 h，将截面宽

度 w 从 62mm 提高到 102mm，得到机床 X、Y、Z 向刚度的变化图和刚度评价指标。图 4.21 为 w 变化时机床的刚度变化图。图 4.22 为机床在位姿点 y=0m、z=1.16m、θ=0°时刚度评价指标的变化规律。可以看出，X、Z 向刚度变化不大，Y 向刚度增加 60%；整机最小刚度不变，平均刚度和最大刚度与最小刚度比变化都很小。

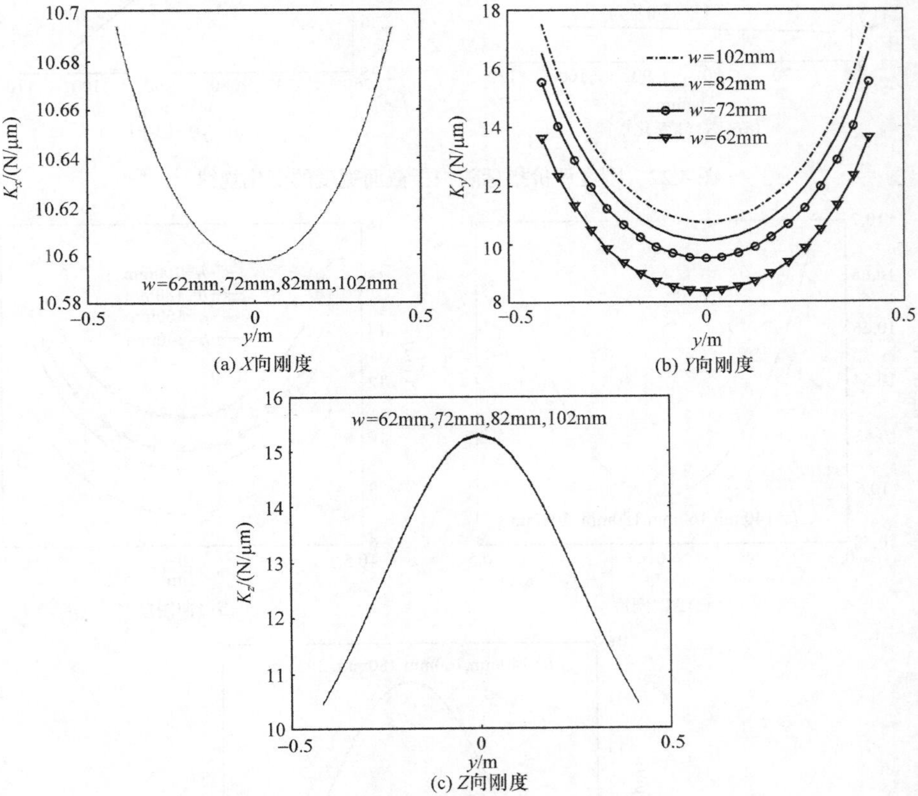

(a) X向刚度　(b) Y向刚度　(c) Z向刚度

图 4.21　机床刚度与截面宽度之间的关系曲线

将截面高度 h 从 140mm 提高到 200mm，可以得到机床 X、Y、Z 向刚度的变化图和刚度评价指标。图 4.23 为在工作空间内机床的 X、Y、Z 向刚度分布情况。图 4.24 为机床在位姿点 y=0m、z=1.16m、θ=0°时刚度评价指标的变化规律。可以看出，X、Z 向刚度变化不大，Y 向刚度增加 40.2%；整机最小刚度不变，平均刚度和最大刚度与最小刚度比变化都很小。综合来看，提高护板截面尺寸，Y 向刚度有显著提高。

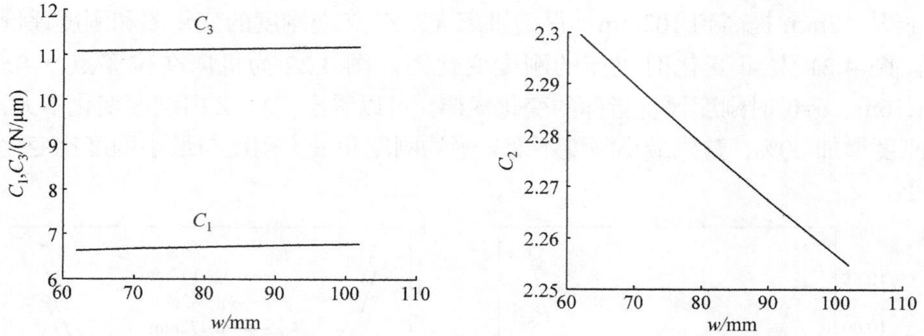

(a) C_1、C_3变化规律　　(b) C_2变化规律

图 4.22　刚度评价指标随护板截面宽度的变化规律

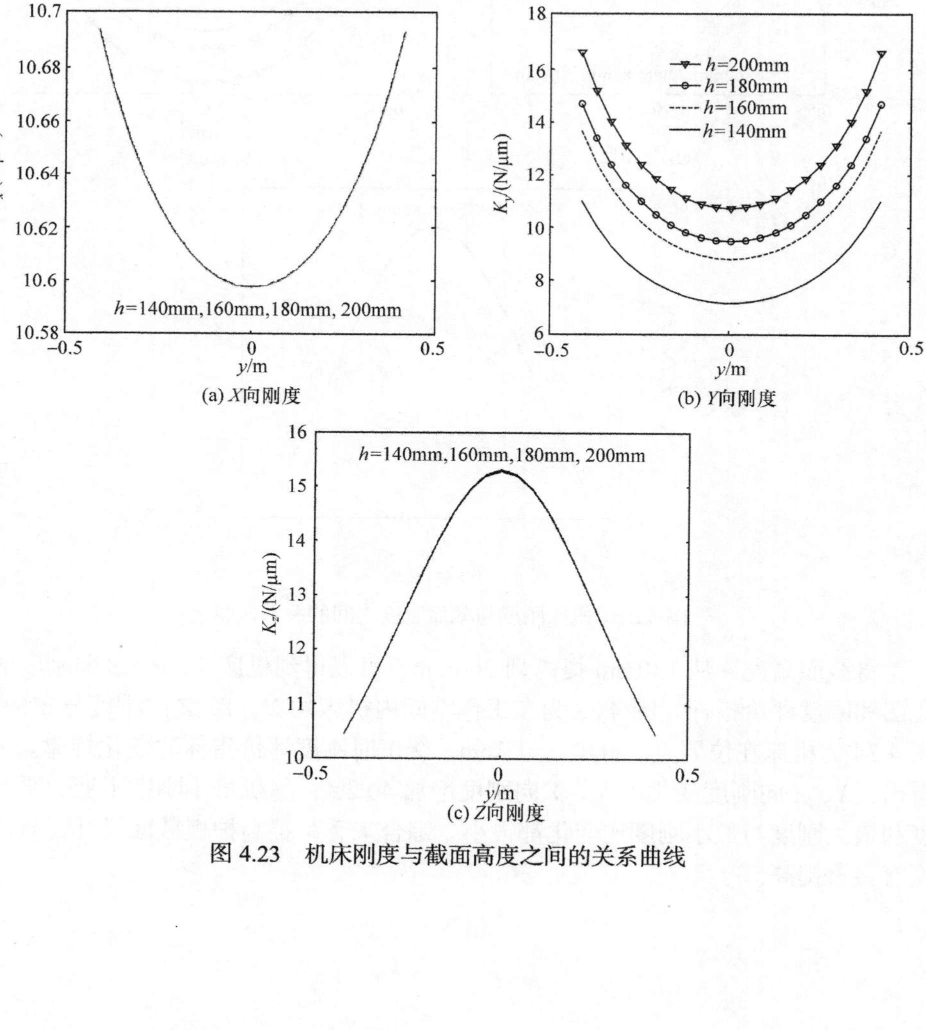

(a) X向刚度　　(b) Y向刚度

(c) Z向刚度

图 4.23　机床刚度与截面高度之间的关系曲线

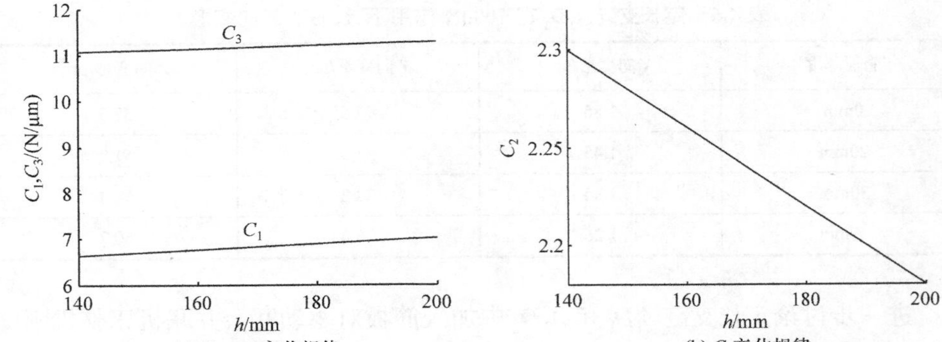

(a) C_1、C_3变化规律　(b) C_2变化规律

图 4.24　刚度评价指标随截面高度的变化规律

4.5.3　连杆结构对整机刚度的影响

由有限元模型可知，连杆的剪切变形是整机 Y 向变形的主要来源。分别通过在定长支链 A_iD_i 中加入交叉筋板提高连杆自身刚度，进而提高整机刚度，如图 4.25 所示。

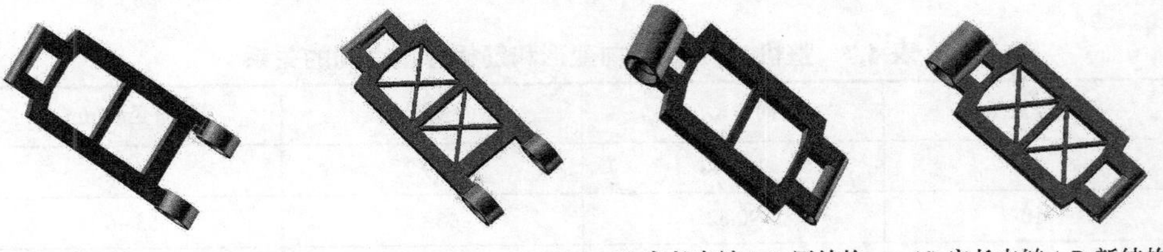

(a) 定长支链A_1D_1原结构　(b) 定长支链A_1D_1新结构　(c) 定长支链A_2D_2原结构　(d) 定长支链A_2D_2新结构

图 4.25　连杆修改前后结构图

为了观察连杆采用不同结构时的变形情况，对单个连杆底端施加 1000N 的力。表 4.5 和表 4.6 分别给出了定长支链 A_1D_1 和 A_2D_2 中加入的交叉筋板厚度从 0mm 提高到 40mm，定长支链 A_1D_1 和 A_2D_2 自身的变形情况。从表中可以看出，定长支链 A_1D_1 和 A_2D_2 的 X、Z 向变形略有减小，因此随着筋板厚度的增加，X、Z 向刚度提高不大。定长支链 A_1D_1 的 Y 向变形从 84.7μm 降低到 26.7μm，定长支链 A_2D_2 的 Y 向变形从 77.6μm 降低到 26.0μm，因此定长支链 A_1D_1 和 A_2D_2 的 Y 向刚度提高了将近 1 倍，从而说明提高筋板厚度可以显著提高 Y 向刚度。

表 4.5　定长支链 A_1D_1 在 1000N 作用下 X、Y、Z 向变形

筋板厚度	X 向变形/μm	Y 向变形/μm	Z 向变形/μm
0mm	1.3	84.7	53
20mm	1.27	42.8	52.3
30mm	1.24	32.4	51.6
40mm	1.22	26.7	51

表 4.6　定长支链 A_2D_2 在 1000N 作用下 X、Y、Z 向变形

筋板厚度	X 向变形/μm	Y 向变形/μm	Z 向变形/μm
0mm	1.86	77.6	52.5
20mm	1.45	38.3	51.8
30mm	1.34	28.2	51.3
40mm	1.26	26.0	50.7

进一步讨论定长支链 A_1D_1 和 A_2D_2 中加入筋板对驱动冗余并联机床整机刚度的影响。当驱动冗余并联机床刀头处在位姿点 y=0m、z=1.16mm 时，在动平台上沿 X、Y 和 Z 向分别加 1000N 的力。表 4.7 给出了整机 X、Y 和 Z 向变形和筋板厚度之间的关系。随着筋板的加厚，整机 X、Y 和 Z 向变形都降低，其中 X 向变形变化显著。加入 20mm 厚的筋板，整机 X 向刚度提高 39.2%，Y 向刚度提高 8.5%，Z 向刚度提高 2.5%，加入筋板后对整机的 X 向刚度提高最大，而 Y、Z 向刚度提高较小。综合考虑连杆质量和刚度的要求，筋板厚度设计为 15mm。

表 4.7　整机 X、Y、Z 向变形和筋板厚度之间的关系

筋板厚度/mm	X 向变形/μm	Y 向变形/μm	Z 向变形/μm
0	101.40	139.2	64.47
10	90.62	132.5	63.46
20	72.85	128.2	62.9
30	70.43	126.2	62.18
40	68.71	124.4	61.43

4.5.4　轴承径向刚度及丝杠刚度对整机刚度的影响

轴承是整机刚度的薄弱环节，可以通过调整轴承的游隙来提高轴承的径向刚度。图 4.26 给出了机床整机刚度随轴承径向刚度的变化规律，其中轴承径向刚度分别为 200N/μm、400N/μm、600N/μm 和 800N/μm，工作空间为 $y\in[-0.415\text{m}, 0.415\text{m}]$、$z$=0.585m、$\theta$=0°。从图中可以看出，整机 X 向刚度平均提高 3.3%，Y 向刚度平均提高 53.3%，Z 向刚度平均提高 43.8%。轴承径向刚度对整机 X 向刚度几乎没有影响，而对于 Y、Z 向刚度影响显著。图 4.27 是机床刀尖点在 y=0m、z=1.16m、动平台摆角 θ=0°时刚度评价指标 C_1、C_2 和 C_3 随着轴承刚度的变化图。机床平均刚度提高 35.7%，最小刚度提高 48.2%，最大刚度和最小刚度比降低 3%，提高轴承径向刚度对整机静态性能有很大改善。

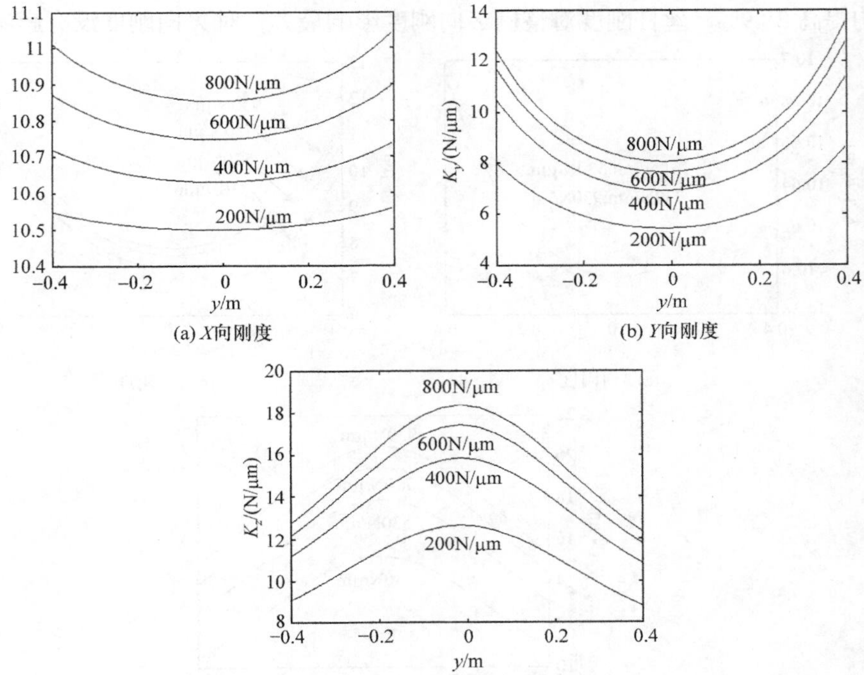

(a) X向刚度　(b) Y向刚度

(c) Z向刚度

图 4.26　机床整机刚度随轴承径向刚度的变化规律

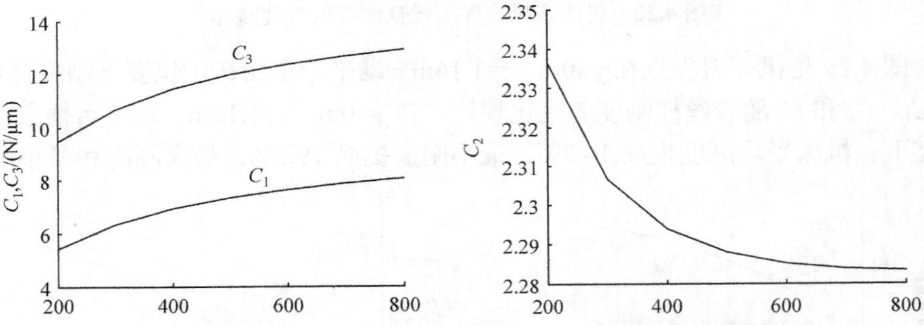

(a) C_1、C_3变化规律　(b) C_2变化规律

图 4.27　刚度评价指标随轴承径向刚度的变化规律

滚动直线导轨滑台为机床关键连接件，其中丝杠对整机 Y 向刚度有影响，这里增加丝杠刚度 K_s 考察其对整机刚度的影响情况。图 4.28 是丝杠刚度为 330N/μm、530N/μm、730N/μm 和 930N/μm 时，机床整机刚度变化图，其中 $y\in[-0.415\text{m}, 0.415\text{m}]$、$z$=0.585m、$\theta$=0°。从图中可以看出，丝杠刚度从 330N/μm 增加到 930N/μm，整机 X 向刚度没有提高，Y 向刚度平均提高 23.1%，Z 向刚度

平均提高 38.9%，丝杠刚度对整机 Z 向刚度影响最大，对 X 向刚度没有影响。

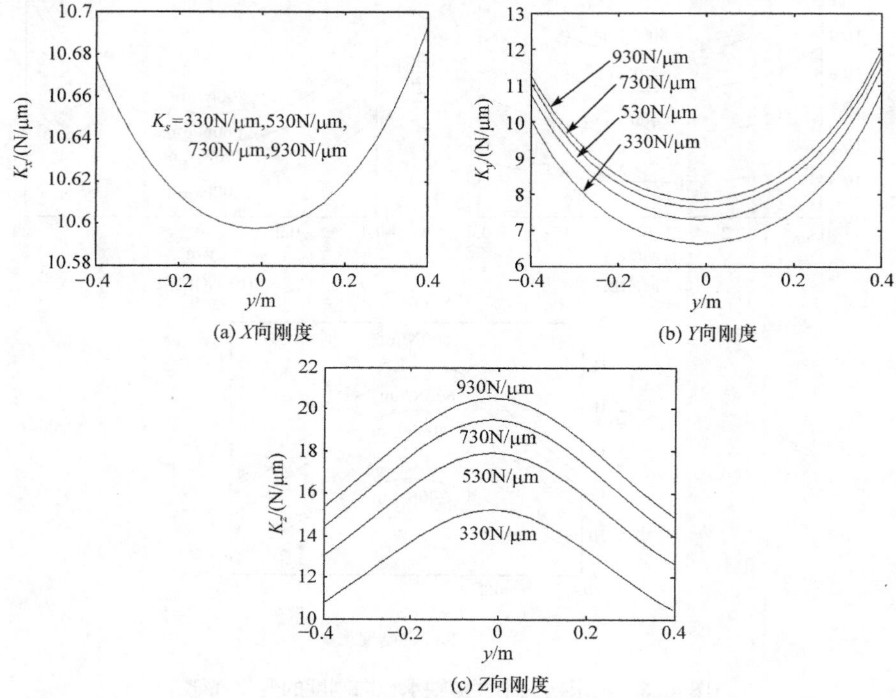

图 4.28　机床整机刚度随丝杠刚度的变化规律

图 4.29 是机床刀尖点在 y=0m、z=1.16m、动平台摆角 θ=0°位姿下刚度评价指标 C_1、C_2 和 C_3 随着丝杠刚度的变化规律。在 y=0m、z=1.16m、动平台摆角 θ=0°位姿下，机床平均刚度提高 14.7%，最小刚度提高 19.2%，最大刚度和最小刚度

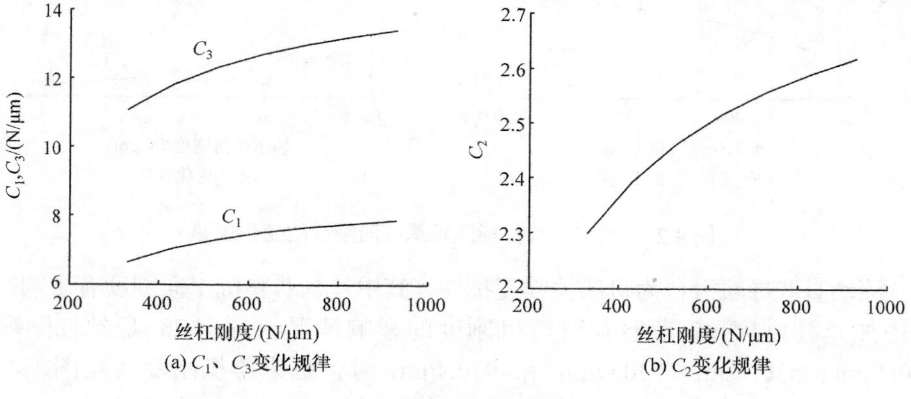

图 4.29　刚度评价指标随丝杠刚度的变化规律

比增加 14.0%。

立柱截面和护板跨距等其他的一些机构参数对机床刚度也有影响，但是影响不大，这里不作详细讨论。综合考虑上述部件优化结果可以发现：连杆内筋板厚度对机床 X 向刚度影响很大，考虑空间和质量等因素对筋板厚度进行了优化；轴承径向刚度对机床 Y 向刚度影响很大，优化尺寸时要综合考虑空间限制和质量等因素；丝杠刚度和轴承径向刚度对机床 Z 向刚度影响很大，可以通过提高预紧力的方法来提高刚度，综合考虑寿命和刚度的影响可以给出适当的轴承和丝杠预紧系数，提高整机 Z 向刚度。

4.6 刚 度 实 验

4.6.1 实验原理及结果

实验过程中对动平台(主轴箱)逐步施加一定方向的静载荷，测量动平台的变形量，利用载荷和变形量计算整机刚度。因此，只需测量变形量和力两个物理量，实验原理如图 4.30 所示。通过螺旋增力机构来施加静载荷，载荷的数值可以通过仪表显示器读出，动平台变形量通过千分表读出。每次测量之前通过预加载荷来消除间隙的影响，通过读千分表位移差来计算机床的变形量。

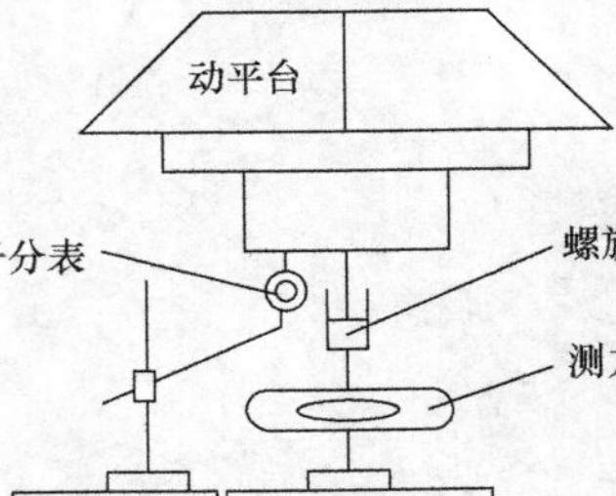

(a) Z向刚度测量示意图

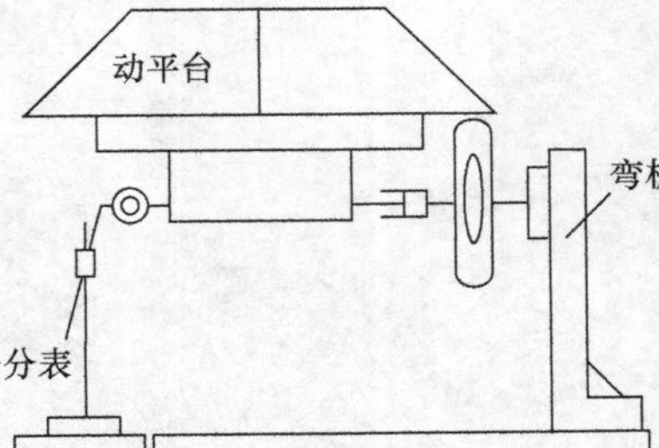

(b) Y向刚度测量示意图

图 4.30　实验原理示意图

基于图 4.30 的实验原理，首先测量本书研究的驱动冗余并联机床对应的非冗余并联机床的刚度。选择 4.4 节的五个位姿点 A、B、C、D 和 E 分别测量其刚度。为了减少随机误差，对每个方向刚度测量 3 次，然后取刚度的平均值作为测量结果。表 4.8 给出了非冗余并联机床在 X、Y 和 Z 向的刚度。通过表 4.4 和表 4.8 可以看出，理论分析结果和有限元软件仿真结果要比实验结果大，但是相差不大。

表 4.8　非冗余并联机床刚度实验结果

主轴箱位置/mm	X 向刚度/(N/μm)	Y 向刚度/(N/μm)	Z 向刚度/(N/μm)
(−300, 280)	10.313	7.447	11.123
(−100, 280)	10.012	6.024	11.536
(0, 280)	7.516	5.699	14.439
(100, 280)	10.267	6.167	13.124
(300, 280)	10.698	4.376	12.526

进一步，采用同样的实验方法测量本书研究的驱动冗余并联机床的刚度。实验过程中，仍然选择 A、B、C、D 和 E 五个位姿点，测量其刚度，刚度实验现场如图 4.31 所示。表 4.9 给出了驱动冗余并联机床在 X、Y 和 Z 向的刚度。通过表 4.3 和表 4.9 可以看出，理论分析结果和有限元仿真结果要比实验结果大。其原因是理论分析模型没有考虑所有结合面的接触刚度，铰链的刚度也与实际刚度有偏差，部件结构作了简化处理，有限元模型没有考虑部件的重力等引起的变形，铰链模型也和实际有差别。但三种方法得到的刚度结果相差不大，X、Y 向刚度是从中间到两端逐渐变大，而 Z 向刚度从中间到两端逐渐变小。Z 向刚度大于 X、Y 向刚度，理论分析模型、有限元仿真模型和刚度实验得到的刚度分布规律相似，因此刚度实验验证了理论分析模型和有限元仿真模型的准确性。

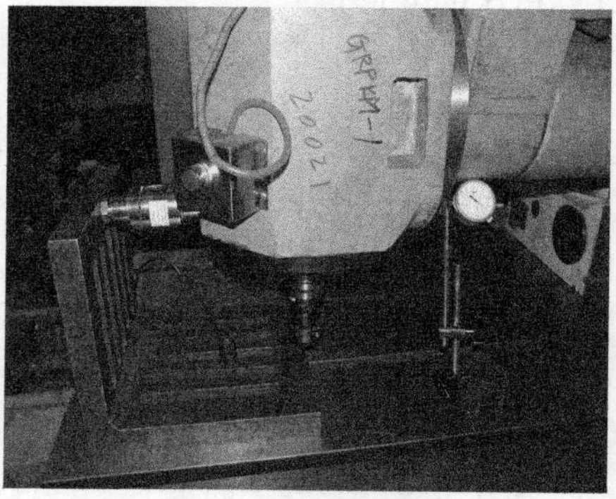

(a) X 向刚度测量现场图

(b) Y 向刚度测量现场图

图 4.31　驱动冗余并联机床刚度测量现场图

表 4.9　驱动冗余并联机床刚度实验结果

主轴箱位置/mm	X 向刚度/(N/μm)	Y 向刚度/(N/μm)	Z 向刚度/(N/μm)
(−300, 280)	10.775	9.148	11.834
(−100, 280)	10.304	6.991	11.986

续表

主轴箱位置/mm	X 向刚度/(N/μm)	Y 向刚度/(N/μm)	Z 向刚度/(N/μm)
(0, 280)	8.056	6.444	14.469
(100, 280)	10.401	6.885	12.034
(300, 280)	11.424	10.401	12.545

4.6.2　刚度实验结果分析

4.6.1 节对机床的刚度进行了实验研究，这里采用实验方法分析机床 X、Y 和 Z 向的变形，找到影响机床终端变形的因素。

1. X 向变形分析

首先考察 X 向变形，移动主轴箱到位置 y=0mm、z=280mm、摆角 θ=0°。在此位姿下进行如图 4.32 所示测量，首先将千分表测杆对准两连杆相交轴后端，即图中 O_a 位置，测得 O_a 点变形 μ_a，然后将千分表测杆对准连杆右侧中部 O_b 点，测得连杆 O_b 点变形 μ_b，再将测杆对准连杆上端 O_c、O_d 点，测得变形量 μ_c、μ_d，最后利用千分表测量连杆上端左侧 O_e 点的变形量 μ_e。螺旋增力器每增加 20kgf(1kgf = 9.8N)的力，O_a 点变形量约为 14μm，O_b 点变形量为 7μm，O_c 点变形量为 2μm，O_d、O_e 点几乎没有变形。

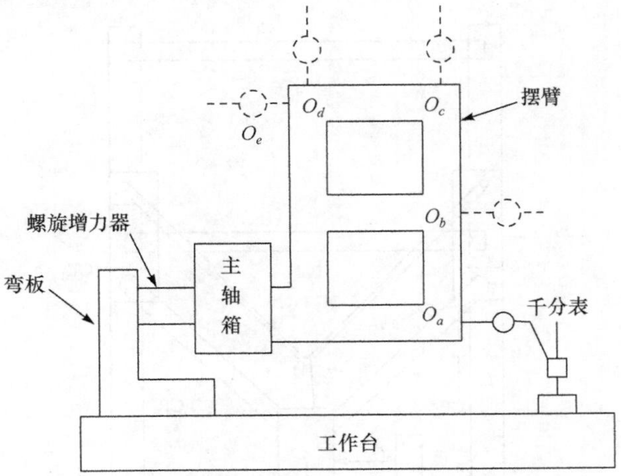

图 4.32　驱动冗余并联机床 X 向变形测量示意图

在静载荷作用下，O_a、O_b 两点呈线性变形关系，连杆的右端线发生了倾斜，但仍保持一条直线；O_c 点发生变形、O_d 点没有变形，表明连杆发生了旋转运动；

O_e点没有变形，表明连杆没有发生平移。主要变形来自于连杆的剪切变形以及连杆旋转：连杆旋转变形导致 O_a 点位移为 6μm，其他变形主要来自于连杆的剪切变形，为 8μm。

2. *Y* 向变形分析

利用螺旋增力器在主轴箱左端施加 *Y* 向静载荷，千分表测杆分别对准主轴箱的右侧 CP_a 和连杆下端右侧 CP_b 两点。增力器每增加 20kgf 的力，测得 CP_a 点变形量约为 23μm，CP_b 点变形量约为 10μm。测量 CP_a 和 CP_b 两位置的变形时，千分表均固定在工作台上，在静载荷作用下工作台会相对于主轴箱发生反方向的运动，工作台的变形对测量结果有一定影响。

将千分表测杆对准如图 4.33 所示的位置 CP_5，每增加 20kgf 的力得到工作台的变形量 V_5 约为 2μm，考虑工作台变形的影响，CP_a、CP_b 两处实际变形量 V_A 和 V_B 约为 21μm 和 8μm。变形量的差值主要来自于轴承的径向变形。下面考察 CP_b 处变形量的来源，将千分表测杆分别对准如图 4.33 所示的 CP_1、CP_2、CP_3、CP_4 位置，其中 CP_1、CP_2 为立柱的外侧，CP_3、CP_4 为导轨滑台底部，得到 4 个位置变形量：CP_1 位置变形量 V_1 约为 5μm，CP_2 位置几乎没有变形，CP_3、CP_4 位置变形量 V_3、V_4 均约为 3μm，但变形方向相反。上述变形量折算到水平方向变形总量为

$$\Delta_y = V_1 + V_2 + V_3\sin60° + V_4\sin60° \approx 8\mu m = V_B \tag{4-25}$$

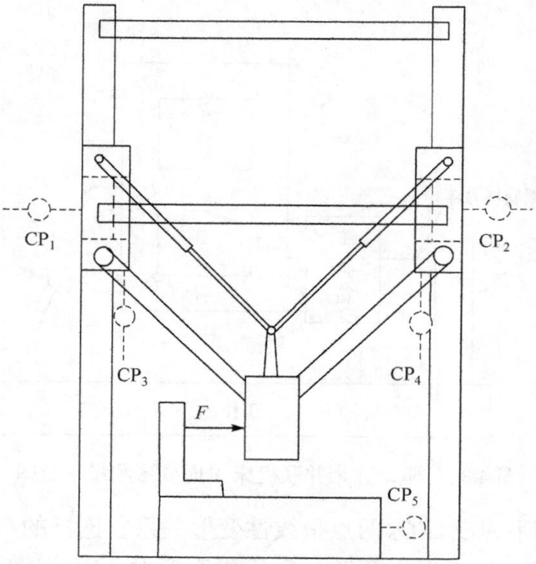

图 4.33　驱动冗余并联机床 *Y* 向变形探测示意图

变形量 V_1 主要是由机床左立柱底端没有与地基固结以及护板的刚度比较差导致的。由于立柱上的导轨滑台系统由电机带动滚珠丝杠驱动，在 Y 向力的作用下，左右两个滑台变形量是相反的，从而造成了误差的累加，使得机床 Y 向变形大。综上所述，可以通过增加轴承、滚珠丝杠刚度以及增加护板刚度等方式来提高 Y 向刚度。

3. Z 向变形分析

如图 4.34(a)所示，将千分表打在主轴箱上端部观察变形量。在主轴箱下端增加力，每增加 20kgf 的力主轴箱 Z 向变形量约为 13μm。同样在主轴箱的下端加力，将千分表打在连杆下端观察变形量，如图 4.34(b)所示，每增加 20kgf 的力，变形量为 3μm。由实验可知，连杆下端连接轴的圆柱滚子轴承是变形的主要来源，可以通过增加轴承的预紧力来提高轴承径向刚度，进而提高整机的 Z 向刚度。

(a) 主轴箱变形测量

(b) 连杆下端变形测量

图 4.34　Z 向变形测量现场图

通过对驱动冗余并联机床连接轴(连接连杆和主轴箱的轴)轴承游隙的调整，得到轴承预紧后整机的刚度。在位姿点 y=0mm、z=760mm、θ=0°，对机床刚度进行测量，得到刚度优化后机床 X、Y 和 Z 向刚度，并与预紧轴承之前的刚度进行比较，如表 4.10 所示。整机 X 向刚度提高 52.7%，Y 向刚度提高 1.28 倍，Z 向刚度提高 88.4%。因此，轴承刚度对 Y、Z 向刚度影响很大，进一步验证了刚度实验分析结论。

表 4.10　机床在位姿点 y=0mm、z=760mm 的刚度

位置刚度	X 向刚度/(N/μm)	Y 向刚度/(N/μm)	Z 向刚度/(N/μm)
轴承预紧前	8.056	6.444	14.439
轴承预紧后	12.3	14.7	27.2

参 考 文 献

[1] Wang M X, Liu H T, Huang T, et al. Compliance analysis of a 3-SPR parallel mechanism with consideration of gravity. Mechanism and Machine Theory, 2015, 84: 99-112.

[2] Pashkevich A, Chablat D, Wenger P H. Stiffness analysis of over-constrained parallel manipulators. Mechanism and Machine Theory, 2009, 44(5): 966-982.

[3] Klimchik A, Pashkevich A, Caro S, et al. Stiffness matrix of manipulators with passive joints: Computational aspects. IEEE Transactions on Robotics, 2012, 28(4): 955-958.

[4] Klimchik A, Chablat D, Pashkevich A. Stiffness modeling for perfect and non-perfect parallel manipulators under internal and external loadings. Mechanism and Machine Theory, 2014, 79: 1-28.

[5] Lee M K. Design of a high stiffness machining robot arm using double parallel mechanisms. Proceedings of the IEEE International Conference on Robotics and Automation, 1995, 1: 234-240.

[6] Joshi S, Tsai L W. A comparison study of two 3-DOF parallel manipulators: One with three and the other with four supporting legs. IEEE Transactions on Robotics and Automation, 2003, 9(2): 200-209.

[7] Clinton C M, Zhang G, Wavering A J. Stiffness modeling of a Stewart-platform-based milling machine. Transactions of NAMRI/SME, 1997, 115: 335-340.

[8] Nguyen A V, Bouzgarrou B C, Charlet K, et al. Static and dynamic characterization of the 6-DOFs parallel robot 3CRS. Mechanism and Machine Theory, 2015, 93: 65-82.

[9] El-Khasawneh B S, Ferreira P M. Computation of stiffness and stiffness bounds for parallel link manipulators. International Journal of Machine Tools and Manufacture, 1999, 39(2): 321-342.

[10] 曾攀. 有限元分析及应用. 北京: 清华大学出版社, 2004.

[11] 周传宏, 孙健利, 杨叔子. 滚动直线导轨副的振动模型研究. 机械设计, 1999, (2): 21-24.

[12] 周传宏, 孙健利, 杨叔子. 精密滚动直线导轨副工作台静刚度研究. 机械设计, 1999, (5): 30-32.

[13] 王洪, 徐德智. 精密滚动直线导轨副负载的研究. 机床与液压, 2004, (3): 55-56.

[14] 孙健利. 直线滚动导轨机构承受垂直载荷时的刚度计算. 华中理工大学学报, 1988, 16(5): 35-40.

[15] 刘悦. 一类平面并联机床的静刚度分析理论与方法研究. 北京: 清华大学博士学位论文, 2009.

[16] 刘悦, 汪劲松. 基于轴承及导轨接触刚度的混联机床静刚度研究及优化. 机械工程学报, 2007, 43(9): 151-155.

[17] 张华. 龙门式并联机床静刚度和动态性能分析与实验研究. 北京: 清华大学博士学位论文, 2004.

[18] 吕亚楠. 冗余驱动并联机床的静刚度分析优化与实验研究. 北京: 清华大学硕士学位论文, 2007.

[19] Clough R W. The finite element method in plane stress analysis. Proceedings of the 2nd ASCE Conference on Electronic Computation, 1960: 345-378.

[20] Rizk R, Fauroux J C, Mumteanu M, et al. A comparative stiffness analysis of a reconfigurable

parallel machine with three or four degrees of mobility. Journal of Machine Engineering, 2006, 6(2): 45-55.

[21] Li Y W, Wang J S, Wang L P. Stiffness analysis of a Stewart platform-based parallel kinematic machine. Proceedings of IEEE International Conference on Robotics and Automation, 2002: 3672-3677.

[22] 庄茁, 朱以文, 肖金生. ABAQUS 有限元软件入门指南. 北京: 清华大学出版社, 2004.

[23] Li Y M, Xu Q S. Stiffness analysis for a 3-PUU parallel kinematic machine. Mechanism and Machine Theory, 2008, 43(2): 186-200.

[24] 吕亚楠, 王立平, 关立文. 基于刚度组集的混联机床的静刚度分析与优化. 清华大学学报, 2008, 48(2): 180-183.

第5章　驱动冗余并联机床的逆动力学

5.1　引　　言

机床的逆动力学分析涉及已知机床的尺度参数和运动构件的惯性参数，确定实现动平台参考点给定运动(位置、速度和加速度)所需的关节驱动力[1-4]。逆动力学模型是机床动力学优化设计、伺服电机选配、动力学参数辨识和控制的基础，几乎所有可利用的力学原理都已被用来建立并联机床的逆动力学模型[5-10]。由于驱动冗余并联机床的动力学模型具有复杂的非线性和耦合性的特点，很难建立适合于动力学参数辨识应用的模型。目前，对面向动力学参数辨识应用的动力学建模研究较少。另外，机床运动中存在变形，完全刚体动力学模型不能准确反映机床的动力学行为；弹性动力学模型精度高，但是模型复杂，不适合控制系统实时应用，如何建立准确的动力学模型，并满足控制系统实时性要求，是并联机床领域一个关键技术难题。

本章分别采用虚功原理和牛顿-欧拉方程建立驱动冗余并联机床的刚体动力学模型以及考虑关键部件变形的刚柔耦合动力学模型。在刚体动力学建模过程中，为了使建立的动力学模型适合于动力学参数辨识应用，通过选择适当的关键点，避免偏速度矩阵和偏角速度矩阵中出现基本动力学参数。针对动力学方程为静不定方程的特点，分别以驱动力范数和能量消耗最小为目标，对驱动力进行优化，并提出评价并联机床动力学操作度的局部和全域性能指标。在刚柔耦合动力学建模过程中，考虑了并联机构中刚性较差连杆的变形，以变形最小为优化目标，对驱动力进行优化。最后，对采用虚功原理建立的刚体动力学模型和牛顿-欧拉方程建立的刚柔耦合模型进行对比。本章旨在建立并联机床中并联机构逆动力学模型，为动力学参数辨识和实时控制奠定基础。

5.2　基于虚功原理的刚体动力学建模方法

虚功原理通过分析末端执行器与驱动器之间的速度映射关系，并建立系统各部件所做虚功的平衡方程，直接求解驱动器的驱动力，对于支链复杂的机构是一种有效的动力学建模方法。Zhang 和 Song[11]通过将惯性力和外力等效至适当节点处，导出了表达形式简洁的速度公式，降低了偏角速度矩阵和偏角加速度矩阵计算的复杂性，使动力学建模过程得到简化[12]。面向动力学参数辨识应用，基于虚功原理的驱动冗余并联机构及非冗余并联机构动力学建模步骤可以总结如下：

(1) 基于运动学分析，计算并联机构每一个运动杆件的位置、速度和加速度；

(2) 利用牛顿-欧拉方程，计算并联机构每一个运动杆件的惯性力以及相对质心处的惯性力矩；

(3) 在并联机构每一个运动杆件上选择一个关键点，使得杆件的偏角速度矩阵以及相对于该关键点的偏速度矩阵中不含基本动力学参数；

(4) 将每一个运动杆件的惯性力以及相对质心处的惯性力矩等效为相对于关键点的惯性力和惯性力矩；

(5) 设定坐标系并确定雅可比矩阵，从而建立末端执行器速度和主动关节速度、每个连杆的偏角速度矩阵和关键点的偏速度矩阵之间的映射关系；

(6) 基于上述步骤，应用虚功原理建立动力学方程；

(7) 基于所建立的动力学方程，提取基本动力学参数，将动力学方程转化为相对于基本动力学参数为线性化的形式。

5.2.1　偏速度矩阵和偏角速度矩阵

对于一个具有 n 个自由度的并联机构，需要 n 个广义坐标来确定系统运动。根据运动学分析就可以确定反映末端执行器速度和主动关节速度之间映射关系的雅可比矩阵。基于雅可比矩阵，偏速度矩阵可以表示为

$$\boldsymbol{H}_{ai}=\left[\frac{\partial \dot{q}_1}{\partial \boldsymbol{v}}\quad \frac{\partial \dot{q}_2}{\partial \boldsymbol{v}}\quad \cdots \quad \frac{\partial \dot{q}_n}{\partial \boldsymbol{v}}\right]^{\mathrm{T}} \tag{5-1}$$

式中，$\dot{q}_n$ 表示第 n 个主动关节的速度；$\boldsymbol{v}$ 表示末端执行器的速度。

偏角速度矩阵可以表示为

$$\boldsymbol{G}_{ai}=\left[\frac{\partial \omega_1}{\partial \boldsymbol{v}}\quad \frac{\partial \omega_2}{\partial \boldsymbol{v}}\quad \cdots \quad \frac{\partial \omega_n}{\partial \boldsymbol{v}}\right]^{\mathrm{T}} \tag{5-2}$$

式中，ω_n 表示第 n 个连杆的角速度。

为了动力学参数辨识应用，需要建立线性化动力学模型。从虚功原理法建立的动力学模型的统一形式可以看出，如果偏速度矩阵和偏角速度矩阵中不包含基本动力学参数，那么就可以将该动力学模型转化为线性化形式。从而可以选择每一个运动构件的一端铰链点作为关键点，其偏速度矩阵中不包含基本动力学参数。

5.2.2 刚体上作用力等效规则

为了便于将动力学模型简化为相对于基本动力学参数为线性化的形式，同时考虑到在动力学参数辨识过程中各构件的质心位置未知，需要将各运动构件质心处的惯性力等效到关键点处[13,14]。本节讨论刚体上质心处的惯性力向任意点等效的规则。为了表示方便，在刚体质心 C 点建立坐标系 $\mathcal{C}$，在刚体上一点 A 处建立坐标系 $\mathcal{A}$。作用于刚体质心 C 点处且相对质心坐标系为 ${}^{\mathcal{C}}\boldsymbol{F}_C$ 的力可以等效到刚体上的 A 点处，在 $\mathcal{A}$ 坐标系中表示的等效后的作用力为

$$
{}^{\mathcal{A}}\boldsymbol{F}_A = \boldsymbol{J}_t^{\mathrm{T}}\,{}^{\mathcal{C}}\boldsymbol{F}_C \tag{5-3}
$$

式中，$\boldsymbol{J}_t^{\mathrm{T}}$ 是力传递矩阵，定义为

$$
\boldsymbol{J}_t^{\mathrm{T}} = \begin{bmatrix} {}^{\mathcal{A}}_{\mathcal{C}}\boldsymbol{R} & \boldsymbol{0} \\ {}^{\mathcal{A}}\hat{\boldsymbol{r}} & {}^{\mathcal{A}}_{\mathcal{C}}\boldsymbol{R} \end{bmatrix} \tag{5-4}
$$

${}^{\mathcal{A}}_{\mathcal{C}}\boldsymbol{R}$ 是坐标系 $\mathcal{A}$ 和 $\mathcal{C}$ 之间的旋转矩阵；${}^{\mathcal{A}}\hat{\boldsymbol{r}}$ 是从 A 到 C 点矢量叉乘的斜对称矩阵，可以表示为

$$
{}^{\mathcal{A}}\hat{\boldsymbol{r}} = \begin{bmatrix} 0 & -r_z & r_y \\ r_z & 0 & -r_x \\ -r_y & r_x & 0 \end{bmatrix} \tag{5-5}
$$

作用于刚体质心 C 点处的惯性力 ${}^{\mathcal{C}}\boldsymbol{F}_C$ 在坐标系 $\mathcal{C}$ 中可以表示为

$$
{}^{\mathcal{C}}\boldsymbol{F}_C = \begin{bmatrix} M\,{}^{\mathcal{C}}\boldsymbol{a}_C \\ {}^{\mathcal{C}}\boldsymbol{I}_C\,{}^{\mathcal{C}}\dot{\boldsymbol{\omega}}_C + {}^{\mathcal{C}}\boldsymbol{\omega}_C \times {}^{\mathcal{C}}\boldsymbol{I}_C\,{}^{\mathcal{C}}\boldsymbol{\omega}_C \end{bmatrix} \tag{5-6}
$$

式中，M 是刚体的质量；${}^{\mathcal{C}}\boldsymbol{\omega}_C$ 和 ${}^{\mathcal{C}}\boldsymbol{a}_C$ 是刚体在 $\mathcal{C}$ 坐标系中的角速度和加速度；${}^{\mathcal{C}}\boldsymbol{I}_C$ 是刚体相对于其质心处的惯性矩。

给定刚体上 A 点处的加速度 ${}^{\mathcal{A}}\boldsymbol{a}_A$，则刚体质心处的加速度 ${}^{\mathcal{C}}\boldsymbol{a}_C$ 可以写为

$$
{}^{\mathcal{A}}\boldsymbol{a}_C = {}^{\mathcal{A}}\boldsymbol{a}_A + {}^{\mathcal{A}}\boldsymbol{\omega}_A \times \left({}^{\mathcal{A}}\boldsymbol{\omega}_A \times {}^{\mathcal{A}}\boldsymbol{r}\right) + {}^{\mathcal{A}}\dot{\boldsymbol{\omega}}_A \times {}^{\mathcal{A}}\boldsymbol{r} \tag{5-7}
$$

$$
{}^{\mathcal{C}}\boldsymbol{a}_C = {}^{\mathcal{C}}_{\mathcal{A}}\boldsymbol{R}\,{}^{\mathcal{A}}\boldsymbol{a}_C \tag{5-8}
$$

式中，${}^{\mathcal{C}}\boldsymbol{a}_C$ 是 C 点加速度在 $\mathcal{C}$ 坐标系中的数值；${}^{\mathcal{A}}\boldsymbol{a}_A$ 是在 $\mathcal{A}$ 坐标系中表示的 A 点的加速度；${}^{\mathcal{A}}\boldsymbol{r}$ 是在 $\mathcal{A}$ 坐标系中表示的从 A 点到 C 点的矢量。

同时，在 $\mathcal{A}$ 坐标系中表示的 A 点的角速度和角加速度以及在 $\mathcal{C}$ 坐标系中表示的 C 点的角速度和角加速度之间有以下关系

$$
{}^{\mathcal{C}}\boldsymbol{\omega}_C = {}^{\mathcal{C}}_{\mathcal{A}}\boldsymbol{R}\,{}^{\mathcal{A}}\boldsymbol{\omega}_A \tag{5-9}
$$

$$ {}^{\mathcal{C}}\dot{\boldsymbol{\omega}}_C = {}^{\mathcal{C}}_{\mathcal{A}}\boldsymbol{R}\,{}^{\mathcal{A}}\dot{\boldsymbol{\omega}}_A \tag{5-10} $$

根据式(5-7)～式(5-10)，并利用下面的数学变换规则：

$$ \boldsymbol{c}\times\left[\boldsymbol{b}\times\left(\boldsymbol{b}\times\boldsymbol{c}\right)\right]=\boldsymbol{b}\times\left(\boldsymbol{c}^{\mathrm{T}}\boldsymbol{c}\boldsymbol{I}_{3\times3}-\boldsymbol{c}\boldsymbol{c}^{\mathrm{T}}\right)\boldsymbol{b} \tag{5-11} $$

$$ \boldsymbol{c}\times\left(\boldsymbol{b}\times\boldsymbol{c}\right)=\left(\boldsymbol{c}^{\mathrm{T}}\boldsymbol{c}\boldsymbol{I}_{3\times3}-\boldsymbol{c}\boldsymbol{c}^{\mathrm{T}}\right)\boldsymbol{b} \tag{5-12} $$

式中，$\boldsymbol{b}$ 和 $\boldsymbol{c}$ 均为矢量。可以得到

$$ {}^{\mathcal{A}}\boldsymbol{F}_A=\begin{bmatrix} M\left({}^{\mathcal{A}}\boldsymbol{a}_A+{}^{\mathcal{A}}\boldsymbol{\omega}_A\,{}^{\mathcal{A}}\boldsymbol{\omega}_A\,{}^{\mathcal{A}}\boldsymbol{r}+{}^{\mathcal{A}}\dot{\boldsymbol{\omega}}_A\,{}^{\mathcal{A}}\boldsymbol{r}\right) \\ M\,{}^{\mathcal{A}}\boldsymbol{r}\,{}^{\mathcal{A}}\boldsymbol{a}_A+{}^{\mathcal{A}}\boldsymbol{I}_A\,{}^{\mathcal{A}}\dot{\boldsymbol{\omega}}_A+{}^{\mathcal{A}}\boldsymbol{\omega}_A\,{}^{\mathcal{A}}\boldsymbol{I}_A\,{}^{\mathcal{A}}\boldsymbol{\omega}_A \end{bmatrix} \tag{5-13} $$

式中，${}^{\mathcal{A}}\boldsymbol{I}_A={}^{\mathcal{A}}\boldsymbol{I}_C+M\left({}^{\mathcal{A}}\boldsymbol{r}^{\mathrm{T}}\,{}^{\mathcal{A}}\boldsymbol{r}\boldsymbol{I}_{3\times3}-{}^{\mathcal{A}}\boldsymbol{r}\,{}^{\mathcal{A}}\boldsymbol{r}^{\mathrm{T}}\right)$； $\boldsymbol{I}_{3\times3}$ 是三阶单位矩阵。

这样，${}^{\mathcal{A}}\boldsymbol{F}_A$ 在坐标系 $O\text{-}YZ$ 中可以表示为

$$ {}^{O}\boldsymbol{F}_A=\begin{bmatrix} {}^{O}_{\mathcal{A}}\boldsymbol{R} & \boldsymbol{0} \\ \boldsymbol{0} & {}^{O}_{\mathcal{A}}\boldsymbol{R} \end{bmatrix}\cdot{}^{\mathcal{A}}\boldsymbol{F}_A \tag{5-14} $$

式中，${}^{O}_{\mathcal{A}}\boldsymbol{R}$ 表示坐标系 $O\text{-}YZ$ 和 $\mathcal{A}$ 之间的旋转矩阵。

5.2.3 动力学模型

假设机构进行一个虚运动 $\boldsymbol{q}^*$，如果这个虚运动是在系统允许的运动范围内，不破坏系统的运动限制，那么就可以得到下面的关系式：

$$ \dot{\boldsymbol{\theta}}^*=\boldsymbol{J}\dot{\boldsymbol{q}}^* \tag{5-15} $$

$$ \boldsymbol{\omega}_i^*=\boldsymbol{G}_{ai}\dot{\boldsymbol{q}}^* \tag{5-16} $$

$$ \boldsymbol{v}_i^*=\boldsymbol{H}_{ai}\dot{\boldsymbol{q}}^* \tag{5-17} $$

式中，$\dot{\boldsymbol{\theta}}^*$ 表示主动关节的虚速度；$\boldsymbol{\omega}_i^*$ 表示末端执行器的虚角速度；$\boldsymbol{v}_i^*$ 表示末端执行器的虚速度。

根据虚功原理，在虚时间间隔 δt 内，所有力和力矩所做的虚功之和为 0。因此，可以得到

$$ \dot{\boldsymbol{\theta}}^*\boldsymbol{\tau}\delta t+\left(\sum_{i=1}^{N}\boldsymbol{v}_i^*\boldsymbol{R}_i+\sum_{i=1}^{N}\boldsymbol{\omega}_i^*\boldsymbol{T}_i\right)\delta t=\boldsymbol{0} \tag{5-18} $$

式中，$\boldsymbol{R}_i$ 和 $\boldsymbol{T}_i$ 分别表示构件的合成力和合成力矩。

方程(5-18)可以重新表示为

$$ \boldsymbol{J}^{\mathrm{T}}\boldsymbol{\tau}+\sum_{i=1}^{n}\boldsymbol{G}_{ai}\boldsymbol{T}_i+\sum_{i=1}^{n}\boldsymbol{H}_{ai}\boldsymbol{R}_i=\boldsymbol{0} \tag{5-19} $$

5.3　驱动冗余并联机床刚体动力学模型

5.3.1　运动部件偏速度矩阵和偏角速度矩阵

机床的雅可比矩阵是从广义关节速度到末端执行器速度的映射。根据雅可比矩阵的表达形式，基于式(5-1)和式(5-2)偏速度矩阵可以定义为

$$\boldsymbol{H}_{ai}=\begin{bmatrix}\dfrac{\partial \dot{q}_1}{\partial \boldsymbol{v}_{O_N}} & \dfrac{\partial \dot{q}_2}{\partial \boldsymbol{v}_{O_N}} & \cdots & \dfrac{\partial \dot{q}_n}{\partial \boldsymbol{v}_{O_N}}\end{bmatrix}^{\mathrm{T}} \tag{5-20}$$

相应地，偏角速度矩阵可以表示为

$$\boldsymbol{G}_{ai}=\begin{bmatrix}\dfrac{\partial \omega_1}{\partial \boldsymbol{v}_{O_N}} & \dfrac{\partial \omega_2}{\partial \boldsymbol{v}_{O_N}} & \cdots & \dfrac{\partial \omega_n}{\partial \boldsymbol{v}_{O_N}}\end{bmatrix}^{\mathrm{T}} \tag{5-21}$$

为了便于将动力学模型转化为关于基本动力学参数为线性化的形式，选择每一个运动构件的一端铰链点作为关键点，其偏速度矩阵中不包含基本动力学参数。下面分别计算滑块、定长支链、伸缩支链的上部分和下部分、配重以及动平台的偏速度和偏角速度矩阵。

选择 E_i 为建模过程中滑块关键点，根据方程(2-9)可以得到滑块在 E_i 点的偏速度矩阵为

$$\boldsymbol{H}_{i1}=\begin{bmatrix}0 & 1\end{bmatrix}^{\mathrm{T}}\boldsymbol{J}_{ki} \tag{5-22}$$

由于在运动过程中，滑块只能做平动运动，所以其偏角速度矩阵可以表示为

$$\boldsymbol{G}_{i1}=\boldsymbol{0} \tag{5-23}$$

选择 D_i 为定长支链关键点，根据式(2-8)和式(2-9)，可以得到定长支链的偏角速度矩阵和 D_i 点的偏速度矩阵为

$$\boldsymbol{G}_{i2}=\begin{bmatrix}\dfrac{1}{l_i\cos\theta_i} & 0\end{bmatrix}\left(\begin{bmatrix}\boldsymbol{u}_1 & \boldsymbol{u}_2\end{bmatrix}^{\mathrm{T}}+\boldsymbol{E}\boldsymbol{R}_{\theta}\boldsymbol{r}_{Ai}^{N}\boldsymbol{u}_3^{\mathrm{T}}\right) \tag{5-24}$$

$$\boldsymbol{H}_{i2}=\boldsymbol{H}_{i1} \tag{5-25}$$

选择 E_i 为伸缩支链上半部分的关键点，根据式(2-12)和式(2-9)，可得其偏角速度矩阵和偏速度矩阵分别为

$$\boldsymbol{G}_{i3}=\begin{bmatrix}\dfrac{\cos\phi_i}{l_{5-i}} & \dfrac{\sin\phi_i}{l_{5-i}}\end{bmatrix}\left(\begin{bmatrix}\boldsymbol{u}_1 & \boldsymbol{u}_2\end{bmatrix}^{\mathrm{T}}+\boldsymbol{E}\boldsymbol{R}_{\theta}\boldsymbol{r}_{B1}^{N}\boldsymbol{u}_3^{\mathrm{T}}\right)-\frac{\sin\phi_i}{l_{5-i}}\boldsymbol{J}_{ki} \tag{5-26}$$

$$\boldsymbol{H}_{i3}=\begin{bmatrix}0 & 1\end{bmatrix}^{\mathrm{T}}\boldsymbol{J}_{ki} \tag{5-27}$$

选择 B_i 为伸缩支链下半部分的关键点，根据式(2-12)和式(2-7)，可以得到伸缩支链下半部分的偏角速度矩阵和 B_i 点的偏速度矩阵为

$$\boldsymbol{G}_{i4} = \boldsymbol{G}_{i3} \tag{5-28}$$

$$\boldsymbol{H}_{i4} = \begin{bmatrix}\boldsymbol{u}_1 & \boldsymbol{u}_2\end{bmatrix}^{\mathrm{T}} + \boldsymbol{E}\boldsymbol{R}_\theta \boldsymbol{r}'_{Bi}\boldsymbol{u}_3^{\mathrm{T}} \tag{5-29}$$

由于在运动过程中，配重只做平动运动，所以其偏角速度矩阵为

$$\boldsymbol{G}_{i5} = \boldsymbol{0} \tag{5-30}$$

配重和滑块直接相连，在运动过程中，配重的速度和滑块的速度大小相等，方向相反。选择质心作为配重的关键点，根据式(2-9)和式(2-17)可以得到配重在其质心处的偏速度矩阵为

$$\boldsymbol{H}_{i5} = \begin{bmatrix}0 & -1\end{bmatrix}^{\mathrm{T}} \boldsymbol{J}_{ki} \tag{5-31}$$

选择 O_N 为动平台的关键点，则其偏角速度矩阵和偏速度矩阵分别为

$$\boldsymbol{G}_N = \boldsymbol{u}_3^{\mathrm{T}} \tag{5-32}$$

$$\boldsymbol{H}_N = \begin{bmatrix}\boldsymbol{u}_1 & \boldsymbol{u}_2\end{bmatrix}^{\mathrm{T}} \tag{5-33}$$

5.3.2 加速度分析

为了便于将动力学方程转化为相对于 O_N 点加速度的标准形式，在加速度分析过程中，将运动构件关键点的加速度和运动构件的角加速度均分解为两项，其中一项和 O_N 点加速度有关，另外一项和 O_N 点加速度无关。

对式(2-6)求导，得到关节点 A_i 的加速度为

$$\boldsymbol{a}_{Ai} = \begin{bmatrix}\ddot{y} & \ddot{z}\end{bmatrix}^{\mathrm{T}} + \ddot{\theta}\boldsymbol{E}\boldsymbol{R}_\theta \boldsymbol{r}_{Ai}^N - \dot{\theta}^2 \boldsymbol{R}_\theta \boldsymbol{r}_{Ai}^N = \boldsymbol{W}_{aAi}\boldsymbol{a} + \hat{\boldsymbol{a}}_{Ai} \tag{5-34}$$

式中，$\boldsymbol{W}_{aAi} = \begin{bmatrix}1 & 0 & -d_0\cos\theta \\ 0 & 1 & -d_0\sin\theta\end{bmatrix}$；$\hat{\boldsymbol{a}}_{Ai} = \begin{bmatrix}0 & 0 & -d_0\sin\theta \\ 0 & 0 & d_0\cos\theta\end{bmatrix}\begin{bmatrix}\dot{y}^2 & \dot{z}^2 & \dot{\theta}^2\end{bmatrix}^{\mathrm{T}}$；$\boldsymbol{a} = \begin{bmatrix}\ddot{y} & \ddot{z} & \ddot{\theta}\end{bmatrix}^{\mathrm{T}}$ 为 O_N 点的加速度。

对式(2-7)求导，得到关节点 B_i 的加速度为

$$\boldsymbol{a}_{Bi} = \begin{bmatrix}\ddot{y} & \ddot{z}\end{bmatrix}^{\mathrm{T}} + \ddot{\theta}\boldsymbol{E}\boldsymbol{R}_\theta \boldsymbol{r}_{Bi}^N - \dot{\theta}^2 \boldsymbol{R}_\theta \boldsymbol{r}_{Bi}^N = \boldsymbol{W}_{aBi}\boldsymbol{a} + \hat{\boldsymbol{a}}_{Bi} \tag{5-35}$$

式中，$\boldsymbol{W}_{aBi} = \begin{bmatrix}1 & 0 & -(d_0+l_5)\cos\theta \\ 0 & 1 & -(d_0+l_5)\sin\theta\end{bmatrix}$；$\hat{\boldsymbol{a}}_{Bi} = \begin{bmatrix}0 & 0 & -(d_0+l_5)\sin\theta \\ 0 & 0 & (d_0+l_5)\cos\theta\end{bmatrix}\begin{bmatrix}\dot{y}^2 & \dot{z}^2 & \dot{\theta}^2\end{bmatrix}^{\mathrm{T}}$。

对式(2-8)和式(2-12)求导，可以得到定长支链 A_iD_i 和伸缩支链 E_iB_i 的角加速度分别为

$$\ddot{\theta}_i = \frac{\ddot{y}_{Ai} l_i \cos^2\theta_i + \dot{y}_{Ai}^2 \sin\theta_i}{l_i^2 \cos^3\theta_i} = \boldsymbol{W}_{\beta i}\boldsymbol{a} + \hat{\ddot{\theta}}_i \tag{5-36}$$

$$\ddot{\phi}_i = \boldsymbol{W}_{\phi i}\boldsymbol{a} + \hat{\ddot{\phi}}_i \tag{5-37}$$

式中

$$\boldsymbol{W}_{\beta i} = \begin{bmatrix} \dfrac{1}{l_i\cos\theta_i} & 0 & \dfrac{-\cos\theta\cdot d_0}{l_i\cos\theta_i} \end{bmatrix}$$

$$\hat{\ddot{\phi}}_i = \frac{\dot{\theta}^2[-(d_0+l_5)\sin\theta\cos\phi_i - d_0\sin\theta\sin\phi_i\tan\theta_i + l_5\cos\theta\sin\phi_i]}{l_{5-i}}$$

$$+\frac{\dot{\theta}^2 l_i\cos\theta_i\sin\phi_i - \dot{l}_{5-i}\dot{\phi}_i - \dot{q}_i\dot{\phi}_i\cos\phi_i - [\sin\phi_i \quad -\cos\phi_i]\boldsymbol{v}_{Bi}\dot{\phi}_i}{l_{5-i}} + \frac{\dot{y}_{Ai}^2\sin^2\theta_i\sin\phi_i}{l_{5-i}l_i\cos^3\theta_i}$$

$$\hat{\ddot{\theta}}_i = \begin{bmatrix} 0 & 0 & \dfrac{-d_0\sin\theta}{l_i\cos\theta_i} \end{bmatrix}\begin{bmatrix} \dot{y}^2 & \dot{z}^2 & \dot{\theta}^2 \end{bmatrix}^{\mathrm{T}} + \frac{\dot{y}_{Ai}^2\sin\theta_i}{l_i^2\cos^3\theta_i}, \quad \boldsymbol{W}_{\phi i} = \frac{\begin{bmatrix} \cos\phi_i + \sin\phi_i\tan\theta_i & 0 & W_{\phi\alpha} \end{bmatrix}}{l_{5-i}}$$

$$W_{\phi\alpha} = -(d_0+l_5)\cos\theta\cos\phi_i - d_0\cos\theta\sin\phi_i\tan\theta_i - l_5\sin\theta\sin\phi_i$$

对式(2-9)求导，可以得到滑块 E_iD_i 的加速度为

$$\begin{aligned}\ddot{q}_i &= \ddot{z}_{Ai} - \ddot{\theta}_i l_i\sin\theta_i - \dot{\theta}_i^2 l_i\cos\theta_i \\ &= [-\tan\theta_i \quad 1]\boldsymbol{a}_{Ai} + \hat{\ddot{q}}_i\end{aligned} \tag{5-38}$$

式中，$\hat{\ddot{q}}_i = -\dfrac{\dot{y}_{Ai}^2\sin^2\theta_i}{l_i\cos^3\theta_i} - \dot{\theta}_i^2 l_i\cos\theta_i$。

对式(2-10)和式(2-11)求导，可以得到伸缩支链 E_iB_i 的伸缩加速度为

$$\begin{aligned}\ddot{l}_{5-i} &= \ddot{y}_{Bi}\sin\phi_i + \dot{y}_{Bi}\dot{\phi}_i\cos\phi_i + (\ddot{q}_i - \ddot{z}_{Bi})\cos\phi_i - \dot{\phi}_i(\dot{q}_i - \dot{z}_{Bi})\sin\phi_i \\ &= [-\cos\phi_i\tan\theta_i \quad \cos\phi_i]\boldsymbol{a}_{Ai} + [\sin\phi_i \quad -\cos\phi_i]\boldsymbol{a}_{Bi} + \hat{\ddot{l}}_{5-i}, \quad i=1,2\end{aligned} \tag{5-39}$$

式中，$\hat{\ddot{l}}_{5-i} = -\dfrac{\cos\phi_i\dot{y}_{Ai}^2\sin^2\theta_i}{l_i\cos^3\theta_i} - \dot{\theta}_i^2 l_i\cos\theta_i\cos\phi_i + [\cos\phi_i \quad \sin\phi_i]\dot{\phi}_i\boldsymbol{v}_{Bi} - \dot{q}_i\dot{\phi}_i\sin\phi_i$。

E_i 和 D_i 点的加速度为

$$\boldsymbol{a}_{Ei} = \boldsymbol{a}_{Di} = [0 \quad 1]^{\mathrm{T}}\ddot{q}_i = W_{aEi}\boldsymbol{a} + [0 \quad 1]^{\mathrm{T}}\hat{\boldsymbol{a}}_{Ei} \tag{5-40}$$

式中

$$\boldsymbol{W}_{aEi} = [0 \quad 1]^{\mathrm{T}}[-\tan\theta_i \quad 1 \quad d_0\cos\theta\tan\theta_i - d_0\sin\theta]$$

$$\hat{\boldsymbol{a}}_{Ei} = [0 \quad 0 \quad d_0\tan\theta_i\sin\theta + d_0\cos\theta]\begin{bmatrix} \dot{y}^2 & \dot{z}^2 & \dot{\theta}^2 \end{bmatrix}^{\mathrm{T}} - \frac{\dot{y}_{Ai}^2\sin^2\theta_i}{l_i\cos^3\theta_i} - \dot{\theta}_i^2 l_i\cos\theta_i$$

5.3.3 驱动冗余并联机床动力学模型

5.2 节已指出需要将机床运动构件质心处的惯性力和惯性力矩等效到关键点

处，在求解关键点处的惯性力和惯性力矩时，首先根据牛顿-欧拉方程求出每个运动构件质心处的惯性力和惯性力矩，然后根据式(5-14)将惯性力和惯性力矩等效到求解偏速度矩阵时指定的关键点处。在下面公式中，m_{i1}、m_{i2}、m_{i3}、m_{i4} 和 m_{i5} 分别表示滑块 E_iD_i、定长支链 A_iD_i、伸缩支链 E_iB_i 上半部分、伸缩支链 E_iB_i 下半部分和配重的质量，m_N 表示动平台质量，$\boldsymbol{g}$ 为重力加速度矢量，并且有 $\boldsymbol{g}=[0\quad -9.8]^{\mathrm{T}}$。

滑块在 E_i 点的合力及合力矩为

$$\boldsymbol{F}_{i1}=-m_{i1}(\boldsymbol{a}_{Ei}-\boldsymbol{g}) \tag{5-41}$$

$$M_{i1}=0 \tag{5-42}$$

定长支链在 D_i 点的合力及合力矩为

$$\boldsymbol{F}_{i2}=-m_{i2}\left(\boldsymbol{a}_{Di}+s_{i2}\ddot{\theta}_i\boldsymbol{E}\begin{bmatrix}\sin\theta_i\\-\cos\theta_i\end{bmatrix}-s_{i2}\dot{\theta}_i^2\begin{bmatrix}\sin\theta_i\\-\cos\theta_i\end{bmatrix}-\boldsymbol{g}\right) \tag{5-43}$$

$$M_{i2}=-\ddot{\beta}_iI_{i2}+m_{i2}s_{i2}\begin{bmatrix}\sin\theta_i & -\cos\theta_i\end{bmatrix}\boldsymbol{E}(\boldsymbol{a}_{Di}-\boldsymbol{g}) \tag{5-44}$$

式中，s_{i2} 表示定长支链质心点和 D_i 点的距离；I_{i2} 表示定长支链关于 D_i 点的转动惯量。

伸缩支链上半部分在 E_i 点的合力及合力矩为

$$\boldsymbol{F}_{i3}=-m_{i3}\left(\boldsymbol{a}_{Ei}+s_{i3}\ddot{\phi}_i\boldsymbol{E}\begin{bmatrix}\sin\phi_i\\-\cos\phi_i\end{bmatrix}-s_{i3}\dot{\phi}_i^2\begin{bmatrix}\sin\phi_i\\-\cos\phi_i\end{bmatrix}-\boldsymbol{g}\right) \tag{5-45}$$

$$M_{i3}=-\ddot{\phi}_iI_{i3}+m_{i3}s_{i3}\begin{bmatrix}\sin\phi_i & -\cos\phi_i\end{bmatrix}\boldsymbol{E}(\boldsymbol{a}_{Ei}-\boldsymbol{g}) \tag{5-46}$$

式中，s_{i3} 表示伸缩支链上半部分的质心点到 E_i 点的距离；I_{i3} 表示伸缩支链上半部分关于 E_i 点的转动惯量。

伸缩支链下半部分在 B_i 点的合力及合力矩为

$$\boldsymbol{F}_{i4}=-m_{i4}\left(\boldsymbol{a}_{Bi}-s_{i4}\ddot{\phi}_i\boldsymbol{E}\begin{bmatrix}\sin\phi_i\\-\cos\phi_i\end{bmatrix}+s_{i4}\dot{\phi}_i^2\begin{bmatrix}\sin\phi_i\\-\cos\phi_i\end{bmatrix}-\boldsymbol{g}\right) \tag{5-47}$$

$$M_{i4}=-\ddot{\phi}_iI_{i4}-m_{i4}s_{i4}\begin{bmatrix}\sin\phi_i & -\cos\phi_i\end{bmatrix}\boldsymbol{E}(\boldsymbol{a}_{Bi}-\boldsymbol{g}) \tag{5-48}$$

式中，s_{i4} 表示伸缩支链下半部分的质心点到 B_i 点的距离；I_{i4} 表示伸缩支链下半部分关于 B_i 点的转动惯量。

配重在其质心点处的合力及合力矩为

$$\boldsymbol{F}_{i5}=-m_{i5}(\boldsymbol{a}_{Gi}-\boldsymbol{g}) \tag{5-49}$$

$$M_{i5}=0 \tag{5-50}$$

式中，$\boldsymbol{a}_{Gi}$ 表示配重质心处的加速度。

动平台在 O_N 点的合力及合力矩为

$$F_N = -m_N\left(\begin{bmatrix}\ddot{y}\\ \ddot{z}\end{bmatrix} + \ddot{\theta}\boldsymbol{E}\boldsymbol{R}_\theta \boldsymbol{r}_N - \dot{\theta}^2 \boldsymbol{R}_\theta \boldsymbol{r}_N - \boldsymbol{g}\right) \tag{5-51}$$

$$M_N = -\ddot{\theta} I_N - m_N\left(\begin{bmatrix}\ddot{y} & \ddot{z}\end{bmatrix} - \boldsymbol{g}^{\mathrm{T}}\right)\boldsymbol{E}\boldsymbol{R}_\theta \boldsymbol{r}_N \tag{5-52}$$

式中，$\boldsymbol{r}_N$ 表示从坐标系 $O_N\text{-}Y_N Z_N$ 的原点到动平台质心点的位置矢量，I_N 表示动平台关于其质心点处的转动惯量。

将驱动冗余并联机床各运动构件的惯性力、惯性力矩、偏速度矩阵以及偏角速度矩阵代入式(5-19)可以得到本书研究的驱动冗余并联机构的动力学模型为

$$\boldsymbol{J}^{\mathrm{T}}\boldsymbol{\tau} + \sum_{i=1}^{2}\sum_{j=1}^{5}\begin{bmatrix}\boldsymbol{H}_{ij}^{\mathrm{T}} & \boldsymbol{G}_{ij}^{\mathrm{T}}\end{bmatrix}\begin{bmatrix}\boldsymbol{F}_{ij}\\ M_{ij}\end{bmatrix} + \begin{bmatrix}\boldsymbol{H}_N^{\mathrm{T}} & \boldsymbol{G}_N^{\mathrm{T}}\end{bmatrix}\begin{bmatrix}\boldsymbol{F}_N\\ M_N\end{bmatrix} = \boldsymbol{0} \tag{5-53}$$

式中，$\boldsymbol{\tau} = \begin{bmatrix}F_1 & F_2 & F_3 & F_4\end{bmatrix}^{\mathrm{T}}$，$F_1$、$F_2$、$F_3$ 和 F_4 分别表示左滑块伺服电机、右滑块伺服电机，以及伸缩支链 E_1B_1 和 E_2B_2 伺服电机提供的驱动力。

5.3.4　驱动力优化

从式(5-53)所示的逆动力学模型可以看出，需要求解的驱动力有 4 个，而仅有 3 个独立方程，这就需要对驱动力进行优化[15,16]。驱动力优化有很多目标，本节分别以驱动力范数和能量消耗最小为目标，对驱动力进行优化。

1. 驱动力范数最小解

在此以使 $\boldsymbol{\tau}$ 的范数最小为目标进行驱动力优化。方程(5-53)的范数最小解为

$$\boldsymbol{\tau} = \boldsymbol{J}\left(\boldsymbol{J}^{\mathrm{T}}\boldsymbol{J}\right)^{-1}\boldsymbol{\Omega p} \tag{5-54}$$

式中，$\boldsymbol{\Omega p} = -\sum_{i=1}^{2}\sum_{j=1}^{5}\begin{bmatrix}\boldsymbol{H}_{ij}^{\mathrm{T}} & \boldsymbol{G}_{ij}^{\mathrm{T}}\end{bmatrix}\begin{bmatrix}\boldsymbol{F}_{ij}\\ M_{ij}\end{bmatrix} - \begin{bmatrix}\boldsymbol{H}_N^{\mathrm{T}} & \boldsymbol{G}_N^{\mathrm{T}}\end{bmatrix}\begin{bmatrix}\boldsymbol{F}_N\\ M_N\end{bmatrix}$。

证明　令 $\boldsymbol{\tau}^* = \boldsymbol{J}\left(\boldsymbol{J}^{\mathrm{T}}\boldsymbol{J}\right)^{-1}\boldsymbol{\Omega p}$，$\boldsymbol{\tau}_x$ 为方程(5-53)的任意其他解，假设 $\boldsymbol{y} = \boldsymbol{\tau}_x - \boldsymbol{\tau}^*$，可以得到

$$\begin{aligned}\left\|\boldsymbol{\tau}_x\right\|^2 &= \left\|\boldsymbol{\tau}^* + \boldsymbol{y}\right\| \\ &= \left\|\boldsymbol{\tau}^*\right\|^2 + 2\left(\boldsymbol{J}\left(\boldsymbol{J}^{\mathrm{T}}\boldsymbol{J}\right)^{-1}\boldsymbol{\Omega p}, \boldsymbol{y}\right) + \left\|\boldsymbol{y}\right\|^2 \\ &\geqslant \left\|\boldsymbol{\tau}^*\right\|^2 + \left\|\boldsymbol{y}\right\|^2 > \left\|\boldsymbol{\tau}^*\right\|^2\end{aligned} \tag{5-55}$$

因此，可以得出 $\boldsymbol{\tau}^* = \boldsymbol{\tau}$。

2. 能量消耗最小解

驱动冗余并联机床中并联机构部分消耗的能量可以表示为

$$\boldsymbol{E}_w = \boldsymbol{\Theta}\boldsymbol{\tau} \tag{5-56}$$

式中，$\boldsymbol{\Theta} = \mathrm{diag}\left\{\dot{q}_1, \dot{q}_2, \dot{l}_4, \dot{l}_3\right\}$ 为各主动驱动关节的速度。

能耗优化就是使 $\boldsymbol{E}_w$ 的二范数最小，即最小化

$$f = \left\|\boldsymbol{E}_w\right\|_2^2 = \boldsymbol{\tau}^{\mathrm{T}}\boldsymbol{\Theta}^2\boldsymbol{\tau} \tag{5-57}$$

由于本书研究的并联机床的并联机构中有一个伺服电机是冗余的，所以可以将伺服电机提供的驱动力分为主动驱动力 $\boldsymbol{\tau}_a$ 及被动驱动力 τ_b，则

$$\boldsymbol{\tau} = \begin{bmatrix} \boldsymbol{\tau}_a^{\mathrm{T}} & \tau_b \end{bmatrix}^{\mathrm{T}} \tag{5-58}$$

相应地可以得到

$$\boldsymbol{J}^{\mathrm{T}} = \begin{bmatrix} \boldsymbol{J}_a^{\mathrm{T}} & \boldsymbol{J}_b^{\mathrm{T}} \end{bmatrix}^{\mathrm{T}} \tag{5-59}$$

$$\boldsymbol{\Theta} = \begin{bmatrix} \boldsymbol{\Theta}_a & \\ & \boldsymbol{\Theta}_b \end{bmatrix} \tag{5-60}$$

将上面公式代入动力学方程，可以得到

$$\boldsymbol{\tau}_a = \boldsymbol{J}_a^{-\mathrm{T}}\left(\boldsymbol{\Omega}\boldsymbol{p} - \tau_b \boldsymbol{J}_b^{\mathrm{T}}\right) \tag{5-61}$$

将式(5-61)代入式(5-56)，可以得到

$$\nabla f\left(\tau_b\right) = 2\tau_b\left(\boldsymbol{J}_b\boldsymbol{J}_a^{-1}\boldsymbol{\Theta}_a^2\boldsymbol{J}_a^{-\mathrm{T}}\boldsymbol{J}_b^{\mathrm{T}} + \boldsymbol{\Theta}_b^2\right) - 2\boldsymbol{J}_b\boldsymbol{J}_a^{-1}\boldsymbol{\Theta}_a^2\boldsymbol{J}_a^{-\mathrm{T}}\boldsymbol{\Omega}\boldsymbol{p} = 0 \tag{5-62}$$

式(5-62)可以表示为

$$\tau_b = \frac{\boldsymbol{J}_b\boldsymbol{J}_a^{-1}\boldsymbol{\Theta}_a^2\boldsymbol{J}_a^{-\mathrm{T}}\boldsymbol{\Omega}\boldsymbol{p}}{\boldsymbol{J}_b\boldsymbol{J}_a^{-1}\boldsymbol{\Theta}_a^2\boldsymbol{J}_a^{-\mathrm{T}}\boldsymbol{J}_b^{\mathrm{T}} + \boldsymbol{\Theta}_b^2} \tag{5-63}$$

式(5-61)和式(5-63)表示以能量消耗最小为优化目标得到的驱动力最优解。

3. 数值仿真

1) 轨迹规划

在仿真过程中，需要对动平台的运动进行规划。通常机床运动经过加速、匀速和减速三个阶段。对于平动运动，其加速度规划为

$$a = \begin{cases} -\dfrac{a_0}{T_t}t + a_0, & 0 < t \leqslant T_t \\ 0, & T_t < t \leqslant T_f - T_t \\ -\dfrac{a_0}{T_t}(t - T_f + T_t), & T_f - T_t < t \leqslant T_f \end{cases} \tag{5-64}$$

式中，T_t 为加速/减速时间；T_f 为总的运动时间；a_0 为初始加速度。

对加速度积分，可以得到速度为

$$v=\begin{cases} v_0+a_0t-\dfrac{a_0}{2T_t}t^2, & 0<t\leqslant T_t \\ v_0+\dfrac{1}{2}a_0T_t, & T_t<t\leqslant T_f-T_t \\ v_0+\dfrac{1}{2}a_0T_t-\dfrac{a_0}{T_t}(t-T_f+T_t)^2, & T_f-T_t<t\leqslant T_f \end{cases} \tag{5-65}$$

式中，v_0 为初始速度。

同样，可以规划角加速度和角速度变化规律为

$$\varepsilon=\begin{cases} -\dfrac{\varepsilon_0}{T_t}t+\varepsilon_0, & 0<t\leqslant T_t \\ 0, & T_t<t\leqslant T_f-T_t \\ -\dfrac{\varepsilon_0}{T_t}(t-T_f+T_t), & T_f-T_t<t\leqslant T_f \end{cases} \tag{5-66}$$

$$\omega=\begin{cases} \omega_0+\varepsilon_0t-\dfrac{\varepsilon_0}{2T_t}t^2, & 0<t\leqslant T_t \\ \omega_0+\dfrac{1}{2}\varepsilon_0T_t, & T_t<t\leqslant T_f-T_t \\ \omega_0+\dfrac{1}{2}\varepsilon_0T_t-\dfrac{\varepsilon_0}{T_t}(t-T_f+T_t)^2, & T_f-T_t<t\leqslant T_f \end{cases} \tag{5-67}$$

式中，ε_0 和 ω_0 分别为初始角加速度和角速度。

下面给出计算驱动力的两个仿真算例，并比较机床采用驱动冗余和非冗余两种方式时的驱动力变化情况。仿真算例 1 中机床的运动速度较高。另外，考虑到本书研究的机床在实际加工汽轮机叶片过程中，加工速度不高，因此仿真算例 2 中的速度接近机床的加工速度。机床的惯性参数如表 5.1 所示。

表 5.1　机床的惯性参数

参数	i=1	i=2
m_N/kg	150	150
m_{i1}/kg	120	120
m_{i2}/kg	220	220
m_{i3}/kg	60	60
m_{i4}/kg	20	20

续表

参数	i=1	i=2
m_{i5}/kg	495	495
I_{i2}/(kg·m^2)	105.6	105.6
I_{i3}/(kg·m^2)	7.2	7.2
I_{i4}/(kg·m^2)	4.27	4.27

2) 仿真算例 1

设动平台经历加速、匀速和减速三个阶段从坐标点(0m, −0.4m, 0.4m, −18°)运动到(0m, 0.4m, 0.4m, 18°)，运动过程中的最大速度为 1.2m/s，总的运动时间为 1s。分别采用力优化与能耗优化得到驱动冗余并联机床的驱动力如图 5.1 所示，非冗余并联机床的驱动力如图 5.2 所示。

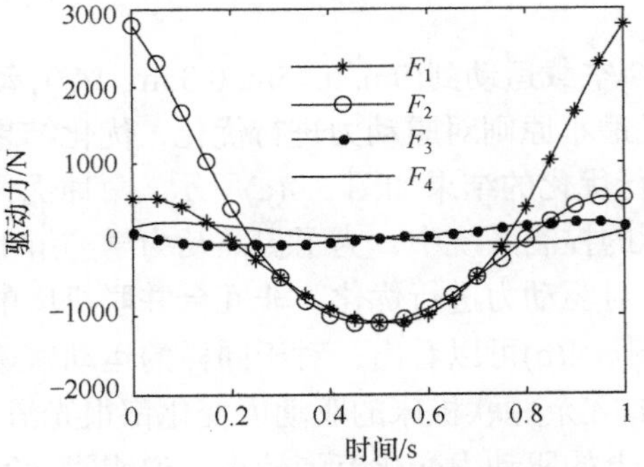

(a) 驱动力范数最小优化结果

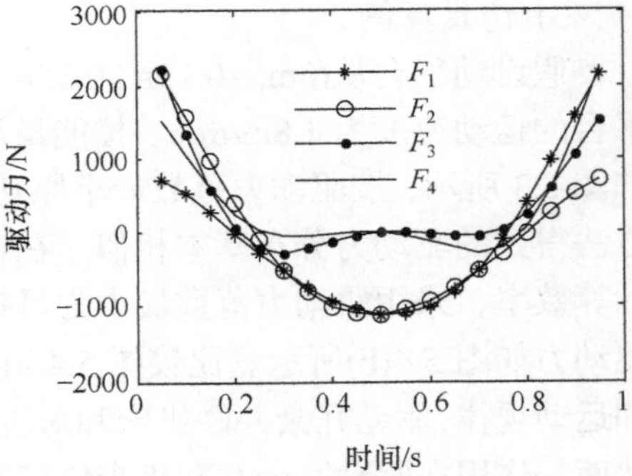

(b) 能量消耗最小优化结果

图 5.1　驱动冗余并联机床在算例 1 中的驱动力

从图 5.1 可以看出，在运动过程中，无论是基于驱动力范数最小还是能量消耗最小的原则对驱动力进行优化，各个伺服电机提供的驱动力均是关于 Z 轴对称的，这是因为该驱动冗余并联机床是结构对称的，并且仿真轨迹也是关于 Z 轴对称的。在运动过程中，基于两种优化目标得到的驱动力 F_1 和 F_2 的大小和变化规律基本相同，但是基于两种优化目标得到的作用在伸缩支链上的驱动力 F_3 和 F_4 相差较大。在具体应用中，采用哪一种优化目标需要根据实际需求来确定。

此外，从图 5.2 可以看出，非冗余并联机床在相同运动轨迹下，作用在伸缩支链 E_2B_2 上的驱动力比采用基于驱动力范数最小为目标获得的驱动力偏大，但是比能量消耗最小为目标获得的驱动力要小很多。采用非冗余方式，机床各个驱动关节提供的驱动力不是关于 Z 轴对称的，这样就降低了系统的动态性能。

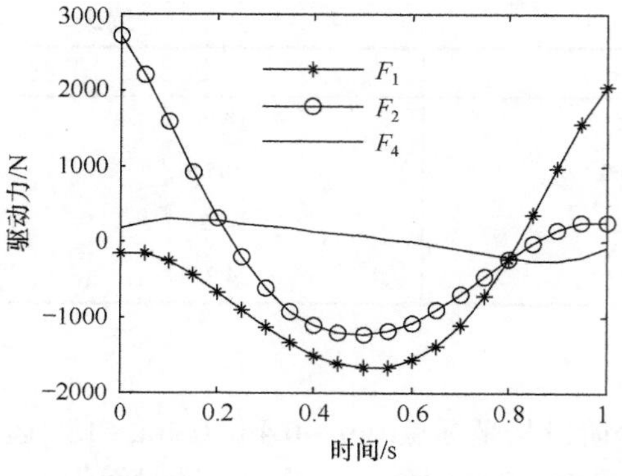

图 5.2　非冗余并联机床在算例 1 中的驱动力

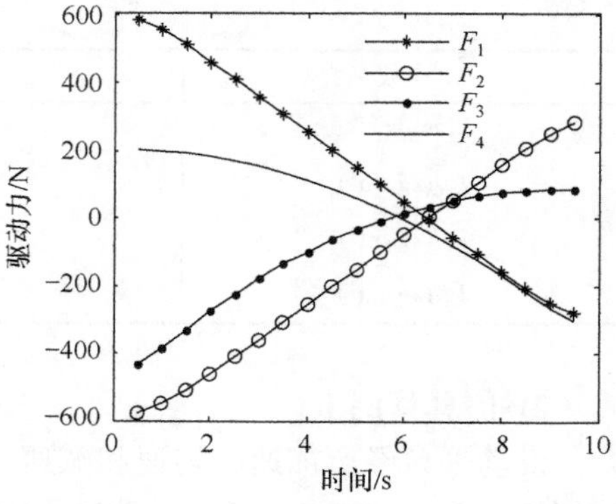

图 5.3　驱动冗余并联机床在算例 2 中采用能量优化时的驱动力

3) 仿真算例 2

假设动平台从(0m, −0.15m, 0.35m, −4°)空载运动到(0m, 0.15m, 0.35m, 14°)，动平台的运动速度为 1.8m/min。按能量消耗最小原则对驱动力进行优化，优化结果如图 5.3 所示，按驱动力范数最小原则进行优化的结果如图 5.4(a)所示，两种优化方法得到的驱动力分布基本相似。在实际的控制系统中，为了提高动力学逆解的计算效率，采用驱动力范数最小为目标，对驱动力进行优化。非冗余并联机床的驱动力如图 5.4(b)所示。比较图 5.4(a)和图 5.4(b)可以看出，对于同样的运动轨迹和运动规律，驱动冗余并联机床和对应的非冗余并联机床的驱动力变化都很光滑。然而，作用在驱动冗余并联机床伸缩支链上的驱动力变化范围较小，说明驱动冗余并联机床在运动中的动态特性较好。

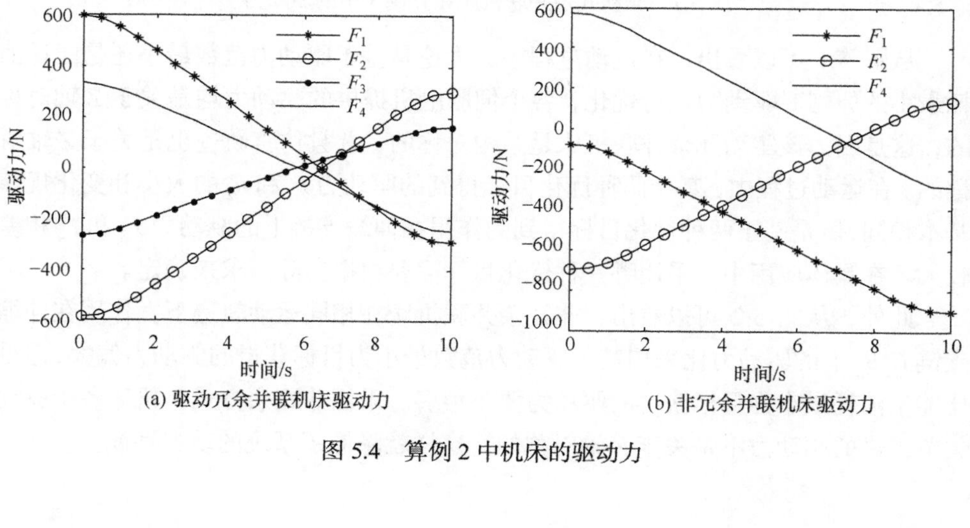

(a) 驱动冗余并联机床驱动力　　(b) 非冗余并联机床驱动力

图 5.4　算例 2 中机床的驱动力

5.4　动力学操作度

5.4.1　动力学操作度评价指标

动力学性能是评价机床高速特性和加减速特性的重要技术指标[17]。Asada 等[18,19]和 Yoshikawa[20,21]分别提出了广义惯性椭球和动态可操作性椭球的概念，用于衡量和评价关节力与关节加速度，以及关节力与末端执行器加速度间的局部动力学映射特性。本章研究的 3 自由度并联机构具有两个平动自由度和一个转动自由度，其雅可比矩阵中的量纲不统一。为了研究方便，这里只研究平动运动时其动力学操作度，假设动平台的旋转角度始终为零[22]。将动力学方程(5-53)写为标准形式：

$$\boldsymbol{\tau}=\boldsymbol{J}^{-\mathrm{T}}\boldsymbol{M}(\boldsymbol{a})\boldsymbol{a}+\boldsymbol{N} \tag{5-68}$$

式中，$\boldsymbol{J}^{-\mathrm{T}}\boldsymbol{M}(\boldsymbol{a})$ 表示惯性矩阵；$\boldsymbol{N}$ 包括科氏力和重力等。

Yoshikawa 指出可以利用单位激励关节力作用下任意改变末端执行器加速度的能力来评价机器人的动力学性能，因此可以基于关节驱动力和末端执行器加速度之间的关系来定义动力学操作性指标。因此，忽略方程(5-68)中的 $\boldsymbol{N}$，并写成一致形式可以得到

$$\boldsymbol{\tau}\approx\boldsymbol{J}^{-\mathrm{T}}\boldsymbol{M}(\boldsymbol{a})\boldsymbol{a} \tag{5-69}$$

基于广义惯性椭球动力学评价方法，可以推断动平台在椭球的长轴方向容易加速，而在椭球的短轴方向很难加速。如果惯性椭球的主轴长度是一样的，则惯性椭球就是一个纯粹的球体，机床的合成惯性是各向同性的。长轴和短轴之间的偏差表示合成惯性的各向异性。惯性矩阵的最大奇异值和最小奇异值反映了惯性椭球的主轴长度。

在动力学优化设计中，如果工作空间中的一点或者整个工作空间中沿任意方向的加速性能均为各向同性的，则机床动力学方程中惯性矩阵条件数 κ_D 可以用来定量评价这一性能。κ_D 可以表示为

$$1\leqslant\kappa_D=\frac{\eta_2}{\eta_1}\leqslant\infty \tag{5-70}$$

式中，η_1 和 η_2 分别表示动力学方程中的惯性矩阵在一个给定位置处的最小奇异值和最大奇异值。

考虑到 κ_D 随着机床的位形变化而变化，定义两个类似于运动学灵巧度的全域性能指标，其中一个为 κ_D 在任务空间中的几何平均值，可以表示为

$$\bar{\eta}_D = \frac{\int_{W_t} \kappa_D \mathrm{d}W_t}{\int_{W_t} \mathrm{d}W_t} \tag{5-71}$$

式中，W_t 表示机床的任务空间。由于 $\bar{\eta}_D$ 不能反映 κ_D 的波动，所以可以引入另外一个性能指标

$$\tilde{\eta}_D = \frac{\sqrt{\int_{W_t} (\kappa_D - \bar{\eta}_D)^2 \mathrm{d}W_t}}{\int_{W_t} \mathrm{d}W_t} \tag{5-72}$$

式中，$\tilde{\eta}_D$ 表示 κ_D 相对于其平均值 $\bar{\eta}_D$ 的标准偏差。

在动力学优化设计中，可以通过极小化目标函数 $\bar{\eta}_D$ 或 $\tilde{\eta}_D$ 来优化设计参数(运动学参数、质量分布等)，从而使得动力学操作度具有较好的各向同性。

5.4.2 驱动冗余并联机床动力学操作度

本节将前面提出的动力学操作度评价指标应用于驱动冗余并联机床和对应的非冗余并联机床中，并且将传统的广义惯性椭圆评价指标与本章提出的评价指标进行对比。图 5.5 是非冗余并联机床的广义惯性椭圆分布情况。椭圆面积越大，输出加速度越大，椭圆长轴方向表示机床在该方向最容易加速，椭圆短轴方向则表明机床在该方向最难加速。图 5.6 给出了该非冗余并联机床动力学方程中惯性矩阵条件数的分布，可以看出惯性矩阵条件数最小的位置并不在 Z 轴上，并且 Z 轴上的点沿着 Z 轴方向的加速度并不是最大的。考虑到该机床的任务空间是关于 Z 轴对称的，所以这种情况下机床在其任务空间中的铣削性能和效率并不是最佳的。

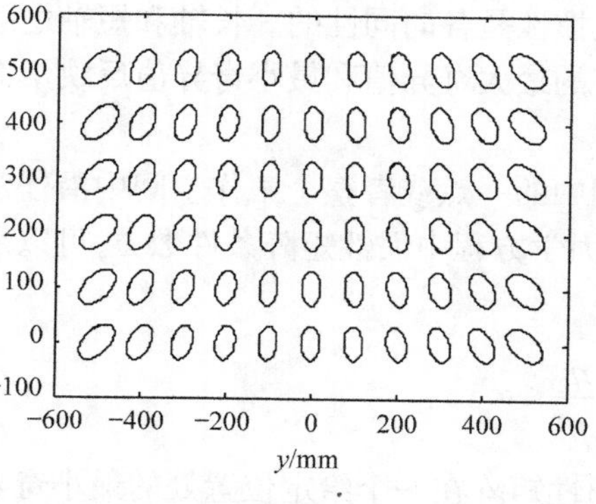

图 5.5　非冗余并联机床广义惯性椭圆分布

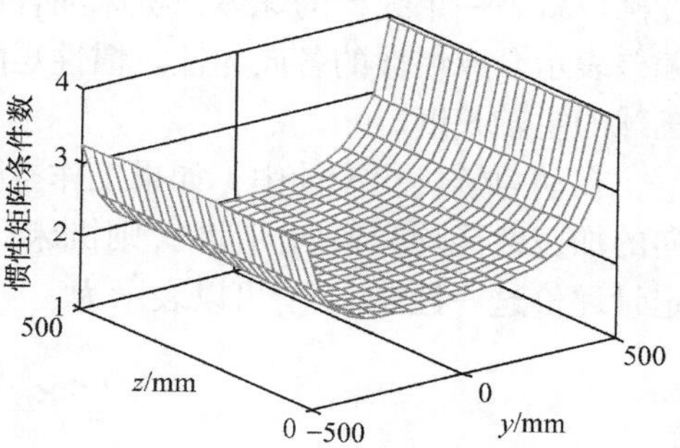

图 5.6　非冗余并联机床惯性矩阵条件数分布

图 5.7 和图 5.8 分别是驱动冗余并联机床的广义惯性椭圆分布和惯性矩阵条件数的分布。从图 5.7 可以看出，广义惯性椭圆分布是关于 Z 轴对称的，这就意味

着机床在工作空间中的加速能力是关于 Z 轴对称的。从图 5.8 可以看出，惯性矩阵条件数分布是关于 Z 轴对称的，并且在 Z 轴上点的 κ_D 是最小的，说明该机床的动力学操作度在任务空间中央具有最好的各向同性。此外，在 Z 轴上的点沿着 Z 方向具有最大的加速能力，沿着 Y 向的加速能力较弱。考虑到机床的任务空间是关于 Z 轴对称的，这样机床在其任务空间中的铣削性能和效率就优于对应的非冗余并联机床。

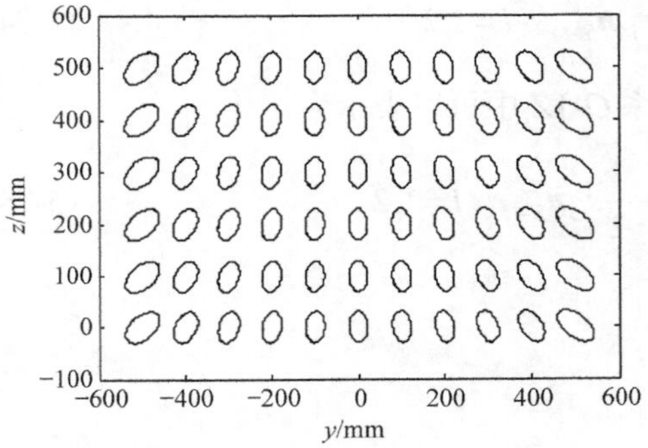

图 5.7　驱动冗余并联机床广义惯性椭圆分布

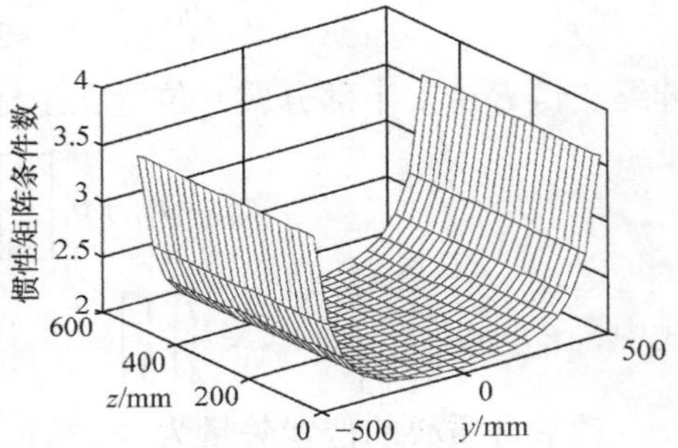

图 5.8　驱动冗余并联机床惯性矩阵条件数分布

5.5　考虑杆件变形的动力学建模方法

驱动冗余并联机床的动力学方程是静不定的，需要对驱动力进行优化。通常把所有部件当成刚体，根据一定的优化目标来获得驱动力。虽然这种方法计算速度快，适合实时控制应用，但由于忽略了不同内力对末端动平台精度影响程度的差异性，对内力进行了匀质优化，导致优化效果不理想。本节提出一种考虑刚性较差杆件变形的驱动冗余并联机构刚柔耦合动力学建模方法，在优化过程中通过给杆件内力赋予和变形相关的权重，有效地减小容易产生变形杆件的内力，从而使得机构总变形最小[23-26]。

由于杆件的变形量需要根据杆件所受的内力来确定，所以动力学建模过程中需要求解关节内力。牛顿-欧拉法是一种基于牛顿运动定律，通过引入惯性力的概念，导出非自由质点系刚体动力学模型的方法。由于该方法只涉及牛顿运动定律、惯性力和受力分析等简单的力学概念和方法，所以具有建模简单、物理意义明确和求解效率高等优点。利用拉格朗日方程法、虚功原理法和凯恩方法建立动力学模型时，仅考虑外力和驱动力之间的关系，不考虑关节内力。本节建模过程中利用牛顿-欧拉法来求解关节内力[27]。

5.5.1 连杆质心加速度分析

定长支链 A_iD_i 质心的位置在坐标系 $O\text{-}YZ$ 中可以表示为

$$\boldsymbol{r}_{gi}=\boldsymbol{r}_{Ai}-\frac{1}{2}l_i\boldsymbol{n}_i,\quad i=1,2 \tag{5-73}$$

伸缩支链 E_iB_i 下半部分质心位置在坐标系 $O\text{-}YZ$ 中可以表示为

$$\boldsymbol{r}_{\mathrm{low}i}=\boldsymbol{r}_{Bi}-\frac{1}{2}s_{i4}\boldsymbol{n}_{5-i},\quad i=1,2 \tag{5-74}$$

伸缩支链 E_iB_i 上半部分质心位置在坐标系 $O\text{-}YZ$ 中可以表示为

$$\boldsymbol{r}_{\mathrm{up}i}=\boldsymbol{r}_{ui}+q_i\begin{bmatrix}0\\1\end{bmatrix}+\frac{1}{2}s_{i3}\boldsymbol{n}_{5-i},\quad i=1,2 \tag{5-75}$$

式中，$\boldsymbol{r}_{u1}=-\dfrac{d}{2}\begin{bmatrix}1\\0\end{bmatrix}$，$\boldsymbol{r}_{u2}=\dfrac{d}{2}\begin{bmatrix}1\\0\end{bmatrix}$。

动平台质心的位置矢量为

$$\boldsymbol{r}_{\mathrm{mo}}=\boldsymbol{r}+\boldsymbol{r}_N \tag{5-76}$$

对式(5-73)两次求导得到定长支链 A_iD_i 质心的加速度为

$$\ddot{\boldsymbol{r}}_{gi}=\boldsymbol{a}_{Ai}-\frac{1}{2}l_i\ddot{\theta}_i\begin{bmatrix}-n_{iz}\\n_{iy}\end{bmatrix}+\frac{1}{2}l_i\dot{\theta}_i^2\boldsymbol{n}_i \tag{5-77}$$

式中，$\boldsymbol{n}_i=\begin{bmatrix}n_{iy}\\n_{iz}\end{bmatrix}$。

对式(5-74)两次求导得到伸缩支链 E_iB_i 下半部分质心的加速度为

$$\ddot{\boldsymbol{r}}_{\mathrm{low}i}=\boldsymbol{a}_{Bi}-\frac{1}{2}s_{i4}\ddot{\phi}_i\begin{bmatrix}-n_{(5-i)z}\\n_{(5-i)y}\end{bmatrix}+\frac{1}{2}s_{i4}\dot{\phi}_i^2\boldsymbol{n}_{5-i} \tag{5-78}$$

对式(5-75)两次求导得到伸缩支链 E_iB_i 上半部分质心的加速度为

$$\ddot{\boldsymbol{r}}_{\mathrm{up}i}=\ddot{q}_i\begin{bmatrix}0\\1\end{bmatrix}+\frac{1}{2}s_{i3}\ddot{\phi}_i\begin{bmatrix}-n_{(5-i)z}\\n_{(5-i)y}\end{bmatrix}-\frac{1}{2}s_{i3}\dot{\phi}_i^2\boldsymbol{n}_{5-i} \tag{5-79}$$

对式(5-76)两次求导得到动平台质心的加速度为

$$\ddot{\boldsymbol{r}}_{\mathrm{mo}}=\ddot{\boldsymbol{r}}+\ddot{\boldsymbol{r}}_N \tag{5-80}$$

式中，$\ddot{\boldsymbol{r}}_{\mathrm{mo}}=\begin{bmatrix}\ddot{r}_{\mathrm{mo}y} & \ddot{r}_{\mathrm{mo}z}\end{bmatrix}^{\mathrm{T}}$，$\ddot{r}_{\mathrm{mo}y}$ 和 $\ddot{r}_{\mathrm{mo}z}$ 表示 $\ddot{\boldsymbol{r}}_{\mathrm{mo}}$ 在 Y 轴和 Z 轴的分量。

5.5.2 机构受力分析

假设转动副和移动副润滑良好，建模过程中忽略摩擦力。图 5.9 给出了定长支链 A_iD_i 的受力图，其力平衡方程可以表示为

$$\boldsymbol{F}_{Di}+\boldsymbol{F}_{Ai}-m_{i2}\boldsymbol{g}-m_{i2}\ddot{\boldsymbol{r}}_{gi}=\boldsymbol{0},\quad i=1,2 \tag{5-81}$$

式中，$\boldsymbol{F}_{Di}$ 是滑块给定长支链 A_iD_i 的限制力；$\boldsymbol{F}_{Ai}$ 是定长支链 A_iD_i 作用在动平台上的力，$\boldsymbol{F}_{Ai}=\begin{bmatrix}F_{Aiy} & F_{Aiz}\end{bmatrix}^{\mathrm{T}}$，$\boldsymbol{F}_{Ai}$ 也可以分解为沿杆长方向的分量 F_{Ail} 和垂直杆长方向的分量 F_{Aiv}，同时存在如下关系：

$$F_{Ail}=\boldsymbol{F}_{Ai}\cdot\boldsymbol{n}_i,\quad F_{Aiv}=\boldsymbol{F}_{Ai}\cdot\begin{bmatrix}-n_{iz}\\ n_{iy}\end{bmatrix} \tag{5-82}$$

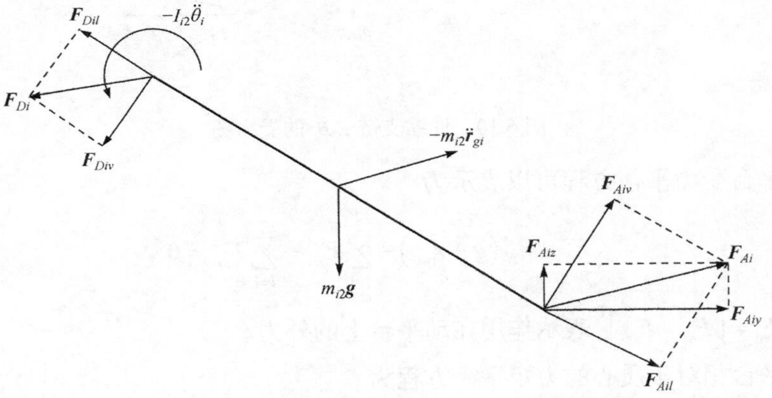

图 5.9　定长支链 A_iD_i 的受力图

定长支链 A_iD_i 相对于 D_i 点的力矩平衡方程可以写为

$$\boldsymbol{F}_{Ai}\cdot l_i\begin{bmatrix}-n_{iy}\\ n_{ix}\end{bmatrix}-m_{i2}(g+\ddot{q}_i)s_{i2}-I_{i2}\ddot{\theta}_i=0,\quad i=1,2 \tag{5-83}$$

图 5.10 给出了伸缩支链 E_iB_i 的受力图，其力平衡方程可以写为

$$\boldsymbol{F}_{Ei}-\boldsymbol{F}_{Bi}-m_{i3}(\boldsymbol{g}+\ddot{\boldsymbol{r}}_{\mathrm{up}i})-m_{i4}(\boldsymbol{g}+\ddot{\boldsymbol{r}}_{\mathrm{low}i})=\boldsymbol{0},\quad i=1,2 \tag{5-84}$$

式中，$\boldsymbol{F}_{Ei}$ 是滑块给伸缩支链 E_iB_i 的限制力；$\boldsymbol{F}_{Bi}$ 是伸缩支链 E_iB_i 作用在动平台上的力，$\boldsymbol{F}_{Bi}=\begin{bmatrix}F_{Biy} & F_{Biz}\end{bmatrix}^{\mathrm{T}}$，$\boldsymbol{F}_{Bi}$ 也可以分解为沿杆长方向的分量 F_{Bil} 和垂直杆长方向的分量 F_{Biv}，同时存在如下关系：

$$F_{Bil}=\boldsymbol{F}_{Bi}\cdot\boldsymbol{n}_{5-i},\quad F_{Biv}=\boldsymbol{F}_{Bi}\cdot\begin{bmatrix}-n_{(5-i)z}\\ n_{(5-i)y}\end{bmatrix} \tag{5-85}$$

伸缩支链 B_iE_i 相对于 E_i 点的力矩平衡方程可以写为

$$\boldsymbol{F}_{Bi}\cdot l_{5-i}\begin{bmatrix}-n_{(5-i)z}\\ n_{(5-i)y}\end{bmatrix}-m_{i3}(g+\ddot{q}_i)s_{i3}-m_{i4}(g+\ddot{q}_i)(l_{5-i}-s_{i4})-I_{BEi}\ddot{\phi}_i=0 \tag{5-86}$$

式中，I_{BEi} 表示伸缩支链 B_iE_i 相对于 E_i 点的转动惯量。

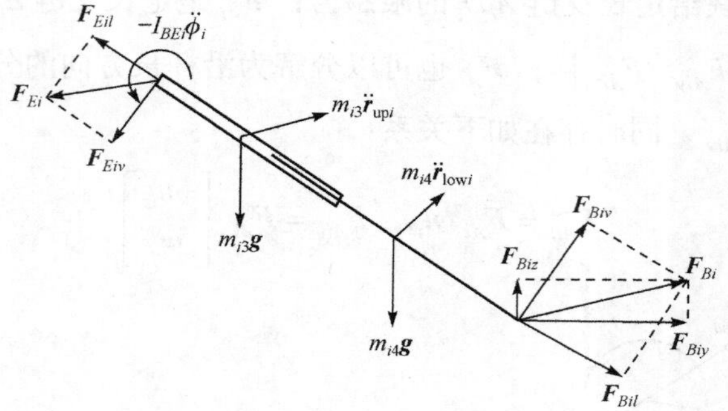

图 5.10　伸缩支链 E_iB_i 的受力图

动平台受力平衡方程可以表示为

$$\boldsymbol{F}_e-m_N\left(\boldsymbol{g}+\ddot{\boldsymbol{r}}_{\mathrm{mo}}\right)-\sum_{i=1}^{2}\boldsymbol{F}_{Ai}-\sum_{i=1}^{2}\boldsymbol{F}_{Bi}=\boldsymbol{0} \tag{5-87}$$

式中，$\boldsymbol{F}_e=\begin{bmatrix}F_{ey} & F_{ez}\end{bmatrix}^{\mathrm{T}}$ 表示作用在动平台上的外力。

动平台相对于质心的力矩平衡方程为

$$-I_N\ddot{\theta}+M_e-\sum_{i=1}^{2}\left(\boldsymbol{F}_{Ai}\cdot\begin{bmatrix}-A_{iz}\\ A_{iy}\end{bmatrix}\right)-\sum_{i=1}^{2}\left(\boldsymbol{F}_{Bi}\cdot\begin{bmatrix}-B_{iz}\\ B_{iy}\end{bmatrix}\right)=0 \tag{5-88}$$

式中，M_e 表示作用在动平台上的外力矩；A_{iy} 和 A_{iz} 表示动平台质心到 A_i 点的矢量沿水平方向和竖直方向的分量；B_{iy} 和 B_{iz} 表示动平台质心到 B_i 点的矢量沿水平方向和竖直方向的分量。

由式(5-87)和式(5-88)可得

$$\boldsymbol{A}_L\boldsymbol{F}_L=\boldsymbol{Q}_L \tag{5-89}$$

式中

$$\boldsymbol{A}_L=\begin{bmatrix}n_{1y} & n_{2y} & n_{3y} & n_{4y}\\ n_{1z} & n_{2z} & n_{3z} & n_{4z}\\ u_{A1} & u_{A2} & u_{B2} & u_{B1}\end{bmatrix},\quad u_{Ai}=n_{iz}A_{iy}-n_{iy}A_{iz},\quad u_{Bi}=n_{(5-i)z}B_{iy}-n_{(5-i)y}B_{iz}$$

$$
\boldsymbol{F}_L = [F_{A1l} \quad F_{A2l} \quad F_{B2l} \quad F_{B1l}]^{\mathrm{T}}, \quad \boldsymbol{Q}_L = \begin{bmatrix} F_{ey} - m_N \ddot{r}_{\mathrm{moy}} + \sum_{i=1}^{2} n_{iz} F_{Aiv} + \sum_{i=1}^{2} n_{(5-i)z} F_{Biv} \\ F_{ez} - m_N \left(g + \ddot{r}_{\mathrm{moz}}\right) + \sum_{i=1}^{2} n_{iy} F_{Aiv} + \sum_{i=1}^{2} n_{(5-i)y} F_{Biv} \\ M_e - I_N \ddot{\theta} - \sum_{i=1}^{2} w_{Ai} F_{Aiv} - \sum_{i=1}^{2} w_{Bi} F_{Biv} \end{bmatrix}
$$

$$
w_{Ai} = n_{iy} A_{iy} + n_{iz} A_{iz}, \quad w_{Bi} = n_{(5-i)y} B_{iy} + n_{(5-i)z} B_{iz}
$$

首先联合式(5-82)和式(5-83)，可以求出 F_{Aiv}；然后联合式(5-85)和式(5-86)，可以求出 F_{Biv}。因此，式(5-89)中只有 F_{Ail} 和 F_{Bil} (i=1,2)四个未知量，但是只有三个独立方程，需要采用适当的优化方法求解这四个未知量。

5.5.3　驱动力优化

在并联机床运动过程中，机构部件受力的作用产生变形，导致动平台产生误差，这种误差是不能通过静态补偿而弥补的，需要通过对驱动力进行优化实时补偿。对于本书研究的驱动冗余并联机床，滑块、导轨和动平台等的变形相对较小，可以忽略，所以这里主要考虑四个支链的变形。对于支链，如果除去重力和惯性力的作用，支链就变为二力杆，所以支链受垂直于杆方向的力明显小于轴向力。而且对于垂直于杆方向的力引起的弯曲变形主要发生在杆件的中部，对于末端平台的影响很小，这里只考虑支链的轴向变形，如图 5.11 所示。轴向变形可以表示为

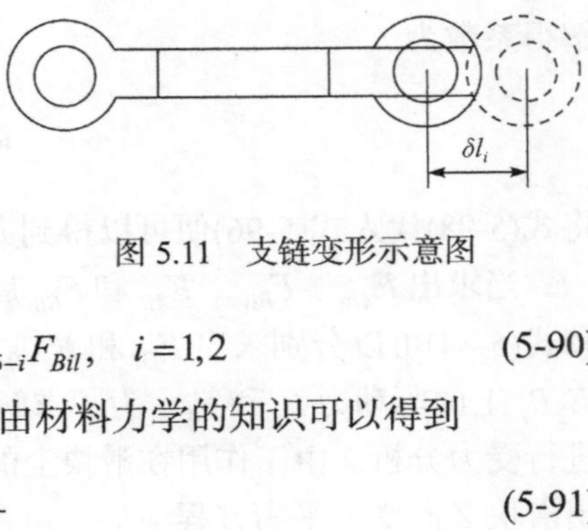

图 5.11　支链变形示意图

$$
\delta l_i = kk_i F_{Ail}, \quad \delta l_{5-i} = kk_{5-i} F_{Bil}, \quad i = 1,2 \tag{5-90}
$$

式中，kk_i 为单位力作用下产生的弹性变形，由材料力学的知识可以得到

$$
kk_i = \frac{l_i}{E_m S_i} \tag{5-91}
$$

式中，E_m 为材料的弹性模量；S_i 为支链的横截面积，对于伸缩支链，由于沿杆方向支链的横截面积发生变化，所以求支链的轴向变形时应将伸缩支链上下两部分的轴向变形叠加。因此，轴向变形最小的优化目标函数可以表示为

$$
\mathrm{OB} = \sum_{i=1}^{4} \left(\delta l_i\right)^2 \tag{5-92}
$$

为了求解驱动力，首先构造如下权值矩阵：

$$KK=\begin{bmatrix} kk_1 & 0 & 0 & 0 \\ 0 & kk_2 & 0 & 0 \\ 0 & 0 & kk_3 & 0 \\ 0 & 0 & 0 & kk_4 \end{bmatrix} \tag{5-93}$$

则式(5-89)可以写为

$$A_L KK^{-1} \times KKF_L = Q_L \tag{5-94}$$

令 $A_L KK^{-1} = A$， $KKF_L = x$， 则式(5-94)可以写为

$$Ax = Q_L \tag{5-95}$$

因此对目标函数(5-92)求最小值的问题转化为方程组(5-95)中求得一组解 x 使得 $\|x\|^2$ 最小，其中式(5-95)解的形式为

$$x = ax_0 + x_s \tag{5-96}$$

式中，x_s 为方程组的一组特解；x_0 为该方程组对应的线性齐次方程组的基础解。为了求目标函数最小值，对 $\|x\|^2$ 求偏导并令其偏导数为零：

$$\frac{\partial x^2}{\partial a_1} = 2(x_s^{\mathrm{T}} + a_1 x_{01}^{\mathrm{T}}) x_{01} = \mathbf{0} \tag{5-97}$$

解得系数为

$$a = \frac{-x_s^{\mathrm{T}} x_{01}}{x_{01}^{\mathrm{T}} x_{01}} \tag{5-98}$$

将式(5-98)代入式(5-96)便可以得到方程的最优解。

当求出 F_{Aiv}、F_{Biv}、F_{Ail} 和 F_{Bil} 后，也就求出了 F_{Ai} 和 F_{Bi}。然后，利用式(5-81)和式(5-84)可以分别求出 F_{Di} 和 F_{Ei}。F_{B1l} 和 F_{B2l} 分别等于作用在伸缩支链 E_1B_1 和 E_2B_2 上的驱动力 F_3 和 F_4。为了求解作用在滑块上的驱动力 F_1 和 F_2，需要对滑块进行受力分析。由于作用在滑块上的驱动力仅有竖直方向的分量，所以这里仅给出滑块 Z 向受力平衡方程

$$F_i - \begin{bmatrix} 0 \\ 1 \end{bmatrix} \cdot (F_{Ei} + F_{Di}) + m_{i1}(g - \ddot{q}_i) - m_{i5}(g + \ddot{q}_i) = 0 \tag{5-99}$$

根据式(5-99)就可以求出作用在滑块上的驱动力 F_1 和 F_2。

5.5.4 数值仿真

仿真过程中，动平台的运动仍然按照 5.3 节的轨迹规划经过加速、匀速和减速三个阶段。动平台沿 5.3 节的两个仿真算例轨迹运动，并且将支链变形最小优

化方法与 5.3 节的驱动力范数最小优化方法进行比较。

1) 仿真算例 1

机床仍按照 5.3 节仿真算例 1 的路径规划，从(0m, −0.4m, 0.4m, −18°)运动到(0m, 0.4m, 0.4m, −18°)。图 5.12 和图 5.13 给出了支链变形最小优化方法与驱动力范数最小优化方法得到的伸缩支链 B_iE_i 及定长支链 D_iA_i 的轴向内力。可以看出，支链变形最小优化方法得到的定长支链 D_iA_i 的轴向力要显著大于伸缩支链 B_iE_i 的轴向力。这是因为定长支链 D_iA_i 的刚度大于伸缩支链 B_iE_i，定长支链 D_iA_i 即使有较大的轴线力，变形也不会太大，伸缩支链 B_iE_i 较小的轴向力保证其变形也较小。驱动力范数最小优化方法不考虑杆件的变形，得到的伸缩支链 B_iE_i 的轴向力也较大，伸缩支链 B_iE_i 的刚度较低，最终导致伸缩支链 B_iE_i 具有较大的轴向变形。

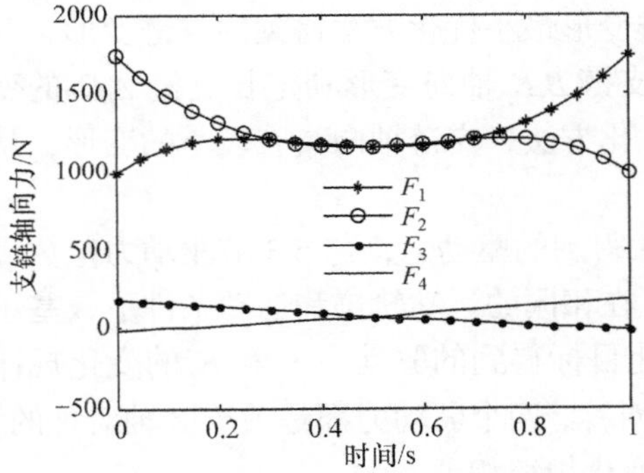

图 5.12　支链变形最小优化方法得到的支链轴向力

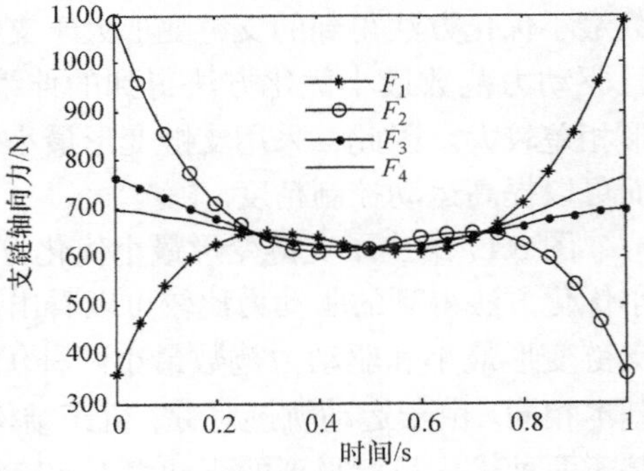

图 5.13　驱动力范数最小优化方法得到的支链轴向力

图 5.14～图 5.16 给出了两种优化方法得到的定长支链 D_iA_i 和伸缩支链 B_iE_i 的

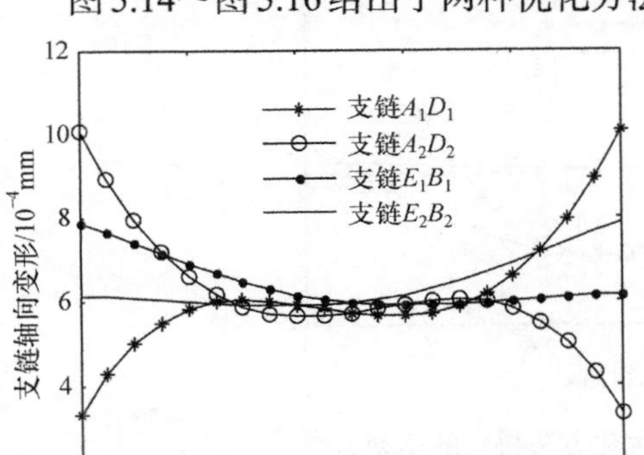

图 5.14　支链变形最小优化方法得到的支链轴向变形

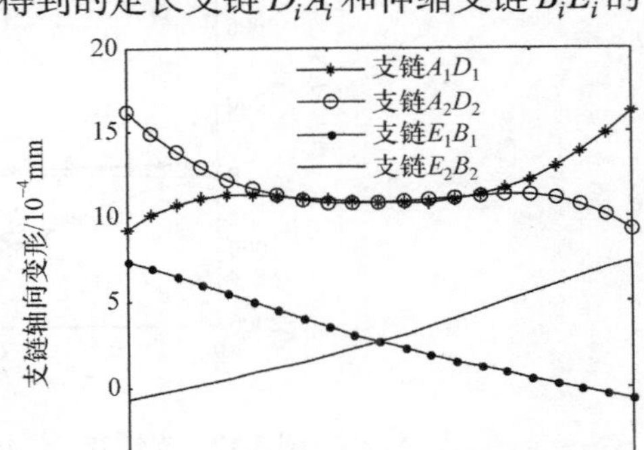

图 5.15　驱动力范数最小优化方法得到的支链轴向变形

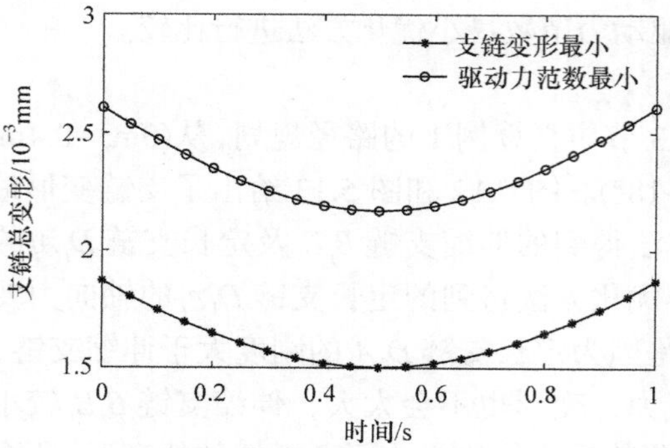

图 5.16　两种方法得到的支链总变形

轴向变形以及四个支链总的轴向变形($\sqrt{(\delta l_1)^2+(\delta l_2)^2+(\delta l_3)^2+(\delta l_4)^2}$)。驱动力范数最小优化方法得到的支链变形大于支链变形最小优化方法得到的支链变形，并且驱动力范数最小优化方法得到的伸缩支链 B_iE_i 轴向变形和定长支链 A_iD_i 的变形相差较大。因此，采用支链变形最小优化方法，支链轴向具有较小的变形，从而可以提高运动控制精度。

图 5.17 给出了支链变形最小优化方法得到的驱动力，与 5.3 节驱动力范数最小优化方法得到的驱动力比较可以看出，在相同的运动轨迹和运动条件下，基于支链变形最小和驱动力范数最小两种优化目标得到的驱动力 F_1 和 F_2 的变化规律基本相同。由于运动轨迹对称，机床结构对称，四个驱动力都是关于 Z 轴对称的，基于两种优化目标得到的驱动力 F_3 和 F_4 变化规律相差不大。

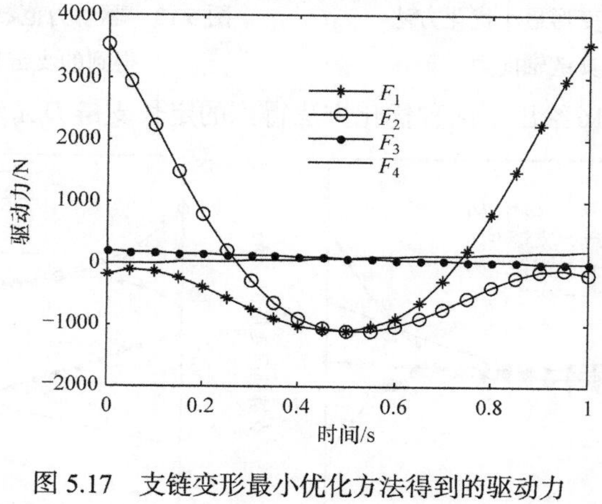

图 5.17　支链变形最小优化方法得到的驱动力

2) 仿真算例 2

在仿真算例 2 中，动平台从(0m, −0.15m, 0.35m, −4°)运动到(0m, 0.15m, 0.35m, −14°)，动平台的运动速度为 1.8m/min。同样，分别采用支链变形最小优化方法和驱动力范数最小方法对内力进行优化。图 5.18 和图 5.19 给出了支链变形最小优化方法与驱动力范数最小优化方法得到的伸缩支链 E_iB_i 及定长支链 A_iD_i 的轴向内力。可以看出，采用支链变形最小优化方法得到的定长支链 A_iD_i 的轴向力要显著大于伸缩支链 E_iB_i 的轴向力。驱动力范数最小优化方法得到的伸缩支链 E_iB_i 的轴向力明显大于支链变形最小优化方法得到的支链 E_iB_i 的轴向力。伸缩支链 E_iB_i 的刚度较低，其轴向力越大，产生的变形也越大。这一分析在图 5.20 和图 5.21 所示的支链轴向变形图中得到验证。从图 5.20 和图 5.21 可以看出，驱动力范数最小优化方法得到的支链变形大于支链变形最小优化方法得到的支链变形。因此，采用支链变形最小优化方法，支链轴向变形较小。

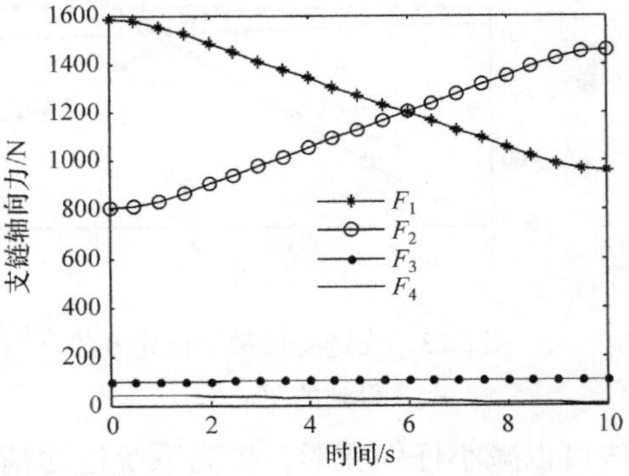

图 5.18　支链变形最小优化方法得到的支链轴向力

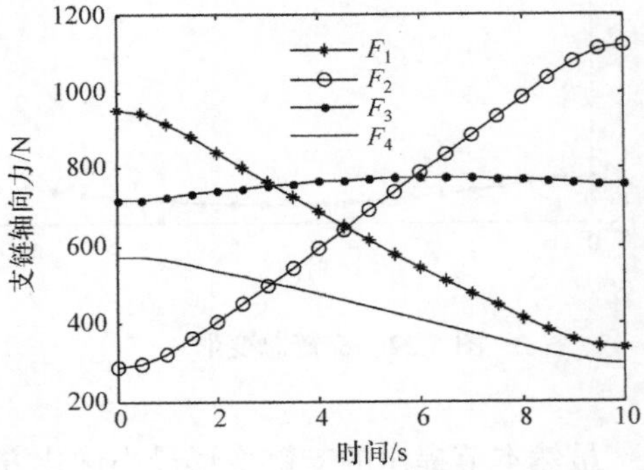

图 5.19　驱动力范数最小优化方法得到的支链轴向力

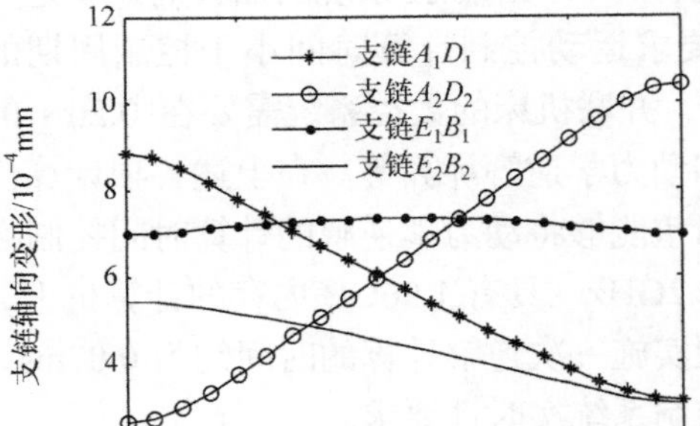

图 5.20　支链变形最小优化方法得到的支链轴向变形

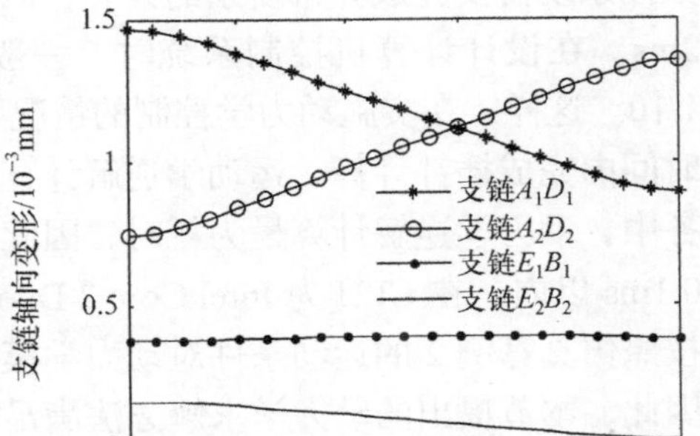

图 5.21　驱动力范数最小优化方法得到的支链轴向变形

图 5.22 给出了支链变形最小优化方法和驱动力范数最小优化方法得到的支链总变形。由图可知，支链变形最小优化方法得到的总变形明显小于驱动力范数最

小优化方法得到的总变形。因此，支链变形最小优化方法可以提高运动精度。图 5.23 给出了支链变形最小优化方法得到的驱动力，与图 5.4 中驱动力范数最小优化方法得到的驱动力 F_1 和 F_2 大小和变化规律基本相同。但是，图 5.4 和图 5.23 中伸缩支链驱动力 F_3 和 F_4 大小相差较大。采用本节提出的支链变形最小优化方法得到的伸缩支链驱动力要小于传统优化方法获得的驱动力，从而可以减小伸缩支链的变形，此算例进一步证明了本节考虑变形的驱动力优化方法的有效性。

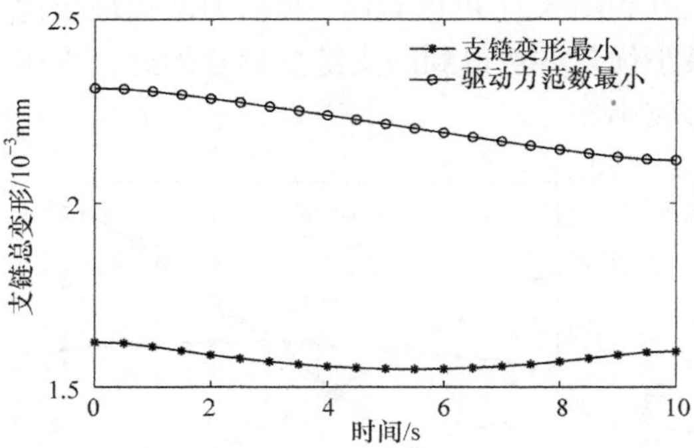

图 5.22　支链总变形

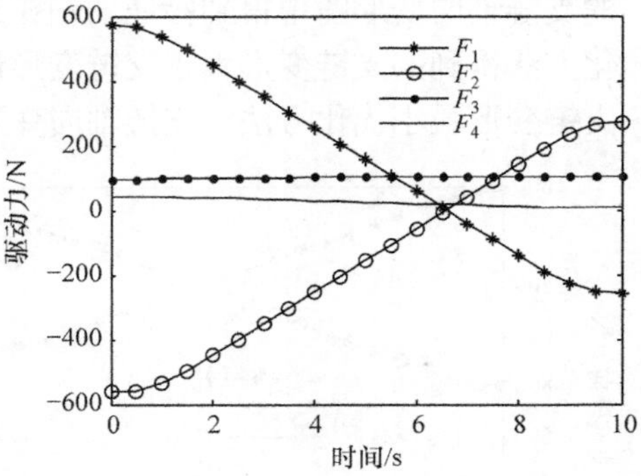

图 5.23　支链变形最小优化方法得到的驱动力

虽然本节提出的支链变形最小优化方法可以减小杆件变形，提高系统运动精度，但是所建立的动力学模型应用到控制系统中，需要满足控制系统实时性要求。这里进一步对模型的计算效率进行测试。基于并联机床插补周期估算方法，考虑数控系统需要完成异常复杂的计算，因此将并联机床数控系统的插补周期设定为 2ms。在设计计算机控制系统时，一般要求运动控制计算时间小于控制周期的 1/10。这样，在实施动力学控制的情况下，并联机床的数控系统需要在 0.2ms 的时间内完成插补计算、运动学逆解计算和动力学逆解计算等。在上述各项计算任务中，动力学逆解计算最为耗时，因此希望能够将动力学逆解的计算时间控制在 0.1ms 以内。在 CPU 为 Intel Core 2 Duo 2.2GHz、具有 1.96GB 内存的计算机上，按照仿真算例 2 的运动条件对动力学模型实施一次逆解计算的时间约为 0.07ms。因此，本节提出的动力学求解方法满足控制系统实时性要求。

参 考 文 献

[1] 李兵，王知行，李建生. 基于凯恩方程的新型并联机床动力学研究. 机械科学与技术，1999, 18(1): 41-43.

[2] Grotjahn M, Heimann B, Kuehn J, et al. Dynamics of robots with parallel kinematic structure. Proceedings of the 11th World Congress in Mechanism and Machine Science, 2004: 1689-1693.

[3] Muller A, Maiber P. A Lie-group formulation of kinematics and dynamics of constrained MBS and

its application to analytical mechanics. Multibody System Dynamics, 2003, 9(4): 311-352.

[4] Wiens G , Shamblin S, Oh Y. Characterization of PKM dynamics in terms of system identification. Proceedings of the Institution of Mechanical Engineers, Part K: Journal of Multi-body Dynamics, 2002, 216(1): 59-72.

[5] Khalil W, Guegan S. Inverse and direct dynamic modeling of Gough-Stewart robots. IEEE Transaction on Robotics, 2004, 20(4): 754-761.

[6] Sugimoto K. Kinematic and dynamic analysis of parallel manipulators by means of motor algebra. Journal of Mechanisms, Transmissions, and Automation in Design, 1987, 109(1): 3-7.

[7] Dasgupta B, Mruthyunjaya T S. A Newton-Euler formulation for the inverse dynamics of the Stewart platform manipulator. Mechanism and Machine Theory, 1998, 33(8): 1135-1152.

[8] Dasgupta B, Choudhury P. General strategy based on the Newton-Euler approach for the dynamic formulation of parallel manipulator. Mechanism and Machine Theory, 1999, 34(6): 801-824.

[9] Pang H, Shahinpoor M. Inverse dynamics of a parallel manipulator. Journal of Robotic Systems, 1994, 11(8): 693-702.

[10] Wang J, Gosselin C M. A new approach for the dynamic analysis of parallel manipulators. Multibody System Dynamics, 1998, 2(3): 317-334.

[11] Zhang C D, Song S M. An efficient method for inverse dynamics of manipulators based on the virtual principle. Journal of Robotic Systems, 1992, 10(5): 605-627.

[12] Tsai L W. Solving the inverse dynamics of a Stewart-Gough manipulator by the principle of virtual work. Journal of Mechanical Design, 2000, 122(1): 3-9.

[13] Lee K M, Shah D K. Dynamic analysis of a tree-degrees-of-freedom in-parallel actuated manipulator. IEEE Journal of Robotics and Automation, 1988, 4(3): 361-367.

[14] Ji Z. Study of the effect of leg inertia in Stewart platforms. IEEE International Conference on Robotics and Automation, 1993: 121-126.

[15] 邵华, 关立文, 王立平, 等. 冗余并联机床驱动力优化解析. 清华大学学报, 2007, 47(8): 1325-1329.

[16] Wang L P, Wu J, Wang J S. Dynamic formulation of a planar 3-DOF parallel manipulator with actuation redundancy. Robotics and Computer Integrated Manufacturing, 2010, 26(1): 67-73.

[17] Zhao Y J, Gao F. Dynamic formulation and performance evaluation of the redundant parallel mechanism. Robotics and Computer Integrated Manufacturing, 2009, 25(4): 770-781.

[18] Asada H. A geometrical representation of manipulator dynamics and its application to arm design. Journal of Dynamic Systems, Measurement, and Control, 1983, 105(3): 131-135.

[19] Asada H, Youcef-Toumi K. Analysis and design of a direct-drive arm with a five-bar-link parallel drive mechanism. ASME Journal of Dynamic Systems, Measurement, and Control, 1984, 106(3): 225-230.

[20] Yoshikawa T. Dynamic manipulability of robot manipulators. Journal of Robotic Systems, 1985, 2(1): 113-124.

[21] Yoshikawa T. Manipulability of robotic mechanisms. The International Journal of Robotics Research, 1985, 4(2): 3-9.

[22] Wu J, Wang J S, Li T M, et al. Dynamic dexterity of a planar 2DOF parallel manipulator in a

hybrid machine tool. Robotica, 2008, 26(1): 93-98.

[23] Wu J, Li T M, Xu B Q. Force optimization of planar 2-DOF parallel manipulators with actuation redundancy considering deformation. Proceedings of the Institution of Mechanical Engineers, Part C: Journal of Mechanical Engineering Science, 2013, 227(6): 1371-1377.

[24] Wu J, Wang D, Wang L P. A control strategy of a two degrees-of-freedom heavy duty parallel manipulator. Journal of Dynamic Systems, Measurement and Control, 2015, 137(6): 061007.

[25] Li T M, Jia S, Wu J. Dynamic model of a 3-DOF redundantly actuated parallel manipulator. International Journal of Advances Robotics Systems, 2016, 13, DOI: 10.1177/1729881416662791.

[26] 徐博强. 4RRR驱动冗余并联机器的分析、设计与控制. 北京: 清华大学硕士学位论文, 2011.

[27] Bi Z M, Kang B. An inverse dynamic model of over-constrained parallel kinematic machine based on Newton-Euler formulation. Journal of Dynamics Systems, Measurement, and Control, 2014, 136(4): 041001.

第 6 章　驱动冗余并联机床的动力学参数辨识

6.1　引　言

动力学控制是实现并联机床高速高精度运动的重要保障，控制效果在很大程度上依赖于动力学模型的精度，而动力学参数的准确度又直接决定了动力学模型的精度，因此必须获得精确的动力学参数值。由于惯性矩等动力学参数很难直接测量，所以必须采用辨识的方法进行辨识，通过测量并联机床的输入(驱动力/力矩)和输出(动平台的位姿、速度和加速度)，间接计算得到这些参数[1-5]。动力学参数辨识是一项重要的基础性课题。目前，对并联机床动力学参数辨识的研究较少，相关的理论和实验研究还不充分。

本章在第 5 章建立的动力学模型的基础上，首先将其转化为相对于基本动力学参数为线性化的形式；然后基于传统机器人动力学参数辨识的分步法，提出应用于驱动冗余并联机床动力学参数辨识的两步辨识法，并开展相应的实验研究；最后规划一条不同于辨识实验中的运动轨迹，验证辨识结果的准确性。本章旨在辨识精确的动力学参数值，为实现机床高精度运动控制奠定基础。

6.2　面向动力学参数辨识应用的动力学模型

6.2.1　基本动力学参数

对于空间并联机构，其动力学参数包括各条支链的运动连杆和动平台的动力学参数(质量 M_j，在关节坐标中表示的质量与质心位置的乘积 MX_j、MY_j、MZ_j，以及惯性张量 XX_j、XY_j、XZ_j、YY_j、YZ_j、ZZ_j)、各运动关节的库伦摩擦系数 r_{1j} 和黏性摩擦系数 r_{2j}；对于平面并联机构，其动力学参数包括各条支链的运动连杆和动平台的动力学参数(质量 M_j，在关节坐标系中表示的质量与质心位置的乘积 MX_j、MY_j，以及绕 Z 轴的惯性张量 ZZ_j)、各运动关节的库伦摩擦系数和黏性摩擦系数[6-10]。然而，并不是所有的参数都会出现在支链和并联机构的动力学模型中，将确定第 i 条支链动力学模型所需的最小动力学参数集合 $\boldsymbol{p}_i$ 称为第 i 条支链的基本动力学参数，对于包含 m 条独立支链的并联机构，其基本动力学参数为

$$\boldsymbol{p}_b = [\boldsymbol{p}_1^{\mathrm{T}}, \boldsymbol{p}_2^{\mathrm{T}}, \cdots, \boldsymbol{p}_m^{\mathrm{T}}, \boldsymbol{p}_p^{\mathrm{T}}]^{\mathrm{T}} \tag{6-1}$$

式中，$\boldsymbol{p}_p$ 为动平台的基本动力学参数。

6.2.2 线性化形式动力学模型

为了便于动力学参数辨识应用以及控制器的设计，需要将式(5-53)所示的动力学模型进行线性化处理，转化为关于基本动力学参数为线性化的形式[11-13]。由于 $\boldsymbol{H}_{ij}^{\mathrm{T}}$ 和 $\boldsymbol{G}_{ij}^{\mathrm{T}}$ 中不含基本动力学参数，在线性化转换过程中，只要从式(5-53)中的 $\boldsymbol{F}_{ij}$、M_{ij}、$\boldsymbol{F}_N$ 和 M_N 里提取基本动力学参数，就可以将式(5-53)转化为关于基本动力学参数为线性化的形式。

由于滑块只有平动自由度，所以可将其看成一个规则的刚体，其动力学参数只有质量。由式(5-41)和式(5-42)可以得到

$$\begin{bmatrix} \boldsymbol{F}_{i1} \\ M_{i1} \end{bmatrix} = -\begin{bmatrix} \boldsymbol{a}_{Ei} - \boldsymbol{g} \\ 0 \end{bmatrix} m_{i1} \tag{6-2}$$

进一步，可以得到

$$\begin{bmatrix} \boldsymbol{H}_{i1}^{\mathrm{T}} & \boldsymbol{G}_{i1}^{\mathrm{T}} \end{bmatrix} \begin{bmatrix} \boldsymbol{F}_{i1} \\ M_{i1} \end{bmatrix} = -\boldsymbol{\Omega}_{i1} m_{i1} \tag{6-3}$$

式中，$\boldsymbol{\Omega}_{i1} = \begin{bmatrix} \boldsymbol{H}_{i1}^{\mathrm{T}} & \boldsymbol{G}_{i1}^{\mathrm{T}} \end{bmatrix} \begin{bmatrix} \boldsymbol{a}_{Ei} - \boldsymbol{g} \\ 0 \end{bmatrix}$。

将式(5-43)和式(5-44)写成矩阵形式，可以得到

$$\begin{bmatrix} \boldsymbol{F}_{i2} \\ M_{i2} \end{bmatrix} = -\begin{bmatrix} \boldsymbol{a}_{Di} - \boldsymbol{g} & \boldsymbol{A}_{i2} & \boldsymbol{0} \\ 0 & B_{i2} & \ddot{\theta}_i \end{bmatrix} \begin{bmatrix} m_{i2} \\ m_{i2} s_{i2} \\ I_{i2} \end{bmatrix} \tag{6-4}$$

式中，$\boldsymbol{A}_{i2} = \ddot{\theta}_i \boldsymbol{E} \begin{bmatrix} \sin\theta_i \\ -\cos\theta_i \end{bmatrix} - \dot{\theta}_i^2 \begin{bmatrix} \sin\theta_i \\ -\cos\theta_i \end{bmatrix}$；$B_{i2} = -\begin{bmatrix} \sin\theta_i & -\cos\theta_i \end{bmatrix} \boldsymbol{E}(\boldsymbol{a}_{Di} - \boldsymbol{g})$。

根据式(6-4)，可以得到

$$\begin{bmatrix} \boldsymbol{H}_{i2}^{\mathrm{T}} & \boldsymbol{G}_{i2}^{\mathrm{T}} \end{bmatrix} \begin{bmatrix} \boldsymbol{F}_{i2} \\ M_{i2} \end{bmatrix} = -\boldsymbol{\Omega}_{i2} \boldsymbol{p}_{i2} \tag{6-5}$$

式中，$\boldsymbol{\Omega}_{i2} = \begin{bmatrix} \boldsymbol{H}_{i2}^{\mathrm{T}} & \boldsymbol{G}_{i2}^{\mathrm{T}} \end{bmatrix} \begin{bmatrix} \boldsymbol{a}_{Di} - \boldsymbol{g} & \boldsymbol{A}_{i2} & \boldsymbol{0} \\ 0 & B_{i2} & \ddot{\theta}_i \end{bmatrix}$、$\boldsymbol{p}_{i2} = \begin{bmatrix} m_{i2} & m_{i2} s_{i2} & I_{i2} \end{bmatrix}^{\mathrm{T}}$ 是定长支链 $A_i D_i$ 的基本动力学参数。

相应地，将式(5-45)和式(5-46)写成矩阵形式，可以得到

$$\begin{bmatrix} \boldsymbol{F}_{i3} \\ M_{i3} \end{bmatrix} = -\begin{bmatrix} \boldsymbol{a}_{Ei}-\boldsymbol{g} & \boldsymbol{A}_{i3} & \boldsymbol{0} \\ 0 & B_{i3} & \ddot{\phi}_i \end{bmatrix} \begin{bmatrix} m_{i3} \\ m_{i3}s_{i3} \\ I_{i3} \end{bmatrix} \tag{6-6}$$

式中，$\boldsymbol{A}_{i3} = \ddot{\phi}_i \boldsymbol{E}\begin{bmatrix} \sin\phi_i \\ -\cos\phi_i \end{bmatrix} - \dot{\phi}_i^2 \begin{bmatrix} \sin\phi_i \\ -\cos\phi_i \end{bmatrix}$；$B_{i3} = -\begin{bmatrix} \sin\phi_i & -\cos\phi_i \end{bmatrix} \boldsymbol{E}(\boldsymbol{a}_{Ei} - \boldsymbol{g})$。

令 $\boldsymbol{\Omega}_{i3} = \begin{bmatrix} \boldsymbol{H}_{ij}^{\mathrm{T}} & \boldsymbol{G}_{ij}^{\mathrm{T}} \end{bmatrix} \begin{bmatrix} \boldsymbol{a}_{Ei}-\boldsymbol{g} & \boldsymbol{A}_{i3} & \boldsymbol{0} \\ 0 & B_{i3} & \ddot{\phi}_i \end{bmatrix}$、$\boldsymbol{p}_{i3} = \begin{bmatrix} m_{i3} & m_{i3}s_{i3} & I_{i3} \end{bmatrix}^{\mathrm{T}}$ 为伸缩支链 E_iB_i 上半部分的基本动力学参数，则可以得到

$$\begin{bmatrix} \boldsymbol{H}_{i3}^{\mathrm{T}} & \boldsymbol{G}_{i3}^{\mathrm{T}} \end{bmatrix} \begin{bmatrix} \boldsymbol{F}_{i3} \\ M_{i3} \end{bmatrix} = -\boldsymbol{\Omega}_{i3}\boldsymbol{p}_{i3} \tag{6-7}$$

将式(5-47)和式(5-48)写成矩阵形式，可以得到

$$\begin{bmatrix} \boldsymbol{F}_{i4} \\ M_{i4} \end{bmatrix} = -\begin{bmatrix} \boldsymbol{a}_{Bi}-\boldsymbol{g} & \boldsymbol{A}_{i4} & \boldsymbol{0} \\ 0 & B_{i4} & \ddot{\phi}_i \end{bmatrix} \begin{bmatrix} m_{i4} \\ m_{i4}s_{i4} \\ I_{i4} \end{bmatrix} \tag{6-8}$$

式中，$\boldsymbol{A}_{i4} = -\ddot{\phi}_i \boldsymbol{E}\begin{bmatrix} \sin\phi_i \\ -\cos\phi_i \end{bmatrix} + \dot{\phi}_i^2 \begin{bmatrix} \sin\phi_i \\ -\cos\phi_i \end{bmatrix}$；$B_{i4} = \begin{bmatrix} \sin\phi_i & -\cos\phi_i \end{bmatrix} \boldsymbol{E}(\boldsymbol{a}_{Bi} - \boldsymbol{g})$。

令 $\boldsymbol{\Omega}_{i4} = \begin{bmatrix} \boldsymbol{H}_{i4}^{\mathrm{T}} & \boldsymbol{G}_{i4}^{\mathrm{T}} \end{bmatrix} \begin{bmatrix} \boldsymbol{a}_{Bi}-\boldsymbol{g} & \boldsymbol{A}_{i4} & \boldsymbol{0} \\ 0 & B_{i4} & \ddot{\phi}_i \end{bmatrix}$，$\boldsymbol{p}_{i4} = \begin{bmatrix} m_{i4} & m_{i4}s_{i4} & I_{i4} \end{bmatrix}^{\mathrm{T}}$ 为伸缩支链 E_iB_i 下半部分的基本动力学参数，则可以得到

$$\begin{bmatrix} \boldsymbol{H}_{i4}^{\mathrm{T}} & \boldsymbol{G}_{i4}^{\mathrm{T}} \end{bmatrix} \begin{bmatrix} \boldsymbol{F}_{i4} \\ M_{i4} \end{bmatrix} = -\boldsymbol{\Omega}_{i4}\boldsymbol{p}_{i4} \tag{6-9}$$

由式(5-49)和式(5-50)可以得到

$$\begin{bmatrix} \boldsymbol{F}_{i5} \\ M_{i5} \end{bmatrix} = -\begin{bmatrix} \boldsymbol{a}_{Gi}-\boldsymbol{g} \\ 0 \end{bmatrix} m_{i5} \tag{6-10}$$

令 $\boldsymbol{\Omega}_{i5} = \begin{bmatrix} \boldsymbol{H}_{i5}^{\mathrm{T}} & \boldsymbol{G}_{i5}^{\mathrm{T}} \end{bmatrix} \begin{bmatrix} \boldsymbol{a}_{Gi}-\boldsymbol{g} \\ 0 \end{bmatrix}$，可以得到

$$\begin{bmatrix} \boldsymbol{H}_{i5}^{\mathrm{T}} & \boldsymbol{G}_{i5}^{\mathrm{T}} \end{bmatrix} \begin{bmatrix} \boldsymbol{F}_{i5} \\ M_{i5} \end{bmatrix} = -\boldsymbol{\Omega}_{i5}m_{i5} \tag{6-11}$$

动平台质心在 O_N-Y_NZ_N 坐标系中的 Y_N 向坐标为 0，因此可以将动平台的质心点在 O_N-Y_NZ_N 坐标系中的坐标表示为

$$\boldsymbol{r}_N = \begin{bmatrix} 0 & 1 \end{bmatrix}^{\mathrm{T}} r_N \tag{6-12}$$

式中，r_N 是动平台质心在 O_N-Y_NZ_N 坐标系中的 Z_N 坐标。

根据式(5-51)和式(5-52)，将动平台的惯性力和惯性力矩写成矩阵形式为

$$\begin{bmatrix} \boldsymbol{F}_N \\ M_N \end{bmatrix} = -\begin{bmatrix} [\ddot{y} \quad \ddot{z}]^{\mathrm{T}} - \boldsymbol{g} & \boldsymbol{A}_N & \boldsymbol{0} \\ 0 & B_N & \ddot{\theta} \end{bmatrix} \begin{bmatrix} m_N \\ m_N r_N \\ I_N \end{bmatrix} \tag{6-13}$$

式中，$\boldsymbol{A}_N = \ddot{\theta}\boldsymbol{E}\boldsymbol{R}_\theta[0 \quad 1]^{\mathrm{T}} - \dot{\theta}^2\boldsymbol{R}_\theta[0 \quad 1]^{\mathrm{T}}$，$B_N = ([\ddot{y} \quad \ddot{z}] - \boldsymbol{g}^{\mathrm{T}})\boldsymbol{E}\boldsymbol{R}_\theta[0 \quad 1]^{\mathrm{T}}$。

令 $\boldsymbol{\Omega}_N = \begin{bmatrix} \boldsymbol{H}_N^{\mathrm{T}} & \boldsymbol{G}_N^{\mathrm{T}} \end{bmatrix} \begin{bmatrix} [\ddot{y} \quad \ddot{z}]^{\mathrm{T}} - \boldsymbol{g} & \boldsymbol{A}_N & \boldsymbol{0} \\ 0 & B_N & \ddot{\theta} \end{bmatrix}$，$\boldsymbol{p}_N = \begin{bmatrix} m_N & m_N r_N & I_N \end{bmatrix}^{\mathrm{T}}$，则式(6-13)可以表示为

$$\begin{bmatrix} \boldsymbol{H}_N^{\mathrm{T}} & \boldsymbol{G}_N^{\mathrm{T}} \end{bmatrix} \begin{bmatrix} \boldsymbol{F}_N \\ M_N \end{bmatrix} = -\boldsymbol{\Omega}_N \boldsymbol{p}_N \tag{6-14}$$

联合式(6-2)～式(6-14)，可以得到

$$\boldsymbol{J}^{\mathrm{T}}\boldsymbol{\tau} - \boldsymbol{\Omega}\boldsymbol{p}_b = \boldsymbol{0} \tag{6-15}$$

式中

$$\boldsymbol{\Omega} = \begin{bmatrix} \boldsymbol{\Omega}_{11} & \boldsymbol{\Omega}_{21} & \boldsymbol{\Omega}_{12} & \boldsymbol{\Omega}_{22} & \boldsymbol{\Omega}_{13} & \boldsymbol{\Omega}_{23} & \boldsymbol{\Omega}_{14} & \boldsymbol{\Omega}_{24} & \boldsymbol{\Omega}_{15} & \boldsymbol{\Omega}_{25} & \boldsymbol{\Omega}_N \end{bmatrix}$$

$$\boldsymbol{p}_b = \begin{bmatrix} m_{11} & m_{21} & \boldsymbol{p}_{12}^{\mathrm{T}} & \boldsymbol{p}_{22}^{\mathrm{T}} & \boldsymbol{p}_{13}^{\mathrm{T}} & \boldsymbol{p}_{23}^{\mathrm{T}} & \boldsymbol{p}_{14}^{\mathrm{T}} & \boldsymbol{p}_{24}^{\mathrm{T}} & m_{15} & m_{25} & \boldsymbol{p}_N^{\mathrm{T}} \end{bmatrix}^{\mathrm{T}}$$

为驱动冗余并联机床并联机构部分的基本动力学参数。

6.3　动力学参数辨识原理

目前，并联机床动力学参数辨识方法主要有以下三种[14-16]。

(1) 解体测量法：将并联机床拆散，通过物理实验分别测量各部件的动力学参数值。其中，各构件的质量可以通过直接称重测定，各构件质心的坐标可以通过刚体平衡点法测定，各构件的主惯性矩可以通过摆锤法测定。该方法的优点为：方法简单，对于单个零部件其测量结果比较准确。缺点为：对于包含大量运动构件的并联机构，其测量工作量巨大而繁复；不能测量各个运动关节的库伦摩擦系数和黏性摩擦系数。

(2) CAD 法：根据并联机床的零部件图纸建立其三维实体模型，在 CAD 软件中直接计算得到各构件的动力学参数。该方法的优点为：方法简单，测量工作量较少，在并联机床设计阶段即可预测其动力学参数值。缺点为：各构件几何模型的精度直接影响动力学参数的精度，忽略一些小特征(如孔、槽、连接件等)会

造成动力学参数的不准确；零部件在实际加工过程中存在制造误差，出于制造工艺的考虑，往往不能保证与 CAD 模型完全一致；不能测量各个运动关节的库伦摩擦系数和黏性摩擦系数。

(3) 系统辨识法：首先建立并联机床的动力学模型并将其转化为适于动力学参数辨识的理论模型，然后通过实验方法测定并联机床的输入(驱动力或驱动力矩)和输出(动平台的运动)随时间变化的数据，最后采用最小二乘法进行离线或实时求解得到并联机床的动力学参数的精确值。该方法的优点为：测量工作量较少，可以辨识并联机床动力学模型计算所需的所有动力学参数(包括各个运动关节的库伦摩擦系数和黏性摩擦系数)，并且辨识精度较高。缺点为：辨识模型复杂而且计算量较大，不能辨识出并联机床各构件的所有动力学参数，只能辨识出部分动力学参数或其组合值，但这都不影响通过参数辨识后并联机床动力学模型的准确性。

机器人采用系统辨识法进行动力学参数辨识的原理如图 6.1 所示，通过最小二乘法调整机器人动力学参数的数值，使得实际测量的力矩和通过动力学模型计算得到的力矩之间的差值最小，从而获得精确的动力学参数值。

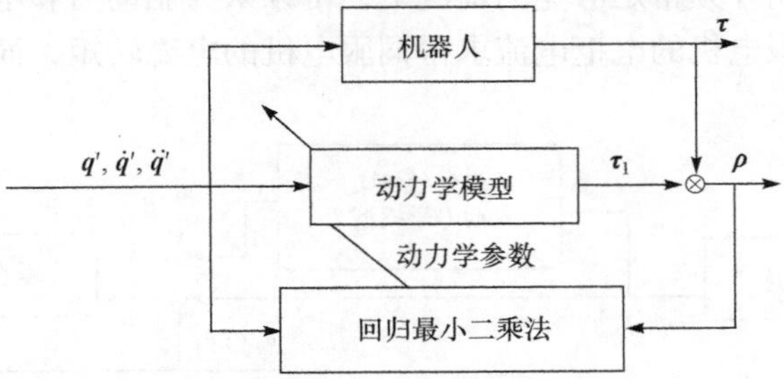

图 6.1　辨识原理图

在建立并联机床的逆动力学模型之后，将动力学模型改写为如下形式：

$$\boldsymbol{\tau} = \boldsymbol{\Phi} \boldsymbol{p}_b \tag{6-16}$$

式中，$\boldsymbol{\Phi}$ 是观测矩阵。由于实验过程中需要采集大量的数据点，式(6-16)将成为一个超定的方程组，必须对其进行数据拟合，得到驱动冗余并联机床基本动力学参数的最佳估计值。一般采用曲线拟合中的最小二乘法对数据进行处理。可以采用从并联机床各运动构件的 CAD 三维模型中得到的动力学参数值作为初始向量进行迭代。

定义残差

$$\boldsymbol{\rho} = \boldsymbol{\tau} - \boldsymbol{\Phi} \hat{\boldsymbol{p}}_b \tag{6-17}$$

式中，$\hat{\boldsymbol{p}}_b$ 是 $\boldsymbol{p}_b$ 的估计值。$\boldsymbol{\Phi}$ 的条件数可以评价最小二乘解相对于数据中噪声的灵敏度，从而可以用于选择最优激励轨迹。

在估计过程中，残差越小，辨识效果越好。因此，通过最小化残差的平方可以得到

$$\hat{\boldsymbol{p}}_b = \min_{\boldsymbol{p}} \|\boldsymbol{\rho}\|^2 \tag{6-18}$$

从而得到 $\boldsymbol{p}_b$ 的估计值为

$$\hat{\boldsymbol{p}}_b = (\boldsymbol{\Phi}^{\mathrm{T}}\boldsymbol{\Phi})^{-1}\boldsymbol{\Phi}^{\mathrm{T}}\boldsymbol{\tau} \tag{6-19}$$

残差表示拟合的误差，误差越小拟合就越好。实用中，通常取欧氏范数 $\|\boldsymbol{\rho}\|^2$ 最小，即最小化 $\sum_{i=1}^{m}\left[\boldsymbol{\tau}_i - \boldsymbol{\Phi}_i \boldsymbol{p}_i\right]^2$ ，可以表示为

$$\exp(\boldsymbol{\rho}^{\mathrm{T}}\boldsymbol{\rho}) = \boldsymbol{\sigma}_{\rho}^2 \boldsymbol{I}_{\rho} \tag{6-20}$$

式中，$\boldsymbol{\sigma}_{\rho}$ 是标准偏差；exp 是期望算子；$\boldsymbol{I}_{\rho}$ 是单位矩阵。

实际辨识过程可以分两步：首先使用机床动力学模型和已知的动力学参数进行辨识，主要目的是测试辨识方法的正确性，原理如图 6.2 所示；然后使用实际的并联机床进行实验辨识，原理如图 6.3 所示。在测量电机力矩时，由于并联机床结构的紧凑性，很难安装力矩传感器来测量电机轴端的输出转矩。实际应用中，在伺服电机电流闭环频带足够宽的情况下，可以认为驱动力和电流呈线性关系，通过实验测定伺服电机的电枢电流求得伺服电机的电磁转矩，而电流可由电机驱动器中读取。

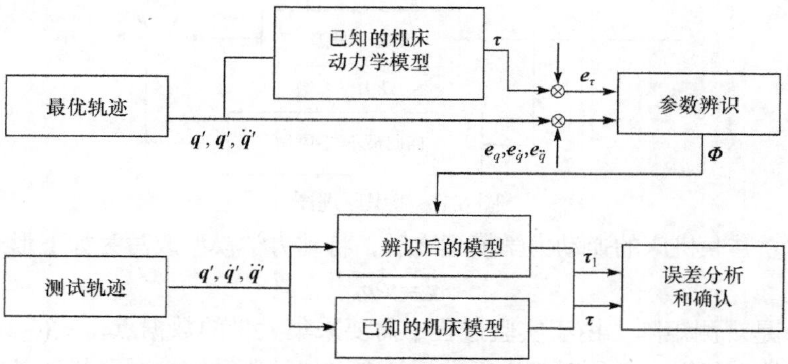

图 6.2　使用已知的模型进行测试

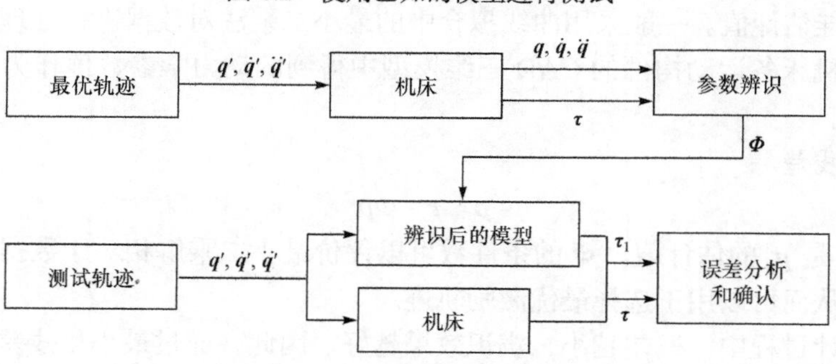

图 6.3　基于实际机床模型进行测试

6.4　两步辨识法

6.4.1　基本原理

传统的应用于机器人动力学参数辨识的方法是：当机器人沿一条优化的轨迹运动时，测量关节的运动和力矩，然后使用最小二乘法估计动力学参数值。然而，这种方法不能直接应用于驱动冗余并联机床，这是因为：①配置标准工业控制器的机床很难运行这些复杂的轨迹，通常只生成直线、圆形等轨迹；②采用复杂轨迹很容易激起动力学建模过程中忽略的弹性；③相对于传统的机器人，并联机床的工作空间较小，为实现复杂轨迹运动带来了难度；④不能区分摩擦力和惯性力的影响。考虑到传统机器人动力学参数辨识可以采用分步辨识的方法，本章提出将两步辨识法应用于驱动冗余并联机床的动力学参数辨识中，通过简单的运动规划将摩擦力和惯性力影响分开[17,18]，从而单独辨识摩擦系数以及与惯性力有关的动力学参数。

6.4.2　激励轨迹优化的评价指标

在动力学参数辨识过程中，为了减少测量的噪声干扰和提高最小二乘法求解的精度，需要选择合理的辨识轨迹，也就是动平台位姿、速度和加速度随时间变化的规律[19-21]。将辨识轨迹上各数据点的相关信息代入观测矩阵中，必须满足观测矩阵是列满秩的，从而使机床各支链的运动构件以及动平台间均存在相对运动，基本动力学参数才是完全可辨识的。对于一些特殊构型的并联机床，如对于 6-UPS 构型的 Hexaglide 并联机床，当动平台及支链整体沿滑块移动方向以相同的速度和加速度运动时，就不能辨识出所有动力学参数。

并联机床的动力学逆解模型由各运动构件的惯性力、惯性力矩、离心力、科氏力、重力以及各运动关节的摩擦力和摩擦力矩组成，各类动力学参数对驱动力各项分量的影响关于不同的辨识轨迹是不同的。当动平台做低加速度运动时，与重力项相关的动力学参数对驱动力影响较大，与惯性力和惯性力矩相关的动力学参数对驱动力影响较小。当动平台做高加速度运动时，与惯性力和惯性力矩相关的动力学参数对驱动力影响较大，其他动力学参数对驱动力影响较小。因此，为了准确辨识各个动力学参数，需要选择不同工况下(低加速度、中加速度、高加速度等)的辨识轨迹。

传统机床各支链关节的运动是独立的，可以通过移动某些关节而固定其他关节的方法，达到简化辨识的目的。并联机床各支链关节的运动与动平台的运动之间是非线性映射的关系，各支链关节的运动是强耦合的，不可能采取与传统机床类似的方法，但可以采用传统机床动力学参数辨识轨迹的评价指标来评价并联机床动力学参数辨识轨迹的优劣，如下所述。

(1) 以 2 范数表示的矩阵$\boldsymbol{\Phi}$的条件数，可以表示为

$$\text{cond}(\boldsymbol{\Phi})=\frac{\sigma_{\max}}{\sigma_{\min}} \tag{6-21}$$

式中，$\sigma_{\max}$和$\sigma_{\min}$为矩阵$\boldsymbol{\Phi}$的最大奇异值和最小奇异值。矩阵$\boldsymbol{\Phi}$的条件数越接近 1，表明该轨迹用于动力学参数辨识的效果越好。

(2) 矩阵$\boldsymbol{\Phi}$的条件数与矩阵$\boldsymbol{\Phi}$元素平衡参数之和，表示为

$$E_C=\text{cond}(\boldsymbol{\Phi})+\frac{\max\left|\phi_{ij}\right|}{\min\left|\phi_{ij}\right|},\quad \min\left|\phi_{ij}\right|\neq 0 \tag{6-22}$$

式中，ϕ_{ij}为矩阵$\boldsymbol{\Phi}$的第i行第j列元素。

(3) 矩阵$\boldsymbol{\Phi}$的条件数与矩阵$\boldsymbol{\Phi}$的最小奇异值倒数之和，可以防止出现条件数较好而奇异值较小的轨迹，表示为

$$E_C=\text{cond}(\boldsymbol{\Phi})+k_1\frac{1}{\sigma_{\min}} \tag{6-23}$$

式中，k_1为加权系数，且$k_1>0$。

(4) 加权观测矩阵的条件数。如果预先估计出动力学辨识模型中各动力学参数大小的比值，通过加权系数可以平衡各参数在动力学观测模型中的贡献，避免出现病态方程组

$$E_C=\text{cond}(\boldsymbol{\Phi}\text{diag}(\boldsymbol{Z})) \tag{6-24}$$

式中，$\boldsymbol{Z}$为加权系数向量。

6.4.3　惯性力有关的动力学参数辨识

对于一个给定的配置$\boldsymbol{X}$，动力学模型中惯性力项对驱动力的影响依赖主动关节的速度$\dot{\boldsymbol{q}}_a$，重力对驱动力的影响和$\dot{\boldsymbol{q}}_a$无关，而摩擦力是$\dot{\boldsymbol{q}}_a$和 sign($\dot{\boldsymbol{q}}_a$)的线性组合。因此，伺服电机常速正向转动和以相同速度负向转动时的驱动力之和可以将摩擦力和惯性力分开，如式(6-25)所示：

$$\begin{aligned}\boldsymbol{\tau}_{a,rb}(\boldsymbol{X},\dot{\boldsymbol{q}}_a)&=\frac{1}{2}(\boldsymbol{\tau}_a(\boldsymbol{X},\dot{\boldsymbol{q}}_a)+\boldsymbol{\tau}_a(\boldsymbol{X},-\dot{\boldsymbol{q}}_a))\\&=\frac{1}{2}(\boldsymbol{\tau}_{a,rb}(\boldsymbol{X},\dot{\boldsymbol{q}}_a)+\boldsymbol{\tau}_{a,rb}(\boldsymbol{X},-\dot{\boldsymbol{q}}_a))+\frac{1}{2}(\boldsymbol{\tau}_{a,f}(\boldsymbol{X},\dot{\boldsymbol{q}}_a)+\boldsymbol{\tau}_{a,f}(\boldsymbol{X},-\dot{\boldsymbol{q}}_a))\end{aligned} \tag{6-25}$$

式中，$\boldsymbol{\tau}_{a,rb}(\boldsymbol{X},\dot{\boldsymbol{q}}_a)$表示在配置$\boldsymbol{X}$时用于克服惯性力的驱动力；$\boldsymbol{\tau}_a(\boldsymbol{X},\dot{\boldsymbol{q}}_a)$表示用

于克服惯性力和摩擦力的驱动力；$\boldsymbol{\tau}_{a,f}(\boldsymbol{X},\dot{\boldsymbol{q}}_a)$表示用于克服摩擦力的驱动力。

对于本书研究的驱动冗余并联机床，如果在实验中指定滑块分别以相同速度正向和负向运动，则有

$$\boldsymbol{\tau}_{a,f}(\boldsymbol{X},\dot{\boldsymbol{q}}_a)+\boldsymbol{\tau}_{a,f}(\boldsymbol{X},-\dot{\boldsymbol{q}}_a)=0 \tag{6-26}$$

将式(6-26)代入式(6-25)，可以得到

$$\boldsymbol{\tau}_{a,rb}(\boldsymbol{X},\dot{\boldsymbol{q}}_a)=\frac{1}{2}(\boldsymbol{\tau}_{a,rb}(\boldsymbol{X},\dot{\boldsymbol{q}}_a)+\boldsymbol{\tau}_{a,rb}(\boldsymbol{X},-\dot{\boldsymbol{q}}_a)) \tag{6-27}$$

对滑块沿正方向和负方向的运动分别测量 N 次，就可以估算出每个伺服电机提供的用于克服惯性力的驱动力。

显然，对于一个有限的测量长度，除 $\dot{\boldsymbol{q}}_a$ 之外，配置 $\boldsymbol{X}$ 和其他参量并不是理想的常数。然而，在配置 $\boldsymbol{X}$ 附近，可以近似认为这些参量分布在一条直线上，因此这些影响可以平均近似消去。为了进一步减小合成误差，仅使用 $\boldsymbol{X}$ 附近区域的测量数据。测量 N 次，组合每次估算的惯性力，并结合线性化的动力学模型，可以得到

$$\begin{bmatrix}\hat{\boldsymbol{\tau}}_{a,rb}^{(1)}\\ \vdots \\ \hat{\boldsymbol{\tau}}_{a,rb}^{(N)}\end{bmatrix}=\begin{bmatrix}\boldsymbol{J}^{(1)}\left(\boldsymbol{J}^{(1)\mathrm{T}}\boldsymbol{J}^{(1)}\right)^{-1}\boldsymbol{\Omega}^{(1)}\\ \vdots \\ \boldsymbol{J}^{(N)}\left(\boldsymbol{J}^{(N)\mathrm{T}}\boldsymbol{J}^{(N)}\right)^{-1}\boldsymbol{\Omega}^{(N)}\end{bmatrix}\boldsymbol{p}_b=\boldsymbol{\eta} \tag{6-28}$$

令 $\boldsymbol{\Gamma}=\begin{bmatrix}\hat{\boldsymbol{\tau}}_{a,rb}^{(1)}\\ \vdots \\ \hat{\boldsymbol{\tau}}_{a,rb}^{(N)}\end{bmatrix}$，$\boldsymbol{\psi}=\begin{bmatrix}\boldsymbol{J}^{(1)}\left(\boldsymbol{J}^{(1)\mathrm{T}}\boldsymbol{J}^{(1)}\right)^{-1}\boldsymbol{\Omega}^{(1)}\\ \vdots \\ \boldsymbol{J}^{(N)}\left(\boldsymbol{J}^{(N)\mathrm{T}}\boldsymbol{J}^{(N)}\right)^{-1}\boldsymbol{\Omega}^{(N)}\end{bmatrix}$，则式(6-28)可以重新写为

$$\boldsymbol{\Gamma}=\boldsymbol{\psi}\boldsymbol{p}_b \tag{6-29}$$

实验中，首先测量每根实轴的位置、速度和加速度，然后通过正解计算得到动平台的位置 $\boldsymbol{X}_j$、速度 $\dot{\boldsymbol{X}}_j$ 和加速度 $\ddot{\boldsymbol{X}}_j$。方程(6-29)是超静定方程，必须进行数据拟合，得到并联机床动力学参数的最佳估计值。一般采用曲线拟合中常用的最小二乘法对数据进行处理，从而得到以下结果：

$$\hat{\boldsymbol{p}}_b=\min_{p}(\boldsymbol{\eta}^{\mathrm{T}}\boldsymbol{\eta}) \tag{6-30}$$

或

$$\hat{\boldsymbol{p}}_b=(\boldsymbol{\psi}^{\mathrm{T}}\boldsymbol{\psi})^{-1}\boldsymbol{\psi}^{\mathrm{T}}\boldsymbol{\Gamma} \tag{6-31}$$

6.4.4 摩擦力系数辨识

在原理上，辨识摩擦力系数时的激励轨迹可以采用辨识惯性力时所用的轨迹。然而，这些轨迹容易激发惯性参数的影响，从而不能很好地辨识出摩擦系数，具有较小惯性影响和较大摩擦力影响的运动轨迹应该是最理想的。例如，动平台在不同速度下做常速运动就意味着机床的一种配置 $\boldsymbol{X}_j$ 对应着一种驱动特征(驱动力看成激励速度的函数)，不同速度下的驱动特征集合起来就可以用于辨识摩擦力系数。这些特征不仅与摩擦力有关，还与重力和惯性力影响有关。因此，辨识模型包括四项，可以表示为

$$\tau_{ai,f}(\dot{q}_{ai},X_j)=\begin{bmatrix}1 & \dot{q}_{ai}^2 & \dot{q}_{ai} & \operatorname{sign}(\dot{q}_{ai})\end{bmatrix}\begin{bmatrix}g_j(X_j)\\ J_{ii}(X_j)\\ r_{1i}(X_j)\\ r_{2i}(X_j)\end{bmatrix} \tag{6-32}$$

式中，$g_j(X_j)$ 和 $J_{ii}(X_j)$ 分别表示与重力和惯性力有关的项。

选择的机床配置必须激励所有参数，不同的配置对应不同的摩擦力系数，因此选择的配置需要对称分布。

6.5 动力学参数辨识实验研究

6.5.1 辨识实验

辨识实验现场如图 6.4 所示，通过实验测量伺服电机的电枢电流，经过转换和数据处理从而获得主动关节的驱动力或驱动力矩。动平台的位姿、速度、角速度和角加速度一般是已知的，或者通过实验测量各主动关节的位置、速度和加速度，由运动学正解计算得到。

图 6.4 辨识实验现场

在实验过程中，伺服电机提供的驱动力矩为

$$\tau_a = k_a I I_i \lambda \tag{6-33}$$

式中，I 为伺服电机运动过程中的额定电流；I_i 为电流的反馈值，在实验中是不断变化的，需要实时记录；λ 为

和电机冷却类型有关的系数；k_a 为力矩/力常数，决定电机在指定电流下传递的力矩/力，对于异步电机，只要不是在弱电范围内工作，则该参数是一直有效的。本书研究的机床使用 Rexroth 公司的 MKD 类型伺服电机，力矩/力常数保存在驱动器的反馈数据内存中，是不能改变的。

由于在辨识实验中，测量得到的是伺服电机的输出力矩，而辨识过程中需要知道作用在滚珠丝杠上的力，所以需要将伺服电机的输出力矩转换为输出力。当滚珠丝杠将回转运动转换为直线运动时，电机输出力矩和作用在丝杠上的轴向作用力有以下关系：

$$\tau_a = \frac{F_a l_0}{2\pi\eta_0} \tag{6-34}$$

式中，η_0 为机械传动效率；l_0 为丝杠导程；F_a 为作用在丝杠上的轴向力。

根据式(6-33)和式(6-34)，可以得到伺服电机提供给各个驱动轴的驱动力。实验过程中，机床的加速度为 200mm/s^2，采样周期为 0.1s，各个驱动器和伺服电机的型号如表 6.1 所示，式(6-33)中有关参数的值如表 6.2 所示。在实验中，让机床从坐标点(0m, 0m, 0.5m, 20°)空载运动到轨迹终点(0m, 0m, 0.3m, 0°)，进给速度为 2.8m/min。动力学参数辨识结果如表 6.3 所示，本章只辨识了与惯性力有关的动力学参数，没有辨识摩擦系数。

表 6.1 驱动器以及伺服电机的型号

驱动轴	驱动器	放大器	伺服电机
伸缩支链 E_1B_1	FWA-ECODR3-SMT-02VRS	DKC02.3-040-7	MKD071B-035-KG0
伸缩支链 E_2B_2	FWA-ECODR3-SMT-02VRS	DKC02.3-040-7	MKD071B-061-GG1
滑块 E_1D_1	FWA-ECODR3-SMT-02VRS	DKC02.3-0407	MKD090B-035-KG1
滑块 E_2D_2	FWA-ECODR3-SMT-02VRS	DKC02.3-0407	MKD090B-035-GG1

表 6.2 与电机驱动力矩有关的参数

驱动轴	k_a	I	λ
进给工作台	1.22N · m/A	11A	1
滑块 E_1D_1	1.22N · m/A	11A	1
滑块 E_2D_2	1.22N · m/A	11A	1
伸缩支链 E_2B_2	0.77N · m/A	11.2A	1
伸缩支链 E_1B_1	1.38N · m/A	6.3A	1

表 6.3　动力学参数辨识结果

参数	理论值	实际值	参数	理论值	实际值
m_{11} / kg	120	185	m_{21} / kg	120	141
m_{12} / kg	220	263	m_{22} / kg	220	261
$m_{12}s_{12}$ /(kg · m)	132	151.2	$m_{22}s_{22}$ /(kg · m)	132	156.6
I_{12} /(kg · m^2)	105.6	115.9	I_{22} /(kg · m^2)	105.6	115.1
m_{13} / kg	60	57	m_{23} / kg	60	56
$m_{13}s_{13}$ /(kg · m)	18	19.1	$m_{23}s_{23}$ /(kg · m)	18	16.8
I_{13} /(kg · m^2)	7.2	9.6	I_{23} /(kg · m^2)	7.2	9.15
m_{14} / kg	20	21	m_{24} / kg	20	25
$m_{14}s_{14}$ /(kg · m)	8	8.7	$m_{24}s_{24}$ /(kg · m)	8	10.5
I_{14} /(kg · m^2)	4.27	3.4	I_{24} /(kg · m^2)	4.27	4.08
m_{15} / kg	495	585	m_{25} / kg	495	574
m_N / kg	150	171	I_N /(kg · m^2)	3.125	3.6
$m_N r_N$ /(kg · m)	18.75	21.4			

6.5.2　验证实验

为了验证动力学参数辨识的准确性，应规划一条不同于辨识实验中用到的轨迹。首先让机床从轨迹起点(0m, –0.1m, 0.35m, –4°)空载运动到轨迹终点(0m, 0.15m, 0.35m, 14°)，进给速度为 2.4m/min。在运动过程中，分别记录两个滑块和伸缩支链伺服电机的电流，根据式(6-33)和式(6-34)计算出每个电机提供的驱动力；然后将辨识出来的动力学参数代入动力学模型，计算出机床沿该轨迹运动过程中每个伺服电机需要提供的驱动力；最后将实验测量得到的驱动力和根据动力学模型计算得到的驱动力进行比较，判断动力学参数辨识的效果。图 6.5 是通过实验和模型计算得到的各个电机的驱动力，其中动力学模型中基本动力学参数值是辨

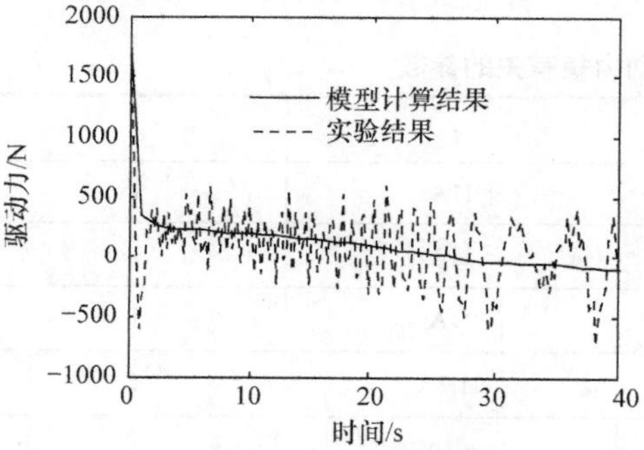

(a) 作用在左滑块上的驱动力

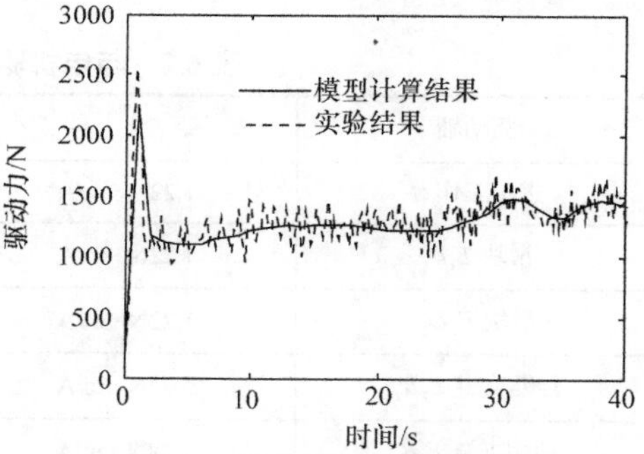

(b) 作用在右滑块上的驱动力

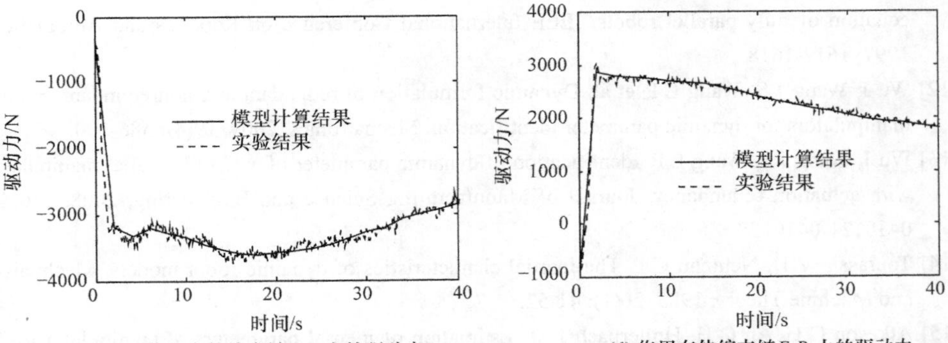

(c) 作用在伸缩支链E_1B_1上的驱动力　　(d) 作用在伸缩支链E_2B_2上的驱动力

图 6.5　实验得到的驱动力和模型计算的驱动力

识之后的值。从图中可以看出，动力学模型计算得到的驱动力和实验得到的驱动力相差较小，从而说明动力学参数辨识的效果较好。

为了进一步验证动力学参数辨识的效果，并说明动力学参数辨识的目的和应用，可以将辨识前后的动力学参数值分别代入动力学模型，并将动力学模型加入数控系统中，比较两种情况下机床沿同一轨迹运动的跟踪误差[22-24]。

参 考 文 献

[1] Calafiore G, Indri M, Bona B. Robot dynamic calibration: Optimal excitation trajectories and experimental parameter estimation. Journal of Robotic Systems, 2001, 18(2): 55-68.

[2] Roth Z S, Mooring B W, Ravani B. An overview of robot calibration. IEEE Journal of Robotics and Automation, 1987, 3(5): 377-385.

[3] Whitney D E, Lozinski C A, Rourke J M. Industrial robot calibration method and results. Journal of Dynamic Systems, Measurement and Control, 1986, 108(1): 1-8.

[4] Bernhardt R, Albright S L. Robot Calibration. London: Chapman & Hall, 1993.

[5] Swevers J, Verdonck W, Schutter J D. Dynamic model identification for industrial robots. IEEE Control Systems Magazine, 2007, 27(5): 58-71.

[6] Wu J, Wang J S, You Z. An overview of dynamic parameter identification of robots. Robotics and Computer Integrated Manufacturing, 2010, 26(5): 414-419.

[7] Renaud P, Vivas A, Andreff N, et al. Kinematic and dynamic identification of parallel mechanisms. Control Engineering Practice, 2006, 14: 1099-1109.

[8] 杨建新. 基于支链单元的并联机构动力学建模方法及参数辨识研究. 北京：清华大学博士学位论文, 2004.

[9] Khosla P K. Categorization of parameters in the dynamic robot model. IEEE Transactions on Robotics and Automation, 1989, 5(3): 261-268.

[10] Gautier M, Khalil W. Direct calculation of minimum inertial parameters of serial robots. IEEE Transactions on Robotics and Automation, 1990, 6(3): 368-373.

[11] Codourey A, Burdet E. A body-oriented method for finding a linear form of the dynamic

equation of fully parallel robots. IEEE International Conference on Robotics and Automation, 1997: 1612-1618.

[12] Wu J, Wang J S, Wang L P, et al. Dynamic formulation of redundant and nonredundant parallel manipulators for dynamic parameter identification. Mechatronics, 2009, 19(4): 586-590.

[13] Wu J, Wang J S, Wang L P. Identification of dynamic parameter of a 3DOF parallel manipulator with actuation redundancy. Journal of Manufacturing Science and Engineering, 2008, 130(4): 0410121-0410127

[14] Tourassis V D, Neuman C P. The inertial characteristics of dynamic robot models. Mechanism and Machine Theory, 1985, 20(1): 41-52.

[15] Atkeson C G, An C H, Hollerbach J M. Estimation of inertial parameters of manipulator loads and links. International Journal of Robotics Research, 1986, 5(3): 101-119.

[16] Khalil W, Dombre E. Modeling, Identification and Control of Robots. London: Hermes Penton, 2002.

[17] Grotjahn M, Heimann B, Abdellatif H. Identification of friction and rigid-body dynamics of parallel kinematic structures for model-based control. Multibody System Dynamics, 2004, 11(3): 273-294.

[18] Gautier M, Khalil W, Restrepo P P. Identification of the dynamic parameters of a closed loop robot. IEEE International Conference on Robotics and Automation, 1995, 3: 3045-3050.

[19] Gautier M, Khalil W. Exciting trajectories for the identification of base inertial parameters of robots. The International Journal of Robotics Research, 1992, 11(4): 362-375.

[20] Presse C, Gautier M. New criteria of exciting trajectories for robot identification. IEEE International Conference on Robotics and Automation, 1993: 907-912.

[21] Park K J. Fourier-based optimal excitation trajectories for the dynamic identification of robots. Robotica, 2006, 24(5): 625-633.

[22] Caccavale F, Chiacchio P. Identification of dynamic parameters and feedforward control for a conventional industrial manipulator. Control Engineering Practice, 1994, 2(6): 1039-1050.

[23] Kakizaki T, Otani K, Kogure K. Dynamic parameter identification of an industrial robot and its application to trajectory controls. IEEE/RSJ International Conference on Intelligent Robots and Systems, 1992: 990-997.

[24] Abdellatif H, Heimann B, Holz C. Time-effective direct dynamics identification of parallel manipulators for model-based feedforward control. IEEE/ASME International Conference on Advanced Intelligent Mechatronics, 2005: 777-782.

第 7 章　驱动冗余并联机床的回零方法

7.1　引　言

回零是数控机床操作中重要的环节。数控机床上电后，首先需要进行回零操作，这是因为一般的数控机床每次断电后，各个坐标轴的位置记忆自动遗失。因此，开机后，必须让机床各坐标轴回到一个固定位置点上，即回到机床的坐标系零点，也称坐标系的原点或参考点，这一过程称为机床回零或回参考点操作。数控机床的刀具补偿、间隙补偿、轴向补偿以及其他精度补偿措施能否有效地发挥作用和数控机床能否准确地回到零点位置直接相关，而且在回零操作结束前，对数控机床进行的自动运行及手动数据输入(MDI)等操作都是无效的[1-7]。

数控机床的回零方式，依据所采用的位置反馈元件分为两种类型：一种是采用绝对位置编码器作为反馈元件，机床能够自动记忆各进给轴全行程内的每一点位置，只要在机床第一次上电时确定其回零位置，以后就不需要回零操作，因此不需要在机床上安装回零开关；另一种是采用增量式编码器作为反馈元件，这种方式一般都需要安装回零开关。对于非冗余数控机床，回零方法比较简单，各个运动支链独立回零。对于驱动冗余并联机床，如果各个运动支链独立回零，那么冗余支链就会和其他支链在回零过程中相互干涉，产生较大的内力。

目前，国内外还没有关于具有冗余运动学支链的驱动冗余并联机床回零的报道，主要是因为目前已经开发的驱动冗余并联机构的样机较少[8-10]，并且大部分还不是应用于机床，因此回零对这些驱动冗余并联机构来说并不重要。虽然也有一些驱动冗余并联机构应用于并联机床，但是这些驱动冗余并联机床是通过向相应的非冗余并联机床的被动关节添加主动驱动器，将被动关节变为主动关节发展而来，并没有添加额外的运动学支链。因此，非冗余并联机床的回零方式仍然适用于这类驱动冗余并联机床。如果通过向非冗余并联机床上添加冗余运动学支链建造驱动冗余并联机床[11-13]，则应用于非冗余并联机床的回零方法就不再适用于新构建的驱动冗余并联机床。在理论上，由于冗余支链是主动的，从而消除了机床的部分奇异位形，增大了工作空间，但是在实际回零过程中，各条运动学支链是独立运动的，不可能保证冗余支链始终是主动的。在回零过程中，如果冗余支链是被动的，那么工作空间中由于冗余而被消除的部分奇异位形又将成为奇异位形，在奇异位形处机床就不能回零。回零是保证并联机床精度的一个重要环节，必须解决驱动冗余并联机床在奇异位形处的回零问题。

本章基于驱动冗余并联机床的运动学模型研究驱动冗余并联机床的回零方法，提出一种冗余支链辅助回零策略。基于机床的运动学模型和冗余支链上安装的绝对式编码器反馈的冗余支链长度，确定冗余支链辅助回零的条件，并将该回零策略集成到驱动冗余并联机床的数控系统中，进行相关实验研究。

7.2　机床回零原理

零点在机床坐标系中通常以硬件方式(如用固定撞块、限位开关或使用光栅尺)限制各坐标轴的位置来实现，并通过精确测量系统来指定零点的位置。因此，这样的零点也可以称为机床坐标系的原点。参考点的位置也可以通过调整固定撞块、限位开关或光栅尺位置来改变，改变后必须重新精确测量并修改机床参数。但也有些数控机床的参考点不用固定挡块或限位开关来设定，而是通过刀具在机床坐标系中的位置设定的，这样的参考点称为软参考点。机床参考点主要有两个主要作用：一是建立机床坐标系；二是消除由于漂移、变形等造成的误差[14]。

为了数控机床顺利回零，有时安装一些机械或机电开关和传感器。这些开关和传感器的一部分固定在机床上，作为参考基准；另外一部分固定在适当位置，并且可以相对于第一部分运动。图 7.1 和图 7.2 给出了直线运动副和旋转运动副上回零开关和传感器工作原理。这些开关和传感器具有两种状态(值为 0 或 1)，当开关和传感器的第二部分遮挡住第一部分时，开关和传感器的值为 0，否则为 1。从而可以通过回零开关和传感器状态值来表示运动部件相对于机床的位置。通过特定的运动改变开关和传感器的值就可以完成回零操作。数控机床回零过程可以归纳为如下几个步骤：

(1) 首先对机床上电，控制系统测试回零开关和传感器的标志位值；

(2) 对应着这些标志位值，控制系统设置每个驱动器的输入值及标志位，机

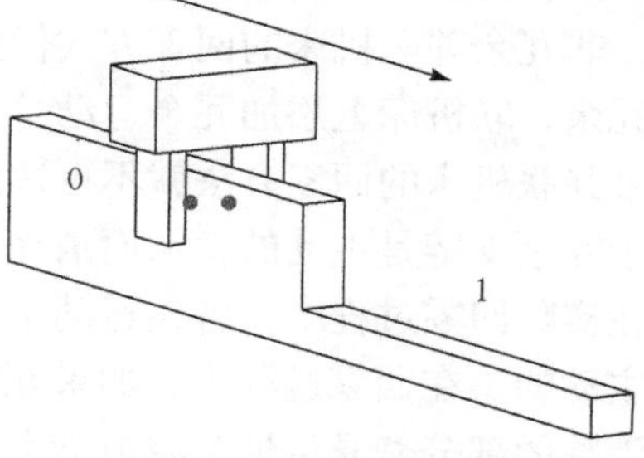

图 7.1　直线驱动轴回零原理

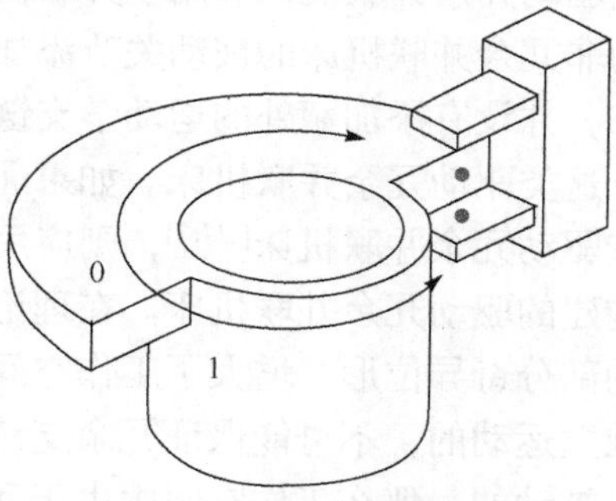

图 7.2　旋转驱动轴回零原理

床轴开始慢慢向零点方向运动；

(3) 回零过程中，位置传感器记录其值，一旦某些驱动轴回零开关和传感器状态发生变化(从 0 变为 1，或从 1 变为 0)，位置传感器的值储存在内存中，该驱动轴停止在零位位置；

(4) 当所有驱动轴都捕捉到回零开关和传感器的状态值发生改变之后，机床到达零位并停止在零位位置。

对安装增量式传感器的并联机床，一般通过回零操作建立坐标系。图 7.3 给出了具有增量式传感器的数控机床回零过程。回零过程有如下特点：控制系统无法获知各支链及终端的位姿信息，各支链只能基于硬件进行一些简单的、事先设定的、不可更改的动作。对于传统的数控机床，由于开环结构，没有正运动学关系，单个轴可以独自回零。然而，与传统的机床相比，并联机床最显著的特点是由多个运动支链协调控制装卡刀具的动平台来实现机械加工。因此，并联机床的各坐标轴是虚拟的，不存在实际的坐标轴，需要所有的实轴同时回零。并联机床的回零操作，尤其是驱动冗余并联机床的回零操作不能像传统机床那样直接控制各坐标轴回到坐标零点，这是驱动冗余并联机床应用过程中的难点之一[15,16]。

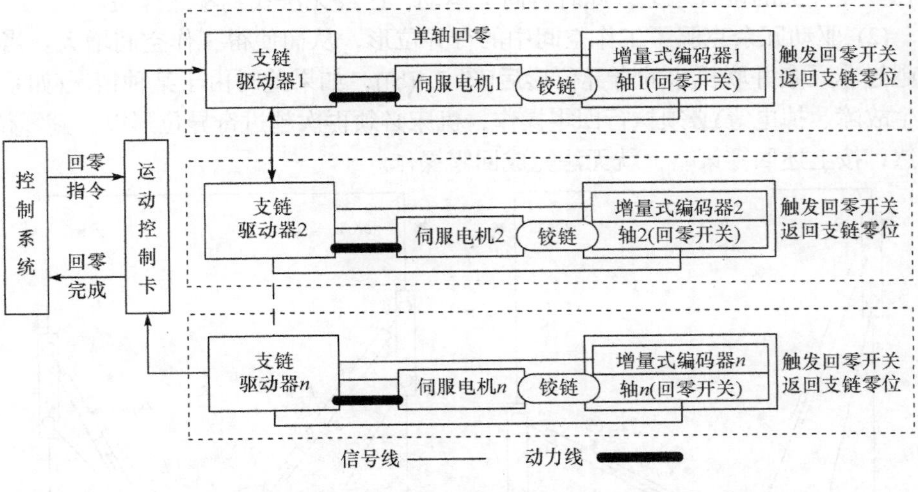

图 7.3　具有增量式传感器的数控机床回零过程示意图

并联机床回零时，每个轴到达零点的位置不同。当一个轴到达零点时，其停止在零点附近，且回零开关的状态值发生改变(从 0 变化到 1 或从 1 变化到 0)。完成回零的轴不能限制其他轴的回零运动。当各个轴回零开关反馈的状态值改变之后，必须检查整个系统是否完成回零。驱动冗余并联机床存在内力分配问题，更需要注意检查回零操作是否完成[17-19]。

7.3　驱动冗余并联机床回零

7.3.1　机床位形对回零的影响

机床回零是伺服驱动器的自主运动，每条支链的运动都是独立的。对于非冗余并联机床，可以由驱动器自主完成回零过程，而不用外加控制。但是，本书研究的驱动冗余并联机床的冗余支链对其他支链起约束作用，如果让每条支链自主回零，则会导致较大的内力，破坏机械系统。因此，在回零时，必须解除冗余支链所造成的约束。解除冗余约束最简单的方法就是在机床开始回零时，让冗余支链处于力控制模式，并且输入力的命令值为零，从而使该支链在回零过程中始终处于随动状态(该电机无抱闸装置)。

然而，对于本书研究的驱动冗余并联机床，当机床处于如图 7.4 所示的两种位形时，使用上述回零策略无法让机床回零：

(1) 当驱动支链 L_u 回零时，丝杠螺母会沿着伸缩轴向上寻找零点开关，此时 L_u 呈缩短趋势，当回零时机床的位形处于图 7.4(a)所示的位形时，由于螺母已经处在零点开关的位置之上，此时再向上运动，已经无法找到零点开关。

(2) 驱动冗余克服了工作空间中的奇异位形，从而使得工作空间增大。当机床越过非冗余并联机床的奇异位形后(图 7.4(b))，如果此时由于某种情况(如系统发生故障、掉电等)必须执行回零操作，机床必须再次越过奇异位形以回到零位。显然，按上述回零策略，就无法完成回零操作。

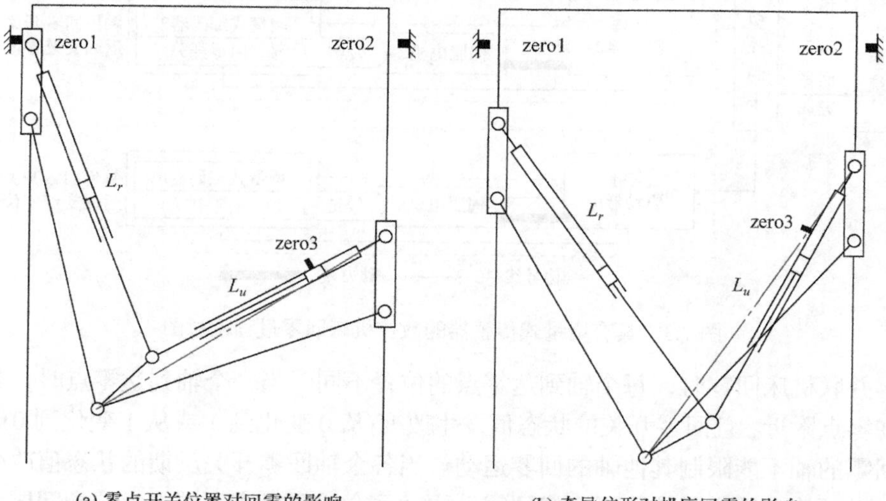

(a) 零点开关位置对回零的影响　　(b) 奇异位形对机床回零的影响

图 7.4　机床位形对回零的影响

7.3.2　回零策略

虽然本书研究的非冗余并联机床的工作空间小于对应的驱动冗余并联机床的工作空间，但是规划的非冗余并联机床任务空间中没有奇异位形，所以不会出现如图 7.4(b)所示的情况，但同样存在如图 7.4(a)所示的情况。在回零开始之前，必须依靠实轴点动让 L_u 支链伸长直至螺母处于零点开关的下面。当然，对于驱动冗余并联机床也可以采用类似的方法。然而，对于实用化的机床，这种方法是不可取的。驱动冗余并联机床工作空间中存在动平台和支链 L_u 共线位形，机床经常会在该位形处回零。如果每次回零之前都执行实轴点动操作将过于复杂，不仅需要操作人员判断支链伸缩方向，还会导致机床回零时间过长，降低生产效率。

基于上述两个原因，必须对该机床的回零策略进行修改，以提高回零的准确性和效率。这里提出冗余支链 L_r 辅助回零策略，其基本思想是：当机床到达上述位形时，通过冗余支链 L_r 先把机床“复位”到 L_u 支链可以自主回零的位形。然后，冗余支链处于力控制模式，并且输入力的命令值为零，处于随动状态，其他支链开始独立回零。如果回零之前，机床的初始位形不同于如图 7.4 所示的两种位形，就不必执行冗余支链辅助回零，回零过程中冗余支链始终处于随动状态。然而，在通常情况下，数控系统在回零时无法获取机床的初始位形，也就无法判断是否需要执行冗余支链 L_r 辅助回零。由于冗余支链 L_r 中伺服电机的编码器是绝对式的，可以利用该绝对式编码器提供的 L_r 支链长度信息进行判断。为方便讨论，设 L_u 支链能自主回零时，支链 L_r 的长度为 L_{r0}。

由于并联机构正运动学的多解性，只获取 L_r 长度信息并不能判断出机床准确的位形，如果 L_{r0} 取得不合适，有可能导致 L_r 辅助回零到 L_{r0} 过程中驱动支链 L_r 经过自身的奇异位形，如图 7.5 所示。假设驱动支链 L_r 处于奇异位形时的长度为 L_{rq}，当 $L_{r0} < L_{rq}$ 并且机床处于位形 Ⅰ 时，让 L_r 支链先辅助回零是可行的。但是，如果机床处于位形 Ⅱ，让 L_r 支链辅助回零到长度为 L_{r0} 过程中，驱动支链 L_r 必然经过自身的奇异位形而无法完成辅助回零。

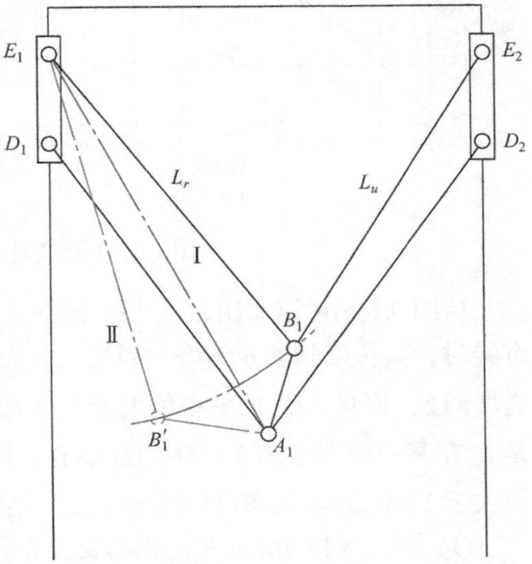

图 7.5　给定 L_r 支链长度时机床的位形

为了选取适当的 L_{r0}，需要在工作空间内对 L_{r0} 进行全局分析。由机床的逆运动学分析可以得到

$$L_{rq}=\sqrt{l_4^2+l_5^2+2l_5\sqrt{l_4^2-\left(y+\frac{d}{2}\right)^2}}-l_6 \tag{7-1}$$

当 L_u 支链奇异时(L_u 支链与动平台共线)，驱动支链 L_r 的长度 L_{rq} 为

$$L_{rq}=\sqrt{\left(y+\frac{d}{2}+l_6\sin\phi_2\right)^2+\left(l_5+\sqrt{l_4{}^2-\left(\frac{d}{2}+y\right)^2}+l_6\cos\phi_2\right)^2} \tag{7-2}$$

式中

$$\phi_2=\arctan\left(\frac{\frac{d}{2}-y}{l_5+\sqrt{l_3{}^2-\left(\frac{d}{2}-y\right)^2}}\right)$$

根据式(7-1)和式(7-2)可以求出在工作空间内驱动冗余支链的长度变化情况，驱动冗余支链奇异时的长度 L_{rq} 以及驱动支链 L_u 奇异时 L_r 支链的长度如图 7.6 所示。

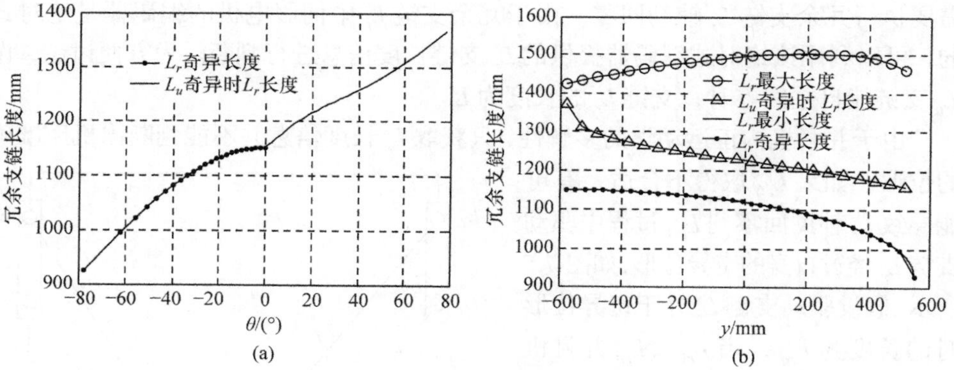

图 7.6　冗余支链 L_r 奇异时的长度

从图 7.6(a)可以看出，L_r 只可能在转角 θ 小于 0°的姿态内发生奇异，且发生奇异时，其长度随着 θ 的增大而增大，而 L_u 奇异时，L_r 的长度 L'_{rq} 也是 θ 的单调递增函数。而且，L'_{rq} 的最小值大于 L_{rq} 的最大值。从图 7.6(b)进一步可以看出，L_{rq} 是 L_r 在某一位形上随 θ 变化的最小值，且其最大值小于 1150mm；而 L'_{rq} 的最小值大于 1150mm。从而可以得出下面的结论：

(1) 当 L_r >1150mm 时，驱动支链 L_r 不会发生奇异；

(2) 当 L_r <1150mm 时，驱动支链 L_u 不会发生奇异；

(3) 当 L_r =1150mm 时，如果驱动支链 L_r 发生奇异，此时机床运动到工作空间的边界上。

对于第三种情况，在规划机床的任务空间时，已经避开了该类奇异。于是，可以选取 L_r =1150mm 作为冗余支链辅助回零的判断条件：

(1) 当 L_r >1150mm 时，冗余支链 L_r 辅助回零；

(2) 当 L_r ≤1150mm 时，伸缩支链 L_u 和其他非冗余支链自主回零。

当机床回零时，工控机通过 SERCOS 接口卡发送回零命令给伺服驱动器。为了减少回零时间，各驱动器接收到指令后，各自独立控制电机回零，而不是顺序回零。当所有驱动支链都完成回零后，SERCOS 接口卡才会把回零完成的信息反馈到工控机，才能操纵机床进行加工运动。非冗余并联机床和驱动冗余并联机床的回零流程分别如图 7.7 和图 7.8 所示。

从图 7.7 和图 7.8 可以看出，对于非冗余并联机床，各个驱动器控制对应的电机独立回零。对于驱动冗余并联机床，机床的回零流程中加入了冗余支链辅助回零。在回零开始之前，根据冗余伸缩支链的长度判断是否需要执行辅助回零，如果需

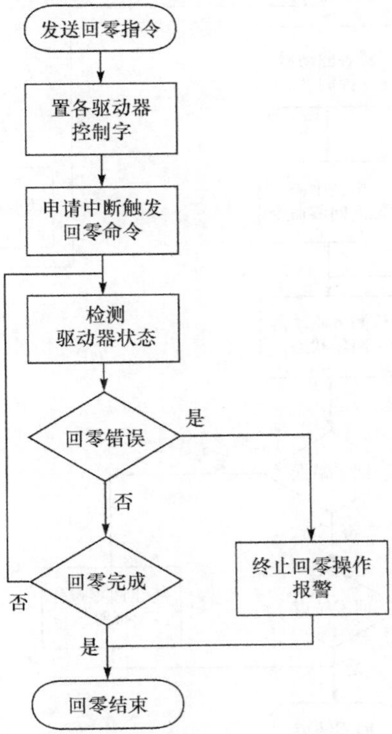

图 7.7　非冗余并联机床回零流程图

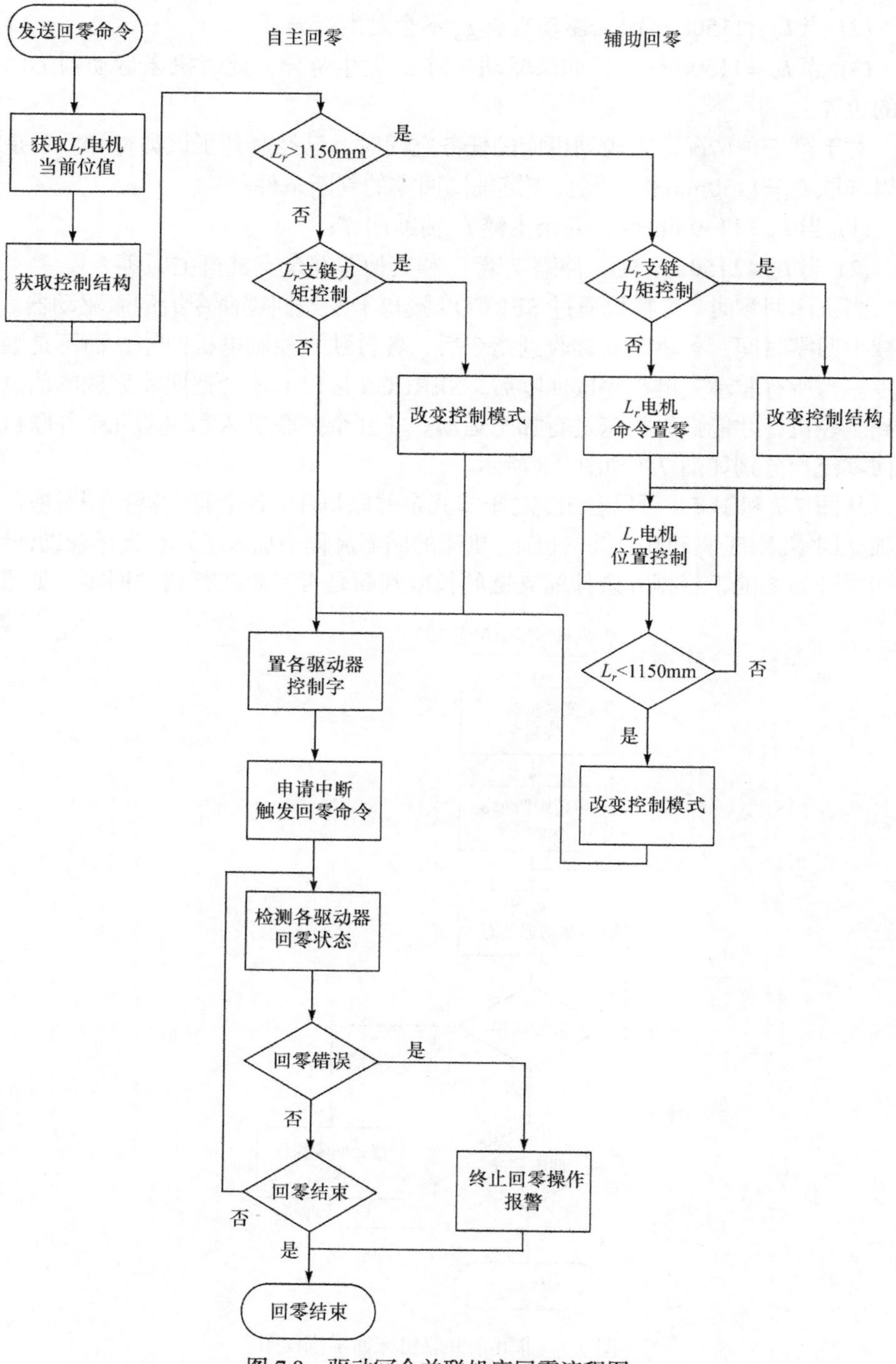

图 7.8　驱动冗余并联机床回零流程图

要执行辅助回零,则必须将冗余支链上伺服电机的控制模式转变为位置控制模式,目的是利用它的绝对式编码器反馈值来保证辅助回零后，机床已经运动到能够自主回零的位形。当冗余支链辅助回零完成之后，冗余支链转变为力控制模式，并且输入力命令值保持为零，其他支链开始独立回零。

7.3.3　回零实验

将本章提出的辅助回零策略集成到机床的数控系统中，回零过程分为三个步骤：首先判断是否需要执行辅助回零操作，如果需要则执行辅助回零操作；然后对滑块 E_1D_1 和 E_2D_2 以及进给工作台进行回零操作；最后，伸缩支链 E_2B_2 回零。根据机床的名义尺寸，可以计算出θ=−25.255°时，伸缩支链 E_2B_2 和动平台共线，即机床运动到“奇异位形”。为了检验辅助回零策略的有效性，让机床运动到(0m, 0m, 0.5m, −26°)，此时机床已经越过“奇异位形”，然后进行回零操作。在回零实验中，可以观察到冗余支链首先辅助回零，并通过驱动器提供的 DriveTop 调试软件观测到冗余支链处于位置控制模式；辅助回零完成之后，滑块、工作台和伸缩支链 E_2B_2 按期望的顺序回零。图 7.9 给出了辅助回零过程中伸缩支链的长度和速度变化曲线。在辅助回零时，冗余支链以大约 100mm/min 的速度线性伸长，伸缩支链 E_2B_2 以较小的速度被动伸缩。辅助回零和两个滑块回零之后，伸缩支链 E_2B_2 开始回零，图 7.10 给出了伸缩支链 E_2B_2 回零过程中支链 E_1B_1 和 E_2B_2 的长度变化曲线。此外,在实验中分别测量了驱动冗余和非冗余方式下,伸缩支链 E_2B_2 回零时，该支链电机提供的驱动力，如图 7.11 所示，可以看出添加冗余支链之后，伸缩支链 E_2B_2 伺服电机提供的驱动力矩较大。这是因为伸缩支链 E_2B_2 回零时，冗余支链是随动的，伸缩支链 E_2B_2 带动冗余支链运动。

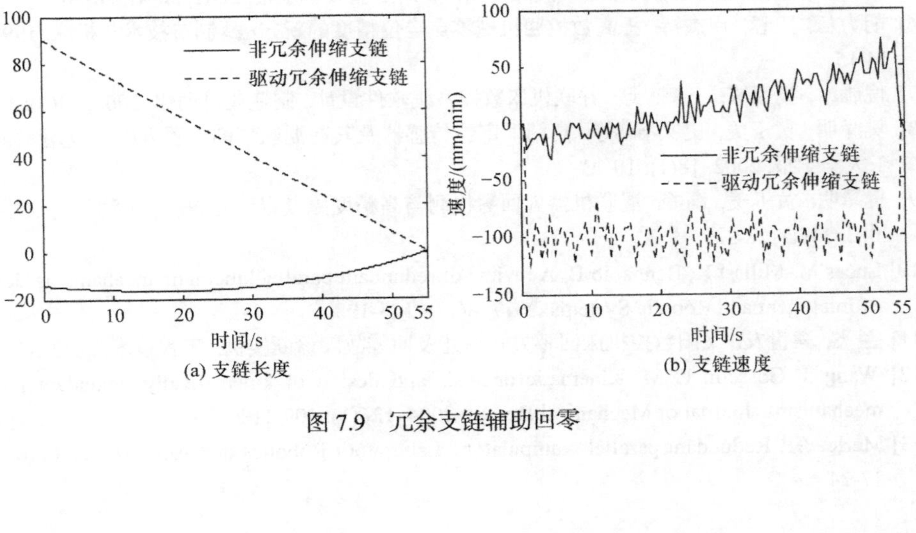

图 7.9　冗余支链辅助回零

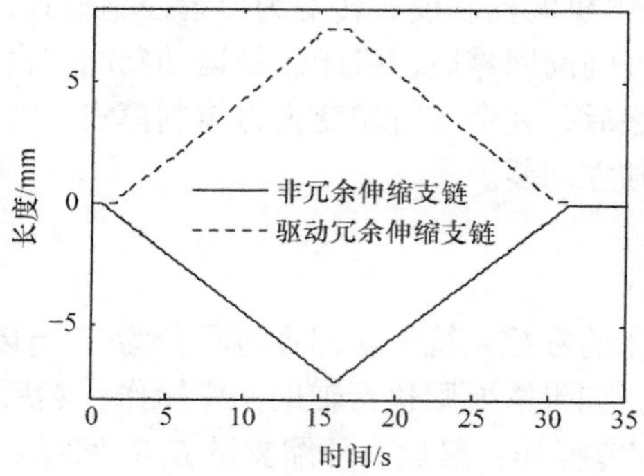

图 7.10　伸缩支链 E_2B_2 回零时伸缩支链长度变化

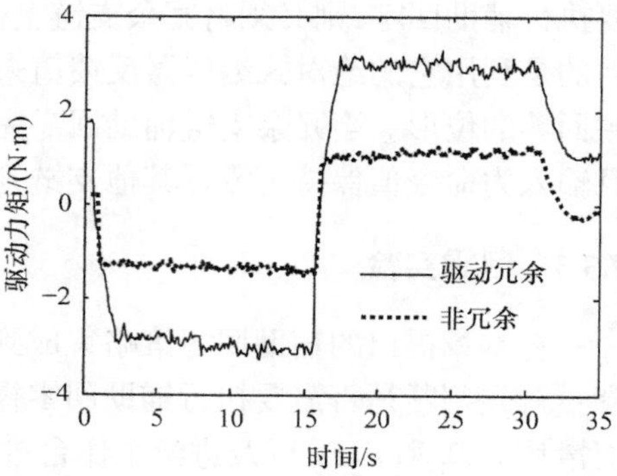

图 7.11　驱动冗余和非冗余情况下伸缩支链 E_2B_2 回零时电机的驱动力矩

上述驱动冗余并联机床的回零实验证明了冗余支链辅助回零策略的有效性和正确性，并且本书研究的驱动冗余并联机床集成了该回零策略，已经在生产中进行了应用。该回零方法对其他类型驱动冗余并联机床的回零也具有重要参考价值。

参 考 文 献

[1] 高建设, 陶征, 程丽, 等. 新型五自由度并联机床回零研究. 机床与液压, 2009, 37(6): 7-9.

[2] 邹金桥, 姜晓强, 徐文源. 基于数控机床栅格法回零机制的分析及故障诊断. 组合机床与自动化加工技术, 2006, (11): 63-64.

[3] 黄登红. 数控机床挡块式回零的控制原理及常见故障分析. 组合机床与自动化加工技术, 2009, (3): 52-55.

[4] 刘文涛, 孟庆鑫, 王知行. 并联机床加工精度保障体制. 制造技术与机床, 2004, (10): 51-54.

[5] 胡月明. 数控机床的开机回零及故障诊断. 贵州工业大学学报, 2001, 30(4): 78-80.

[6] 胡力耘, 王春, 卢杰持. 提高数控回机械零点定位精度的新方法. 制造技术与机床, 1998, (1): 14-15.

[7] 倪雁冰, 杨亚威, 王辉, 等. 并联机床数控系统软件设计. 制造业自动化, 2002, 24(8): 10-13.

[8] 樊泽明, 黄玉美, 史文浩, 等. 高精度定位传感器及其在混联切削机器人中的应用. 西安理工大学学报, 2002, 18(1): 10-13.

[9] 樊泽明, 黄玉美, 高峰. 混联机器人回零检测与高精度原点定位方法. 电子测量与仪器学报, 2003, 17(1): 28-32.

[10] Luces M, Mills J K, Benhabib B. A review of redundant parallel kinematic mechanisms. Journal of Intelligent and Robotic Systems, 2017, 86(2): 175-198.

[11] 兰飞, 蔡世友. 飞阳数控机床回零方式综述及回零故障诊断实例. 工程技术, 2013, 11: 18.

[12] Wang J, Gosselin C M. Kinematic analysis and design of kinematically redundant parallel mechanisms. Journal of Mechanical Design, 2004, 126(1): 109-118.

[13] Merlet J P. Redundant parallel manipulators. Laboratory Robotics and Automation, 1996, 8(1): 17-24.

[14] Liu H T, Huang T, Kecskeméthy A, et al. Force/motion transmissibility analyses of redundantly actuated and over constrained parallel manipulators. Mechanism and Machine Theory, 2017, 109: 126-138.

[15] Belda K, Pavel P. Homing, calibration and model-based predictive control for planar parallel robots. Proceedings of the UKACC International Conference on Control, 2008: 1-6.

[16] Takeda Y, Ichikawa K. An in-parallel actuated manipulator with redundant actuators for gross and fine motions. IEEE International Conference on Robotics and Automation, 2003: 749-754.

[17] Nokleby S B, Fisher R, Podhorodeski R P, et al. Force capabilities of redundantly-actuated parallel manipulators. Mechanism and Machine Theory, 2005, 40(5): 578-599.

[18] Wang J S, Wu J, Wang L P, et al. Homing strategy for a redundantly actuated parallel kinematic machine. ASME Journal of Mechanical Design, 2008, 130(4): 0445011-0445015.

[19] Wang L P, Liu D W, Li T M. Homing strategy for a 4RRR parallel kinematic machine. Chinese Journal of Mechanical Engineering, 2011, 24(3): 399-405.

第 8 章　驱动冗余并联机床的控制

8.1　引　言

采用驱动冗余方式可以增大并联机床的工作空间、减少奇异位形，并可以通过控制机床内力，提高动态特性，但是能否具体实现这些性能与所采用的控制策略密切相关。由于驱动冗余并联机床的输入多于输出，多出的输入与其他输入非线性耦合在一起，使得其控制较一般的机床要复杂得多，纯位置控制很难保证机床的性能。因此，控制是驱动冗余并联机床研究的一个关键问题和难点。

本章在位置控制的基础上，采用力控制方式控制冗余支链，其他驱动支链仍采用位置控制。为了提高系统的响应性能，对位置环控制器进行重新设计，并针对力控制模式支链提出了动力学差分预测控制策略。在具体实施过程中，为了保证机床在整个工作空间中的运动精度，提出了位置-力交换控制策略控制两个伸缩支链，规划了控制模式交换的临界角及支链位置补偿方法，并进行了相关的实验研究验证这些控制策略的可行性。此外，通过实验研究了驱动冗余和非冗余方式下机床的轮廓误差和位置精度，并比较了这两种方式下机床的轮廓误差和位置精度。

8.2　驱动冗余并联机床位置-力控制

8.2.1　位置控制

非冗余并联机床可以采用位置控制[1-5]；在理论上，驱动冗余并联机床低速运动情况下也可以采用位置控制，如图 8.1 所示，每条支链都采用位置控制模式。然而，这种控制方式很难直接应用于实际的机床控制：一方面系统运动参数的真值是无法获取的；另一方面，采用位置控制的子系统难免会产生误差。鉴于驱动冗余并联机床的输入多于输出，且各支链之间存在强烈的耦合性，如果冗余支链也采用位置控制，必定会与其他几个支链发生干涉，从而使机床产生很大的内力，导致各构件的变形加剧，增大其他支链子系统的稳态误差，降低其抗干扰能力，甚至导致机构的破坏。

考虑机械手抓取物体时所采取的控制策略，同样可以与位置-力混合控制一样，将驱动冗余并联机床分成驱动冗余和非冗余两部分，对冗余支链采取顺应性

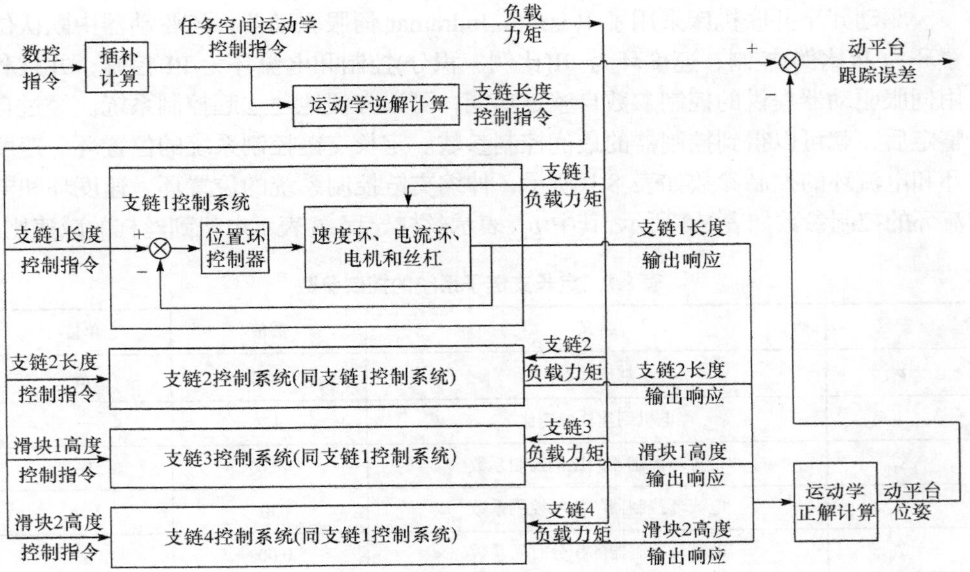

图 8.1　机床位置控制规划

的位置控制方式[6-9]。机床顺应性控制有很多种方式，其本质还是位置-力混合控制，但与机械手位置-力混合控制不同的是，此时的控制对象只是驱动冗余支链。

冗余支链位置顺应性控制的思想是通过在冗余支链与末端执行器之间安装力传感器，检测两者的相互作用力，然后作为反馈信号对支链的位置控制信号进行调整。从而避免因干涉引起的过大内力加剧末端执行器的运动误差，其控制框图如图 8.2 所示。

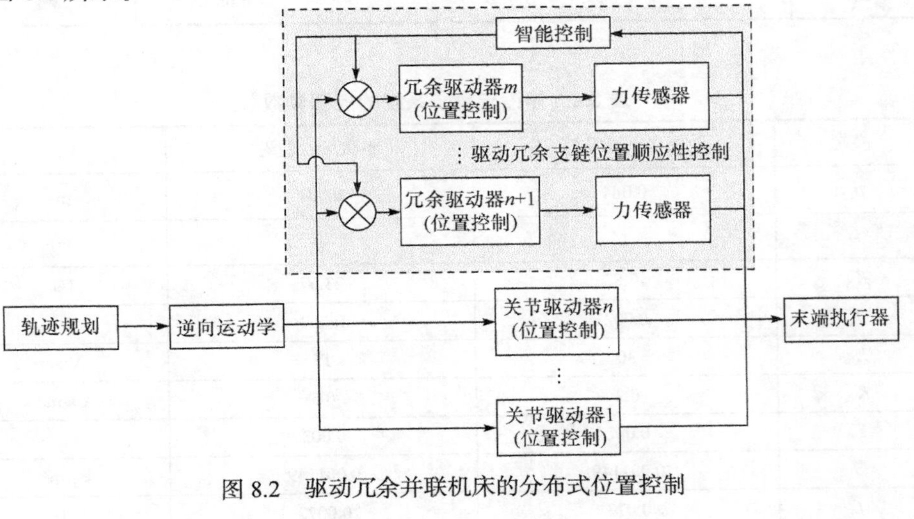

图 8.2　驱动冗余并联机床的分布式位置控制

驱动冗余并联机床采用了 Rexroth Indramat 伺服驱动器，该驱动器中默认位置环为 P(比例)控制、速度环为 PI(比例、积分)控制和电流环为 PI 控制，并且利用伺服驱动器提供的控制参数自整定功能，可以方便地建立起控制系统。经过自整定后，就可以得到控制器的最优控制参数。定长支链控制系统的位置环、速度环和电流环的控制参数如表 8.1 所示，伸缩支链控制系统的位置环、速度环和电流环的控制参数如表 8.2 所示，其中 p_{h2} 表示丝杠导程，i_2 表示电机到丝杠的减速比。

表 8.1　定长支链子系统的控制参数

参数	含义	数值	单位
p_{h1}	丝杠导程	0.008	m
i_1	电机到丝杠减速比	1/2	—
K_{pp}	位置环控制器的比例控制系数	46.67	1/s
K_{ip}	电流环控制器的比例控制系数	30	V/A
T_{ii}	电流环控制器的积分时间系数	0.002	s
K_{vp}	速度环控制器的比例控制系数	1.5	A·s/rad
T_{vi}	速度环控制器的积分时间系数	0.011	s
J	电机转子和丝杠的转动惯量	0.004579	kg·m²
L	电机电枢电感	0.0155	H
R	电机电枢电阻	1.88	Ω
K_t	电机电磁转矩系数	1.22	N·m/A
K_e	电机反电动势系数	6.66	V·s

表 8.2　伸缩支链子系统的控制参数

参数	冗余支链 E_1B_1	驱动支链 E_2B_2	单位
p_{h2}	0.004	0.004	m
i_2	1	1	—
K_{pp}	17.83	23.67	1/s
T_{ii}	0.002	0.003	s
K_{ip}	30	15	V/A
K_{vp}	0.2	0.5	A·s/rad
T_{vi}	0.002	0.003	s
J	0.001149	0.001149	kg·m²
L	0.023	0.0072	H

续表

参数	冗余支链 E_1B_1	驱动支链 E_2B_2	单位
R	4.57	1.45	Ω
K_t	1.38	0.77	N·m/A
K_e	7.5	4.2	V·s

图 8.2 中的智能控制可根据实际需要进行设计，与对冗余支链进行力控制的方式相比，图 8.2 中的智能控制对机构模型(运动学模型和动力学模型)依赖程度低，能很容易地实现机构的运动控制，克服机构的奇异位形，增大作业空间。但是，为了保证机构在整个工作空间的性能，必须在控制过程中根据环境参数(运动状态、力反馈值大小等)实时调整智能控制中的参数。因此，在实施控制之前，必须根据控制目的对工作空间进行全局研究，这样就增加了控制算法的复杂程度，很难实现实时控制。

8.2.2　位置-力控制

从驱动冗余并联机床的运动学模型和动力学模型可以看出，当仅给冗余支链一个输入，其他支链的输入为零时，机床的位形是不会改变的，否则，机床处于伸缩支链和动平台共线的奇异位形。可见，驱动冗余不能改变机床的运动，驱动冗余的本质就是力冗余[10-13]。

当机床运动到伸缩支链 E_2B_2 和动平台共线的位形时，可以利用冗余支链顺利地通过该位形；而在其他位形处，由于机床中难免存在各种间隙、变形和振动，从而影响机床的运动精度，但可以利用驱动冗余支链的输入力在一定程度上把这些影响减小甚至消除。一方面，利用冗余支链中产生的内载荷，可以对机床进行主动刚度控制和力优化，提高机床的运动精度。另一方面，过大的机床内部约束力不但造成驱动能量的浪费，同时可能破坏系统的机械结构。因此，需要对冗余支链的内力进行优化和控制[14-16]。通常，伺服电机具有位置控制、速度控制、电流控制和力控制四种模式，其中位置控制可以保证电机轴输出的位置，力控制可以保证电机轴输出的力矩。为了控制冗余支链的内力，冗余支链采用力控制模式，其他支链采用位置控制模式。非冗余支链采用位置控制模式以保证机床的位置精度，冗余支链专注于改善机床的刚度、动态特性等性能，进一步提高机床的运动精度，其控制原理如图 8.3 所示，非冗余支链采用位置控制，包含位置环、速度环和电流环。根据逆运动学得到非冗余支链的长度，作为位置环的输入。对于采用力控制方式的冗余支链，基于运动学模型和动力学模型计算出的驱动力作为其输入力，力传感器测量的力作为反馈力，形成闭环力控制。本书研究的驱动冗余并联机床的位置-力控制规划如图 8.4 所示。

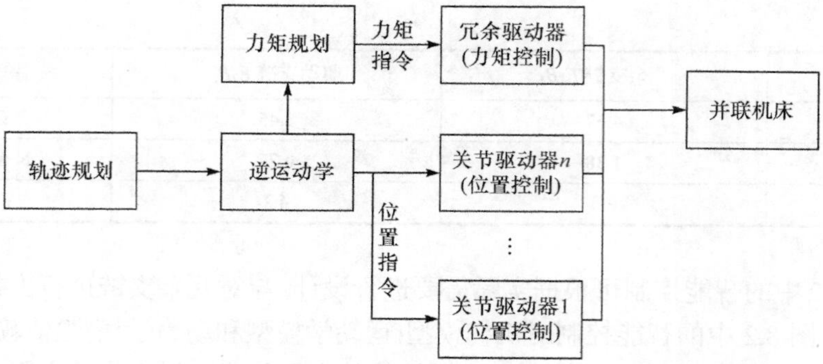

图 8.3　冗余支链力控制原理图

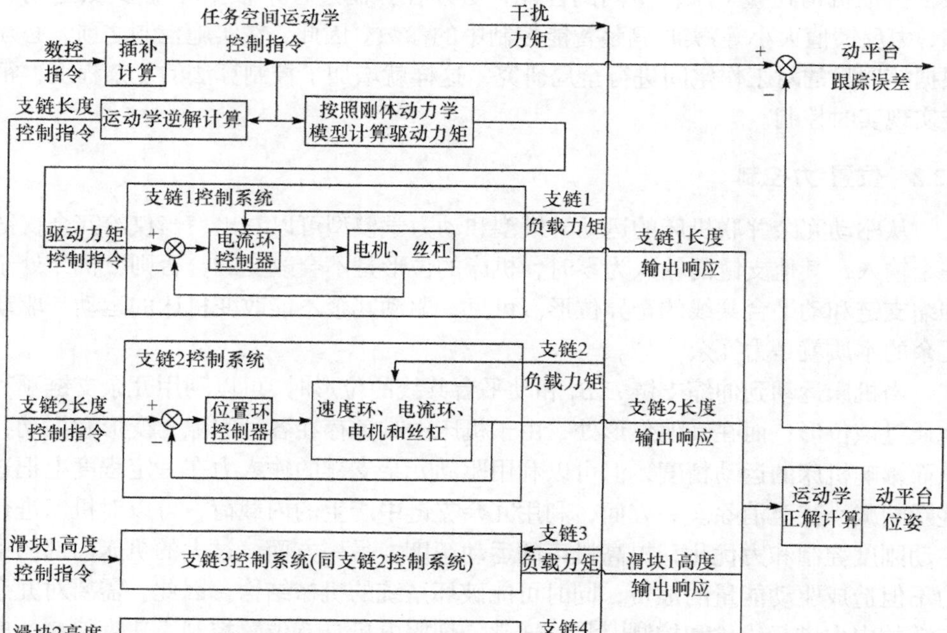

图 8.4　位置-力控制规划

非冗余支链控制系统的驱动器提供位置环比例控制、速度环比例-积分控制和电流环比例-积分控制。因此，非冗余支链控制系统的开环传递函数可以表示为

$$G_{s1}(s)=\frac{K_{pp}K_1K_2K_tK_{ip}K_{vp}\left[T_{ii}T_{vi}s^2+(T_{ii}+T_{vi})s+1\right]}{JLT_{ii}T_{vi}s^5+JT_{ii}T_{vi}(R+K_{ip})s^4+C_{s3}s^3+K_tK_{ip}K_{vp}(T_{ii}+T_{vi})s^2+K_tK_{ip}K_{vp}s} \tag{8-1}$$

式中，$C_{s3} = JK_{ip}T_{vi} + K_e K_t T_{ii} T_{vi} + K_t K_{ip} K_{vp} T_{ii} T_{vi}$；$K_1$ 和 K_2 表示线速度到角速度的转换系数和角位移到线位移的转换系数；其他参数的意义和数值如表 8.1 和表 8.2 所示。

相应地，采用力控制模式的冗余支链系统的传递函数为

$$G_{s2}(s) = \frac{K_t K_{ip}(T_{ii}s+1)}{JLT_{ii}s^3 + JT_{ii}(R+K_{ip})s^2 + (K_t K_e T_{ii} + JK_{ip})s} \tag{8-2}$$

8.2.3 位置环控制器设计

1. 控制器设计

根据式(8-1)，可以得到原有定长支链和伸缩支链控制子系统的闭环伯德图，如图 8.5 和图 8.6 所示。可以看出，伸缩支链和定长支链控制子系统的响应性能都较低。虽然可以通过增大位置环比例控制系数的方法来提高现有控制系统的响应性能，但是这样将使控制系统丧失稳定性。

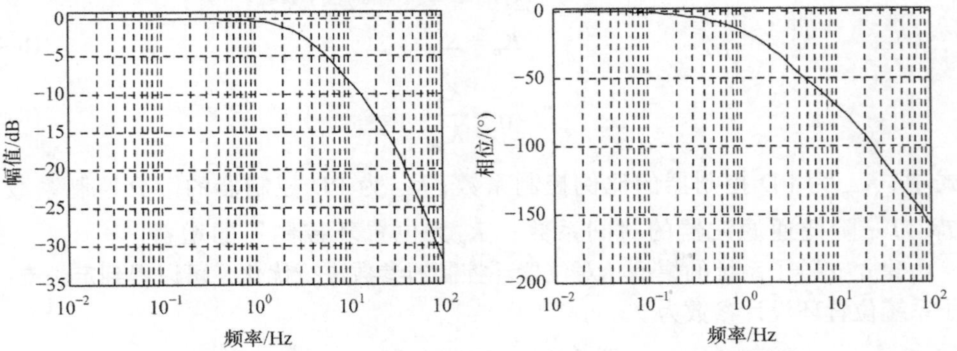

(a) 幅频特性　(b) 相频特性

图 8.5　原有定长支链控制系统的闭环伯德图

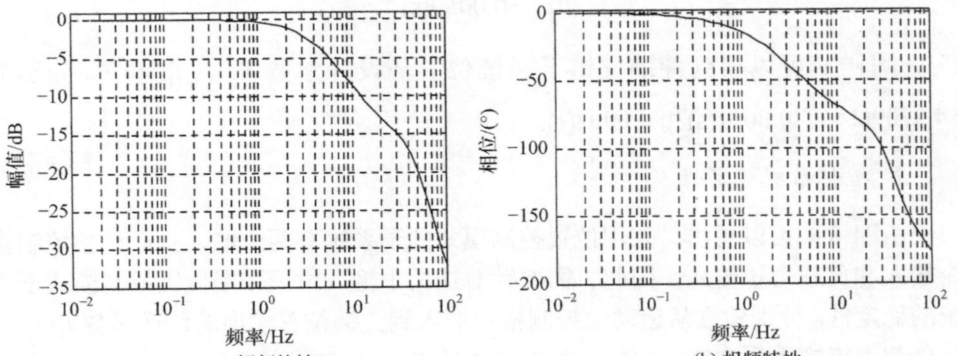

(a) 幅频特性　(b) 相频特性

图 8.6　原有伸缩支链控制系统的闭环伯德图

为了实现高速高精度运动控制，需要各支链子系统具有较高的响应性能，而原有控制系统却表现出了较低的响应性能。因此，需要以提高各支链子系统的响应性能为目标，对位置环控制器进行设计。

基于PID(比例、积分、微分)控制方法，可以设计P控制器、PI控制器、PD(比例、微分)控制器和PID控制器。在前面已经分析了将P控制器作为位置环控制器，系统响应性能较低。对比PI控制、PD控制和PID控制，PD控制具有最快的响应性能，并且由于微分控制作用增加了系统的阻尼，从而允许控制系统具有较大的开环增益以提高系统的稳态精度。基于上述分析，采用PD控制来设计位置环控制器，但是PD控制存在放大高频信号的缺陷，这不仅放大了高频噪声信号，而且容易激发机械系统的振动。因此，需要在PD控制器之后串联一阶低通滤波器，以抑制其高频信号放大作用。

由PD控制器和一阶低通滤波器串联构成的位置环控制器可以表示为

$$G_{\mathrm{pc}}(s)=\frac{K_{\mathrm{pp}}+K_{\mathrm{pd}}s}{T_{22}s+1}=K_{\mathrm{c}}\frac{T_{11}s+1}{T_{22}s+1} \tag{8-3}$$

$$K_{\mathrm{c}}=K_{\mathrm{pp}} \tag{8-4}$$

$$T_{11}=\frac{K_{\mathrm{pd}}}{K_{\mathrm{pp}}} \tag{8-5}$$

式中，K_{pp}为PD控制器的比例控制系数；K_{pd}为PD控制器的微分控制系数；T_{22}为一阶低通滤波器的时间系数；K_{c}为位置环控制器的增益。

建立支链子系统的模型，对位置环控制器参数进行优化，可以得到定长支链子系统位置环设计参数为

$$\begin{cases}K_{\mathrm{c}}=63.7273(1/\mathrm{s})\\T_{11}=0.0127(\mathrm{s})\\T_{22}=0.0059(\mathrm{s})\end{cases} \tag{8-6}$$

同样，可以得到伸缩支链子系统位置环设计参数K_{c}、T_{11}和T_{22}分别为54.9709(1/s)、0.0011(s)和0.0002(s)。

2. 控制系统稳定性

由图8.4可以看出，采用位置控制模式的子系统有两个输入：运动学控制指令输入和负载力矩输入。因此，需要针对这两个输入讨论采用位置控制模式子系统的稳定性。分别建立从运动学控制指令输入到支链位置输出的传递函数$T_1(s)$和从负载力矩输入到支链位置输出的传递函数$T_2(s)$，如式(8-7)和式(8-8)所示：

$$T_1(s)=\frac{Y(s)}{I_1(s)}$$

$$=\frac{G_1(s)G_2(s)G_4(s)G_5(s)G_6(s)G_7(s)G_8(s)G_9(s)G_{10}(s)}{\begin{pmatrix}1+G_5(s)G_6(s)+G_6(s)G_7(s)G_8(s)G_{11}(s)+G_4(s)G_5(s)G_6(s)G_7(s)G_8(s)\\+G_1(s)G_2(s)G_4(s)G_5(s)G_6(s)G_7(s)G_8(s)G_9(s)G_{10}(s)\end{pmatrix}} \tag{8-7}$$

$$T_2(s)=\frac{Y(s)}{-T_{\mathrm{d}}(s)}$$

$$=\frac{G_8(s)G_9(s)G_{10}(s)}{\begin{pmatrix}1+G_5(s)G_6(s)+G_6(s)G_7(s)G_8(s)G_{11}(s)+G_4(s)G_5(s)G_6(s)G_7(s)G_8(s)\\+G_1(s)G_2(s)G_4(s)G_5(s)G_6(s)G_7(s)G_8(s)G_9(s)G_{10}(s)\end{pmatrix}} \tag{8-8}$$

式中，$Y(s)$为支链位置输出的象函数；$I_1(s)$为运动学控制指令输入的象函数；$T_{\mathrm{d}}(s)$为负载力矩输入的象函数；$G_1(s)=K_{\mathrm{c}}\dfrac{T_{11}s+1}{T_{22}s+1}$，$G_2(s)=K_1$，$G_4(s)=\dfrac{K_{\mathrm{vp}}T_{\mathrm{vi}}s+K_{\mathrm{vp}}}{T_{\mathrm{vi}}s}$，$G_5(s)=\dfrac{K_{\mathrm{ip}}T_{\mathrm{ii}}s+K_{\mathrm{ip}}}{T_{\mathrm{ii}}s}$，$G_6(s)=\dfrac{1}{Ls+R}$，$G_7(s)=K_{\mathrm{t}}$，$G_8(s)=\dfrac{1}{Js}$，$G_9(s)=\dfrac{1}{s}$，$G_{10}(s)=K_2$，$G_{11}(s)=K_{\mathrm{e}}$。

比较$T_1(s)$和$T_2(s)$，可以发现这两个传递函数具有相同的闭环极点，从而可求出$T_1(s)$和$T_2(s)$在连续域的闭环极点。定长支链子系统和伸缩支链子系统的闭环极点分别如式(8-9)和式(8-10)所示：

$$\begin{cases}s_1=-112.058277\\s_2=-38.782601\\s_3=-838.005384+662.328389\mathrm{i}\\s_4=-838.005384-662.328389\mathrm{i}\\s_5=-199.707036+191.581861\mathrm{i}\\s_6=-199.707036-191.581861\mathrm{i}\end{cases} \tag{8-9}$$

$$\begin{cases}s_1=-5009.809329\\s_2=-50.252065\\s_3=-981.694347+381.201647\mathrm{i}\\s_4=-981.694347-381.201647\mathrm{i}\\s_5=-130.636067+243.493987\mathrm{i}\\s_6=-130.636067-243.493987\mathrm{i}\end{cases} \tag{8-10}$$

由式(8-9)和式(8-10)可以判定：对于运动学控制指令输入和负载力矩输入，采用位置控制模式的子系统是稳定的。力控制支链的闭环极点可以表示为

$$\begin{cases} s_1 = -494.836263 \\ s_2 = -504.103607 + 7246.386826\mathrm{i} \\ s_3 = -504.103607 - 7246.386826\mathrm{i} \end{cases} \tag{8-11}$$

由式(8-11)可以推断出采用力控制模式的支链子系统也是稳定的。

3. 抗干扰能力及响应性能

根据式(8-7)和式(8-8)，可以得位置控制支链子系统的输入输出模型为

$$Y(s) = T_1(s)I_1(s) - T_2(s)T_{\mathrm{d}}(s) \tag{8-12}$$

在 $I_1(s)$ 为零的条件下，支链控制子系统在负载力矩输入作用下的位置输出误差为

$$E(s) = T_2(s)T_{\mathrm{d}}(s) \tag{8-13}$$

基于式(8-13)，支链控制子系统的刚度可以表示为

$$K_{\mathrm{R}}(s) = \left|\frac{T_{\mathrm{d}}(\mathrm{j}\omega)}{E(\mathrm{j}\omega)}\right| = \left|\frac{1}{T_2(\mathrm{j}\omega)}\right| \tag{8-14}$$

根据式(8-14)可以得到设计的支链控制子系统的刚度特性曲线，并且按照同样的分析过程可以得到原有控制系统的刚度特性曲线，如图 8.7 所示。由图可以看出，原有控制系统和设计的控制系统都具有较高的刚度，控制系统的抗干扰能力较强。

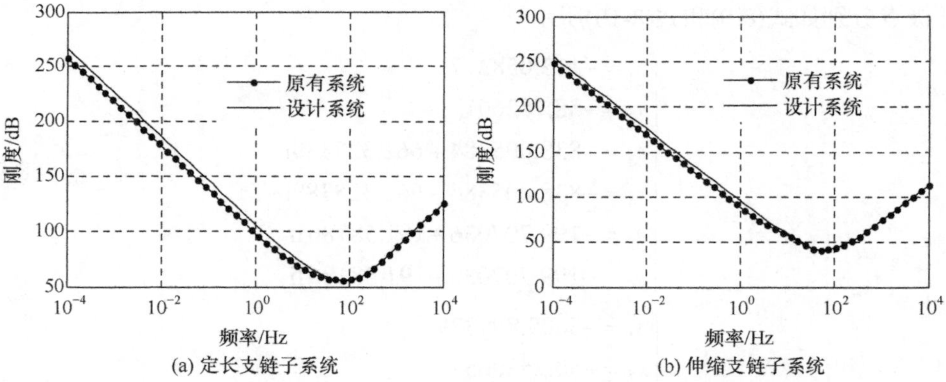

图 8.7　原有系统与设计系统的刚度特性

本章重新设计了位置环控制器，其主要目的是提高控制系统的响应性能，从而减小轨迹跟踪误差，这里对支链子系统的响应性能进行分析和检验。图 8.8 和图 8.9 给出了原有控制系统与设计的支链控制子系统的闭环幅频特性曲线和 0.5mm 阶跃响应曲线。由图可以看出，与原有控制系统相比，设计后的支链控制子系统的闭环截止频率提高，从而使控制系统的响应性能得到了较大提高。

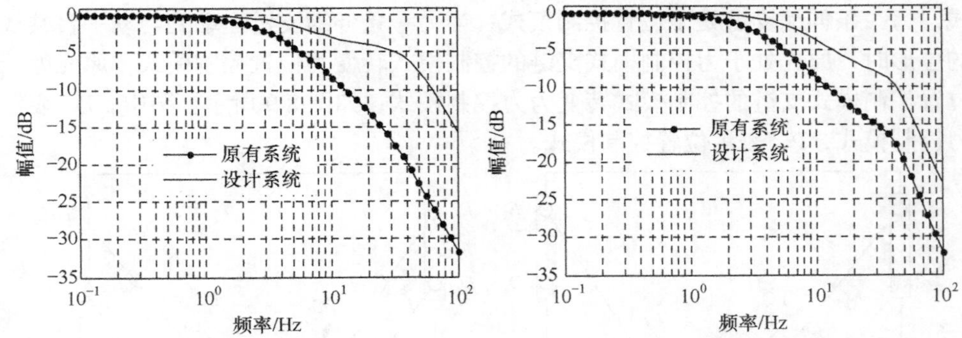

(a) 定长支链子系统　(b) 伸缩支链子系统

图 8.8　定长支链子系统和伸缩支链子系统的幅频特性

8.3　驱动冗余并联机床位置-力交换控制

8.3.1　位置-力控制缺点

从 8.2 节的分析可以看出，驱动冗余并联机床的冗余支链采用力控制模式，其他支链采用位置控制模式能够改善机床的性能，且简单易行，然而在实际实施过程中，却不能在整个工作空间中采用这种控制策略。

一方面，伸缩支链 E_2B_2 和动平台共线的位形为非冗余并联机床的奇异位形，虽然该奇异位形在驱动冗余并联机床中不再是奇异位形，但是当驱动冗余并联机床运动到该位形时，很难保证关节点 B_2 的位置精度。这是因为此时采用位置控制模式的伸缩支链 E_2B_2 在奇异点方向已经无法保证精确的位置，而为了越过该位形，处于力控制模式的驱动支链 E_1B_1 必须给动平台施加力，然而力控制是无法保证位置精度的，从而也无法保证该方向的运动精度。换言之，在该位形或该位形附近，机床的运动精度丧失，加工精度也就无法保证。

另一方面，当驱动冗余并联机床运动到伸缩支链 E_2B_2 和动平台共线的位形时，伸缩支链 E_2B_2 的伺服驱动器在理论上可以接受精确的位置命令，但是由于支链的运动是依靠机床数控系统中的插补完成的，很难保证该支链在此时没有微小的增量，从而导致当伸缩支链 E_2B_2 和动平台共线时，它们之间存在着很大的内力。

8.3.2　位置-力交换控制

为了保证机床在工作空间内具有足够的精度，顺利地越过动平台和伸缩支链共线的位形，这里提出位置-力交换控制[17,18]。位置-力交换控制是指当一条伸缩支链要越过或处于该支链与动平台共线位形附近时，该支链子系统处于力控制模式，另一条伸缩支链处于位置控制模式；当另一条伸缩支链运动到与动平台共线的位形时，原先处于力控制模式支链的控制模式转变为位置控制模式，原先处于位置控制模式支链的控制模式转变为力控制模式，如图 8.9 所示。图中，FC 表示力控制模式，PC 表示位置控制模式。

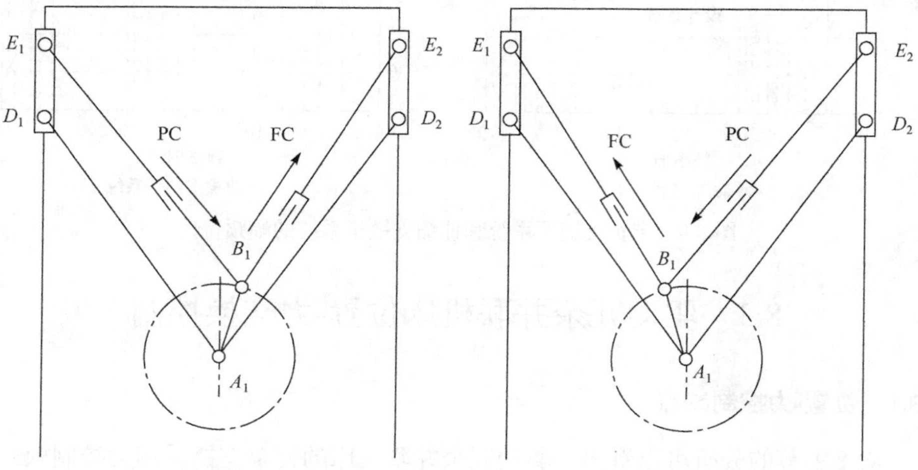

(a) $\theta<0°$　　(b) $\theta\geqslant 0°$

图 8.9　两个伸缩支链控制模式规划

从图 8.9 可以看出，伸缩支链的控制模式在整个工作空间中将会发生改变，这就涉及控制模式发生改变时动平台的临界角。从驱动冗余并联机床的结构和工作空间的对称性来分析，控制模式最好在动平台的姿态角为零时进行交换，这样机床的精度和刚度在工作空间内的分布是对称的。然而，一方面考虑到该驱动冗余并联机床在实际加工时，有可能在该姿态附近左右往复运动，如果选取该姿态作为位置-力交换控制策略模式交换的临界，则机床的运动状态改变过于频繁。另一方面，控制结构的改变，意味着运动基准的改变，难免产生因基准改变所带来的误差。

为此，必须根据实际需要，规划控制模式发生交换时动平台的临界角，尽量减少运动过程中控制模式交换的次数。在规划临界角时，需要考虑以下几个方面内容：临界角区域之间不包含动平台和伸缩支链共线的位形(非冗余并联机床的奇异位形)，同时要远离动平台和伸缩支链共线的位形；考虑到机构的对称性以及工作空间的对称性，在任务空间中，临界角要对称；控制模式转化尽量少。基于这些规则，本章将伸缩支链控制模式交换的临界角设定为−5°、0°和 5°这三个动平台转角处。需要指出的是，当动平台旋转角 θ 到达临界角时，伸缩支链的控制模式并不一定会发生改变。控制模式的改变涉及以下因素：前一轨迹段的控制结构 n、

当前段的起始角度 θ_s 与终止角度 θ_e，其改变原则如下：

(1) 当 θ 在$-5°$和 $5°$之间变化时，控制模式保持不变。因为在该姿态范围内，机床的性能受姿态的影响不大(机床配置远离动平台和伸缩支链共线的配置)。

(2) 当 $\theta > 5°$ 时，伸缩支链 E_1B_1 处于力控制模式，另一条伸缩支链 E_2B_2 处于位置控制模式；相反，当 $\theta < -5°$ 时，伸缩支链 E_1B_1 处于位置控制模式，另一条伸缩支链 E_2B_2 处于力控制模式。

(3) 当伸缩支链 E_1B_1 处于力控制模式时，$n=1$；处于位置控制时，$n=-1$。

根据以上原则，可得出控制模式交换的条件及其临界角，如表 8.3 所示。

表 8.3　控制模式交换的条件及其临界角

运动状态	控制结构改变	改变临界
$\lvert\theta_s\rvert > 5°$，$\lvert\theta_e\rvert > 5°$，$\theta_s\theta_e < 0$	是	0
$\lvert\theta_s\rvert \leqslant 5°$，$\lvert\theta_e\rvert > 5°$，$\theta_e n < 0$	是	$-5n$
其他	否	无

本书研究的并联机床数控系统的软件部分按执行顺序可以分为后置处理、轨迹规划、插补计算和实时模块部分。在轨迹规划阶段，一个输入轨迹段可以分为许多子轨迹段，必须确定伸缩支链的控制模式在每一个子轨迹段是否需要改变。在控制系统中，轨迹规划和插补计算是先于实时模块执行的，如果在当前轨迹段伸缩支链的控制模式需要改变，那么控制模式应该在当前轨迹段的位置、速度等数据发送到实时模块的瞬时发生改变。也就是说，在数控系统中的轨迹规划与插补计算时，不能立刻改变控制模式，而必须在实时模块里进行，否则将会出现数据与控制模式不匹配的情况，导致机床运动错误。

为保证控制模式与数据的匹配，必须修改共享内存，保证控制模式信息的共享，修改数据传递结构，增加相应的辨识标记，保证控制模式与数据的一致性，具体控制流程如图 8.10 所示。

8.3.3　位置补偿

当伸缩支链的控制模式发生改变时，原先处于力控制模式的伸缩支链转化为位置控制，由于伸缩支链内部存在间隙，又在力控制模式下产生拉压变形，从而导致在力控制模式到位置控制模式转化时，伸缩支链的实际长度和理论长度之间存在偏差。在控制系统的轨迹规划和插补计算模块中，以伸缩支链当前的理论长度为基准规划下一个插补周期伸缩支链的长度，这样就容易导致控制模式改变后，原

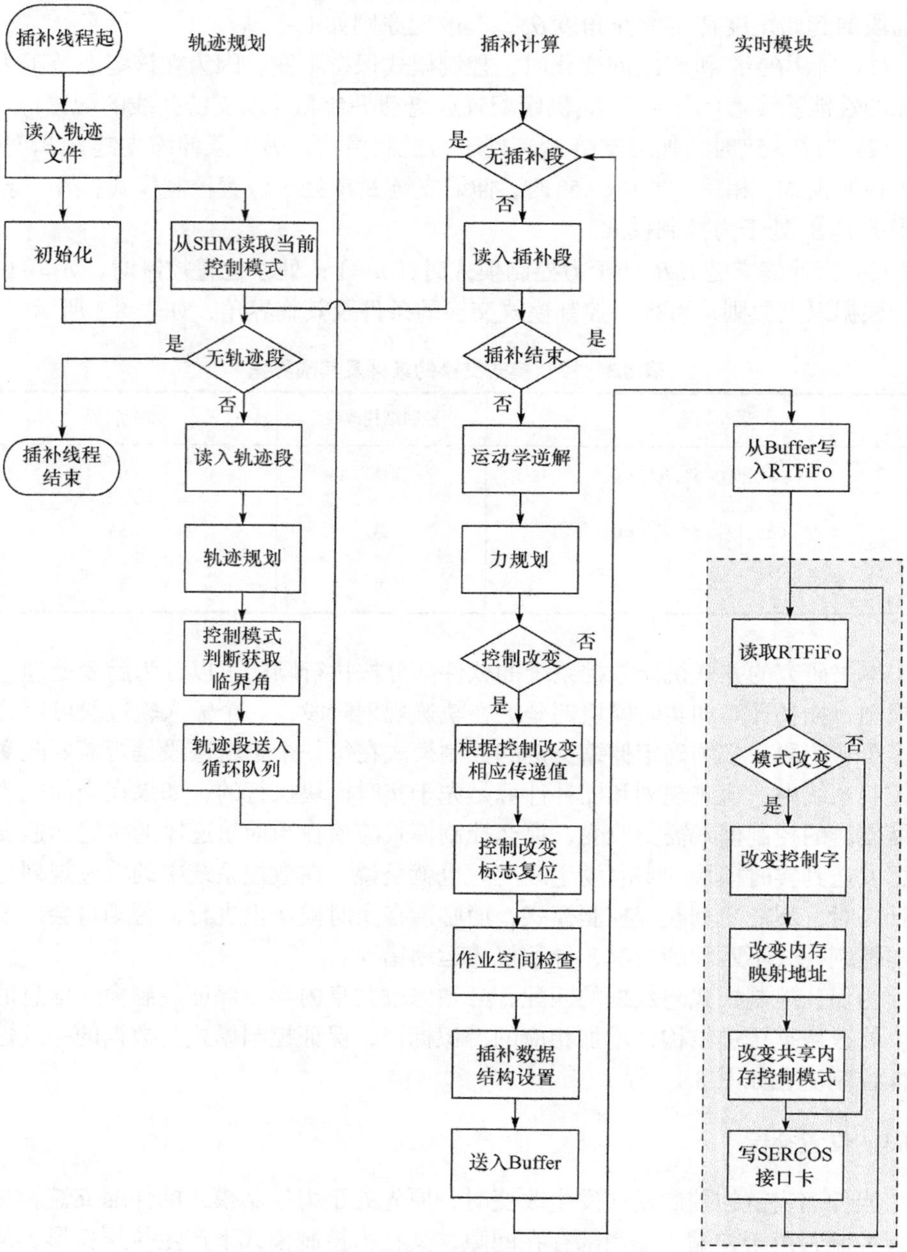

图 8.10　位置-力交换控制流程图

先处于力控制模式的伸缩支链在一个插补周期内需要从当前长度伸缩较大的位移到理论长度值，造成超差。因此，控制模式改变后，必须对伸缩支链的长度进行补偿,在较短的几个插补周期内补偿伸缩支链的理论长度和实际长度之间的偏差。

设控制模式发生交换时，原先处于力控制模式的伸缩支链实际长度为 l_0，系统插补规划的理论长度为 l_T，两者之间的偏差为

$$e_l = l_T - l_0 \tag{8-15}$$

在一个插补周期 T 内，连杆的伸缩长度为

$$l_\Delta = vT \tag{8-16}$$

式中，l_Δ 是系统规划的伸缩长度；v 是连杆移动速度。

在一个插补周期内，连杆所允许的最大伸缩长度为

$$l_{\max} = v_{\max} T \tag{8-17}$$

式中，$v_{\max}$ 表示连杆最大允许移动的速度，通常可以在驱动器里设定。

在一个插补周期内，连杆的最大伸缩长度和系统规划的伸缩长度的偏差为

$$e_\Delta = l_{\max} - l_\Delta \tag{8-18}$$

当控制模式改变时，伸缩支链的实际长度小于系统规划的长度并且连杆需要做伸长运动，则在控制模式改变之后的前 n_1 个插补周期内，连杆需要以 $v_{\max}$ 运动。n_1 可以表示为

$$n_1 = \frac{|e_l|}{e_\Delta} \tag{8-19}$$

第 n_1+1 个周期运动距离为

$$L_{s1} = vT + |e_l| - n_1(v_{\max}T - vT) \tag{8-20}$$

第 n_1+1 个周期之后，该伸缩支链就按照系统规划的速度运动。

如果控制模式改变时，伸缩支链的实际长度小于系统规划的长度并且连杆需要做缩短运动，则在控制模式改变之后的前 n_2 个插补周期内，连杆保持静止。n_2 可以表示为

$$n_2 = \frac{|e_l|}{vT} \tag{8-21}$$

第 n_2+1 个周期运动距离为

$$L_{s2} = |e_l| - n_2 vT \tag{8-22}$$

第 n_2+1 个周期之后，该伸缩支链就可以按照系统规划的速度运动。

当控制模式改变时，伸缩支链的实际长度大于理论长度，那么可以用相似的方法分析连杆的运动规律。考虑到 $\theta = 0°$ 时，机床处于平衡位置，认为此时伸缩支链的理论长度和实际长度是相等的，因此如果控制模式在 $\theta = 0°$ 处发生改变，不需要对位置进行补偿。当 $\theta = \pm 5°$ 时，伸缩支链分别处于拉伸状态或压缩状态，实际长度不再等于控制系统中规划的理论长度，此时如果控制模式发生改变，就需要对由力控制模式到位置控制模式转变的支链进行位置补偿，具体位置补偿规划如图 8.11 所示。

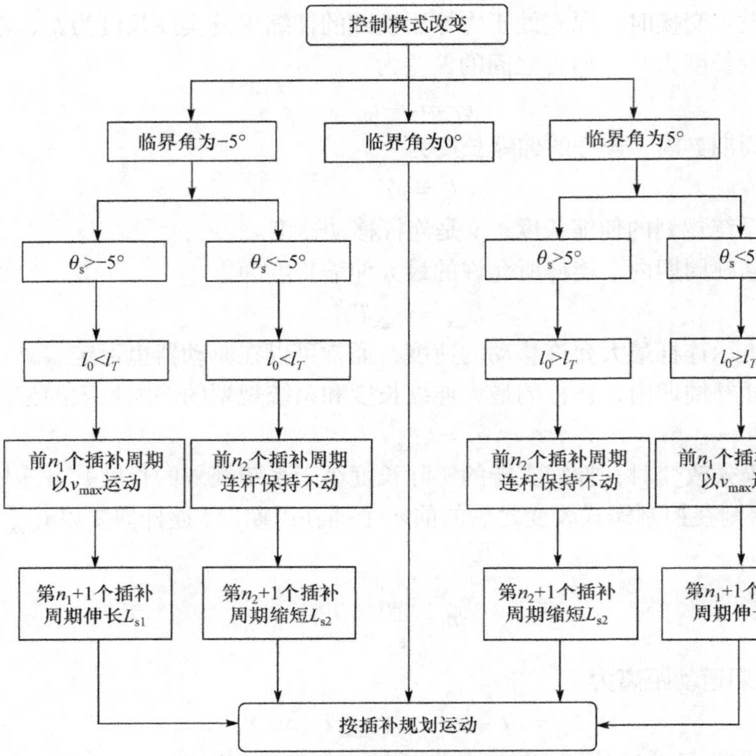

图 8.11　控制模式改变时位置补偿

8.4　驱动冗余并联机床动力学差分预测控制

冗余支链采用力控制的目标是使得支链中的实际内力等于根据动力学模型计算得到的力，在控制过程中，采用式(5-54)优化的驱动力作为力控制器的输入。然而，由于间隙和变形，根据动力学模型优化得到的力和冗余支链内部力并不完全相等。此外，由于离散控制系统中促动器均不可避免地存在一个控制周期的时滞，系统将存在因时滞引起的误差，使精度降低。这里提出动力学差分预测控制策略对采用力控制模式支链的输入力进行预规划处理。当前时刻根据动力学模型计算得到的驱动力和力传感器反馈的实际力作差分，两者之间的差分直接作为下一时刻输入力命令值的一部分，即采用力控制模式支链的输入为当前时刻动力学模型计算得到的驱动力加上前一时刻动力学模型计算得到的驱动力和传感器反馈值的偏差。

设在离散控制系统中对力观测的采样时间间隔为T，则采样点序列可以表示为

$$t = t_0 + kT, \quad k = 0,1,2,\cdots \tag{8-23}$$

式中，t_0 表示起始采样点的时间。

动力学模型计算得到的驱动力和力传感器反馈值的差分可以表示为

$$e_F(t) = F_t(t) - F_a(t) \tag{8-24}$$

式中，$F_t(t)$ 表示根据动力学模型计算得到的 t 时刻力控制模式伸缩支链的输入力命令值；$F_a(t)$ 表示 t 时刻传感器反馈的力数值；$e_F(t)$ 表示两者之间的差分。

为了提高力控制模式伸缩支链子系统命令值的准确度，支链子系统在 $t+T$ 时刻的输入可以表示为

$$F_i(t+T) = F_t(t+T) + e_F(t) \tag{8-25}$$

式中，$F_i(t+T)$ 表示 $t+T$ 时刻力控制支链子系统的输入。

在 $t+T$ 时刻，力传感器的反馈值 $F_a(t+T)$ 和 $F_i(t+T)$ 之间的偏差为

$$e_F(t+T) = F_i(t+T) - F_a(t+T) \tag{8-26}$$

相应地，可以求出 $t+2T$ 时刻，力控制支链子系统的输入为

$$F_i(t+2T) = F_t(t+2T) + e_F(t+T) \tag{8-27}$$

在 $t+kT$ 时刻，力控制支链子系统的输入为

$$F_i(t+kT) = F_t(t+kT) + e_F(t+kT-T) \tag{8-28}$$

式中，$F_t(t+kT)$ 表示 $t+kT$ 时刻根据动力学模型计算得到的驱动力；$e_F(t+kT-T)$ 表示 $t+kT-T$ 时刻动力学模型计算得到的驱动力和支链实际内力之间的偏差。

8.5　控制策略实验研究

8.5.1　控制系统硬件组成

本书研究的驱动冗余并联机床主要用于铣削复杂工件(如汽轮机叶片)，机床数控系统硬件组成如下[19-22]。

(1) 工业控制计算机(工控机)：为机床主控制系统，完成人机对话、后置处理、文件管理、运动规划、插补计算和各种反馈信息处理等功能。机床控制系统配置的工业控制计算机处理器为 Pentium II 350MHz，内存为 64MB。

(2) SERCOS(serial real-time communication system)接口卡：负责工控机与伺服驱动器间的数据和信息交换。

(3) 伺服驱动器及电机：接收来自 SERCOS 接口卡的数据与信息，控制电机转动，实现各种指定的机床运动。

(4) PLC：实现机床状态监测、强弱电的管理、换刀及主轴正反转控制等辅助功能。

(5) 主轴变频器：根据数控系统的指令实现主轴的运动控制(转速和转向)。

(6) A/D 转换卡：根据数控系统的指令发送主轴转速数据。

将 8.3 节提出的位置-力控制交换策略应用于数控系统中，采用力控制模式伸缩支链的命令值是由驱动冗余并联机床的动力学模型计算得到的力。动力学模型加入数控系统的插补模块中，以第 5 章中的驱动力范数最小为优化目标对驱动力进行优化，优化得到的驱动力作为力控制模式支链的输入。在机床应用于实际加工之前，必须执行回零操作使机床回到零点位置。回零之后，$\theta = 0°$ 并且冗余支链 E_1B_1 处于力控制模式，其他支链为位置控制模式。

本书研究的驱动冗余并联机床控制系统的硬件结构如图 8.12 所示。SERCOS 是一种用于数字伺服和传动系统的现场总线接口和数据交换协议，能够实现工控机与数字伺服系统、传感器和可编程控制器输入输出(I/O)口之间的实时数据通信。将 SERCOS 接口卡和网卡插入工控机中，不仅可以方便地实现人机界面的开放，而且能够部分实现数控系统控制核心的开放。数控系统的各项功能均由软件来实现，从而实现了从数控系统的人机界面到控制核心、从软件到硬件真正意义上的全方位开放。

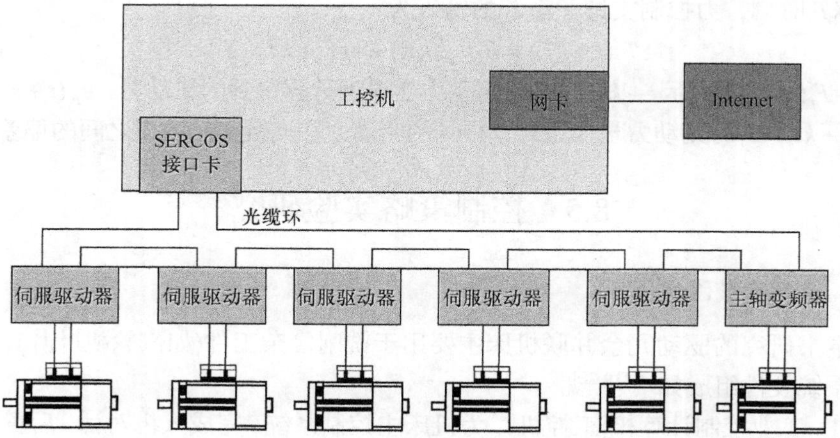

图 8.12　控制系统硬件结构

考虑到复杂工件(如汽轮机叶片)的加工工艺，机床最好具备 5 个自由度，因此在已开发出来的 4 自由度并联机床的进给工作台上添加了一个 B 轴转台，组成一台 5 自由度的并联机床，如图 8.13 所示。为了进一步提高机床的刚度，将原 4 自由度并联机床的顶端横梁拆掉，在机床侧面重新安装三根横梁，并且将机床的动平台由图 8.14(a)所示的结构改造为如图 8.14(b)所示的结构。此外，在切削实验中发现主轴头的顶部振动较大，而主轴头的外壳振动较小，为了提高刚度，需要将主轴头顶部和外壳固结起来。因此，在主轴头顶部安装一个环形套，分别用螺钉将环形套和主轴头外壳与顶部连接起来，以达到固结主轴头的外壳和顶部的目的，如图 8.15 所示。

(a) 机床正面 (b) 机床背面

图 8.13 5 自由度驱动冗余并联机床

(a) 4 自由度机床 (b) 5 自由度机床

图 8.14 动平台连接关系

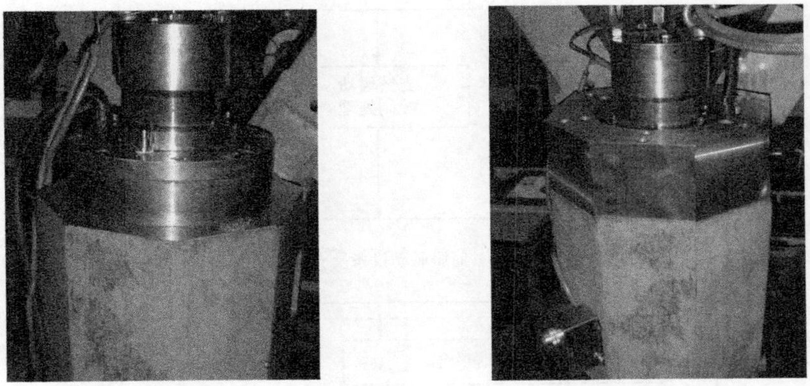

(a) 4 自由度机床 (b) 5 自由度机床

图 8.15 主轴头连接形式

8.5.2　控制系统软件结构

从目前关于数控系统的研究来看，研究人员在设计数控系统的体系结构时多遵循了层次化和模块化的设计原则，从而在总体上和局部上保证数控系统的开放性[23-26]。因此，本书在开发驱动冗余并联机床数控系统时也遵循了层次化和模块化原则。为了设计驱动冗余并联机床数控系统的层次化、模块化体系结构，首先需要总结出机床的基本运动控制流程，然后根据基本运动控制流程来划分数控系统的功能层次和抽象数控系统的功能模块[27-30]。

由于动平台在任务空间中的运动是支链关节空间运动的非线性映射，所以为了将操作人员发出的任务空间运动控制指令转化为关节空间的实际运动，需要对任务空间运动控制指令实施后置处理、插补计算处理、运动学逆解计算处理、动力学逆解计算处理、驱动力优化计算和支链运动控制处理，并且在控制动平台运动的过程中，还需要实时监控硬件设备的状态，以正确反馈动平台的运动状态和及时处理意外情况。基于上述分析，可以确定并联机床的基本运动控制流程，如图 8.16 所示。操作人员的任务指令经过后置处理转化为计算机语言之后，进行插

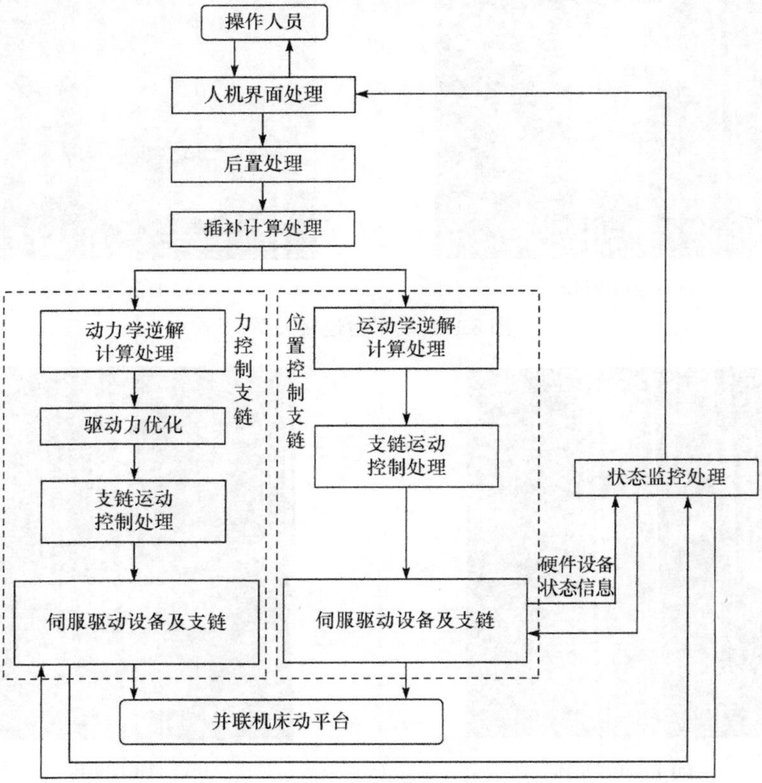

图 8.16　基本控制流程

补计算处理。对于位置控制模式的伸缩支链，在插补计算之后，需进行运动学逆解计算处理，而对于采用力控制模式的伸缩支链，需要进行运动学逆解和动力学逆解计算处理。

根据并联机床数控系统的任务及各运动控制处理单元的实时性要求，可以将数控系统划分为五个功能层次：界面管理层、总体控制层、运动规划层、运动控制层和机床硬件层。对于数控系统的每个功能层，根据该功能层的数控任务，可以抽象出相应的功能模块。驱动冗余并联机床数控系统的层次化、模块化体系结构如图 8.17 所示。

界面管理层构造了机床操作人员和数控系统之间的人机界面，其数控任务为：接收操作人员输入的操作信息和总体控制层上传的状态信息，根据这些信息在操作界面上显示相关的内容，并将操作信息下传给总体控制层。根据界面管理层的数控任务，建立了以界面管理层管理单元为主模块，以信息接收单元、信息发送单元、坐标显示单元、代码显示单元、状态显示单元、菜单显示单元和对话框显示单元为子模块的主从式体系结构。由于界面管理层各功能单元对实时性的要求不高，所以将这些功能单元放置在操作系统的非实时域中运行。

总体控制层的数控任务为：接收界面管理层下传的操作信息和运动规划层、运动控制层上传的状态信息，根据这些信息维护数控系统的状态和调度各项操作的执行，并向界面管理层上传状态信息，向运动规划层和运动控制层下传操作信息。根据总体控制层的数控任务，建立了以总体控制层管理单元为主模块，以信息接收单元、信息发送单元、文件管理单元、参数管理单元、故障处理单元、后置处理单元、运动仿真单元和运动控制单元为子模块的主从式体系结构。由于总体控制层各功能单元对实时性的要求较低，所以将这些功能单元放置在操作系统的非实时域中运行。

运动规划层的数控任务为：接收总体控制层下传的操作信息和运动控制层上传的状态信息，根据这些信息和数控系统的参数信息对任务空间运动控制指令进行插补计算、运动学逆解计算和动力学逆解计算，并向总体控制层上传状态信息和向运动控制层下传操作信息。根据运动规划层的数控任务，建立了以运动规划层管理单元为主模块，以信息接收单元、信息发送单元、运动规划单元、插补计算单元、运动学和动力学逆解计算单元和驱动力优化计算单元为子模块的主从式体系结构。运动规划层各功能单元对实时性的要求较高，将这些功能单元放置在操作系统的非实时域中运行，但设置为高优先级。

运动控制层的数控任务为：接收总体控制层和运动规划层下传的操作信息以及机床硬件层上传的硬件状态信息，根据上述信息产生硬件控制指令和实施硬件状态监控，并向总体控制层和运动规划层上传状态信息，向机床硬件层下传硬件控制指令。根据运动控制层的数控任务，建立了以运动控制层管理单元为主模块，

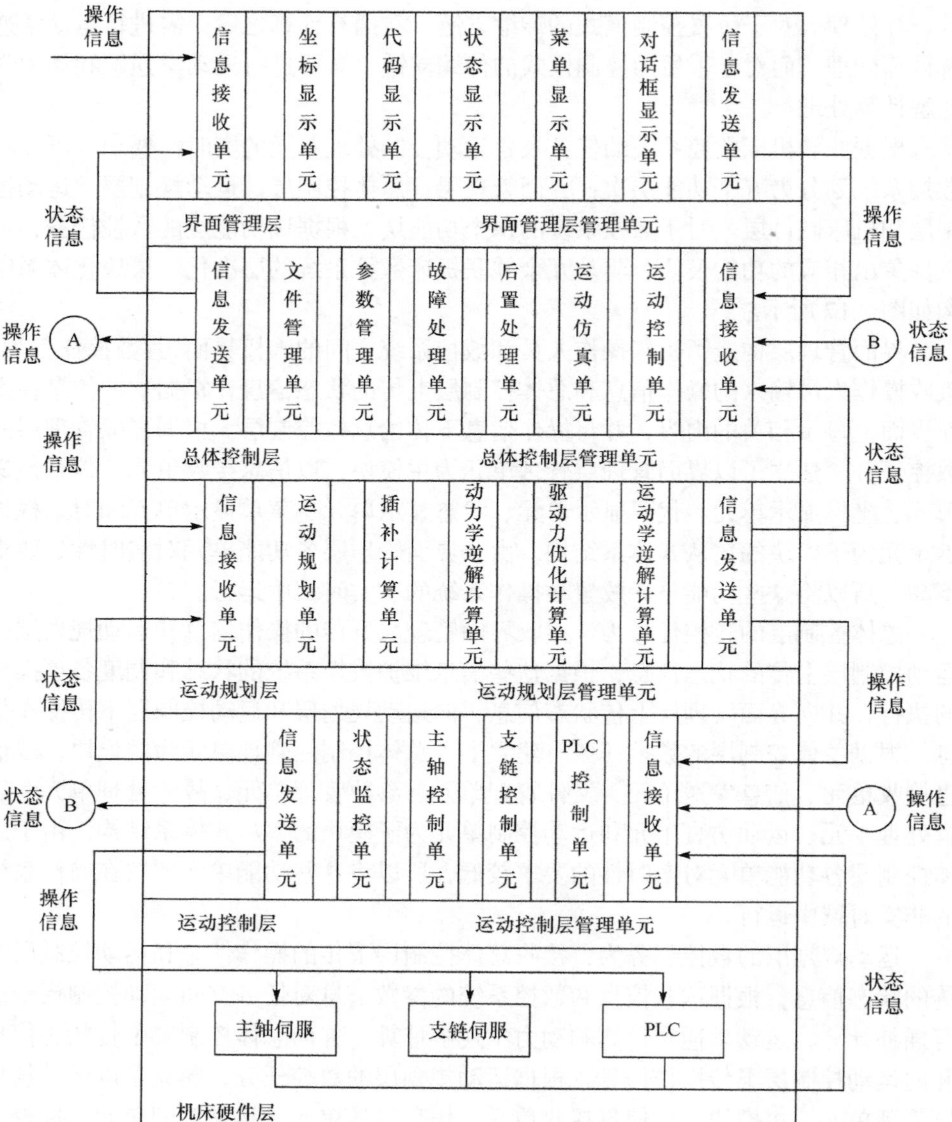

图 8.17　数控系统体系结构及主要功能模块

以信息接收单元、信息发送单元、主轴控制单元、支链控制单元、PLC 控制单元和硬件状态监控单元为子模块的主从式体系结构。由于运动控制层各功能单元具有很高的实时性要求，所以将这些功能单元放置在操作系统的实时域中运行。

机床硬件层负责实现并联机床各支链及动平台的运动，由并联机床的硬件系统组成，可以划分为主轴伺服单元、支链伺服单元和 PLC 单元。这些功能单元的实时性由相应硬件的实时性能保证。在驱动冗余并联机床数控系统中，在各功能层之间存在着上行的状态信息数据流和下行的操作信息数据流，在每个功能层中存在着主模块与子模块之间的双向信息数据流。针对这些数据流，通过定义各功能层之间信息数据流的传递方式和数据结构，可以确定数控系统各功能层之间的接口协议；通过定义各功能层的主模块和子模块之间信息数据流的传递方式和数据结构，可以确定数控系统各功能层内部的接口协议。

考虑到系统应具有较强的实时性，因此将控制系统建立在实时性较好的Real-Time Linux(RTLinux)操作系统上。RTLinux 操作系统是基于 Linux 操作系统并运行于多种硬件平台的 32 位硬实时操作系统，以通用操作系统为基础，在同一操作系统中既提供严格意义上的实时服务，又提供所有的标准 POSIX(可移植性操作系统接口)服务。对于普通 X86 的硬件结构，RTLinux 操作系统拥有出色的实时性和稳定性：无论 Linux 操作系统的负载如何，RTLinux 操作系统的最大中断延迟时间不超过 15μs，最大任务切换误差为 35μs。基于 RTLinux 操作系统，最终开发出的数控系统界面如图 8.18 所示，图中 X、Y、Z 和 A 是该 4 自由度驱动冗余并联机床的四根虚轴，L1、L2、L3、L4、Lr 是五根实轴，实轴数多于虚轴数。

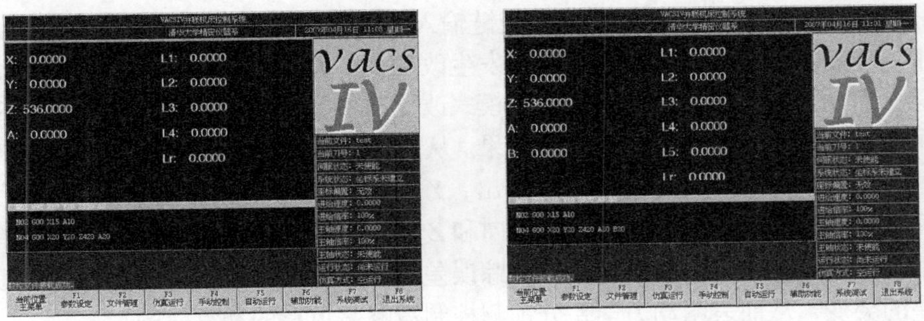

(a) 4 自由度并联机床　　(b) 5 自由度并联机床

图 8.18　驱动冗余并联机床数控系统界面

利用王忠华[31]提出的并联机床插补周期估算方法，可以确定本书研究的驱动冗余并联机床的插补周期不超过 2ms。考虑到数控系统需要完成异常复杂的计算，因此将数控系统的插补周期设定为 2ms。在设计计算机控制系统时，一般要求运动控制计算时间小于控制周期的 1/10。这样，在对伸缩支链进行力控制的情况下，机床的数控系统需要在 0.2ms 的时间内完成插补计算、运动学逆解计算、动力学逆解计算和各控制器计算。在上述各项计算任务中，动力学逆解计算最为耗时，因此希望能够将刚体动力学逆解的计算时间控制在 0.1ms 以内。在 CPU 为 Pentium II 350、具有 64MB 内存的工控机上，对该驱动冗余并联机床的动力学模型实施一次逆解计算所需的时间约为 0.125ms。为了保证机床具有较高的实时性，并考虑到相邻的插补点的位置、速度和加速度相差很小，在实际应用中，每隔 10 个插补点进行一次逆动力学计算。

8.5.3 动力学差分预测控制实验

为了验证位置-力交换控制和动力学差分预测控制的有效性，让机床从(0m, 0m, 0.45m, 20°)运动到(0m, 0m, 0.35m, −20°)，速度为 800mm/min。根据位置-力交换控制策略的临界角确定原则，可以推断出动平台转角为 0°时，伸缩支链子系统的控制模式发生改变。在实际控制过程中，输入力 $F_i(t+kT)$ 最终还是转化为电流作为力控制模式伸缩支链的控制输入。本书研究的驱动冗余并联机床是在一台原有的非冗余并联机床的基础上改造的，因此伸缩支链上没预留安装拉压式力传感器的位置，需要安装应变式力传感器，而应变式力传感器在使用前还需要标定。目前伸缩支链上还没有安装力传感器，实验过程中将伺服电机的实际电流作为反馈值，然后根据式(8-28)计算出输入力 $F_i(t+kT)$，然后根据式(6-33)和式(6-34)计算出 $F_i(t+kT)$ 对应的电流值，并将电流值和反馈的电流值作差分作为下一时刻电流命令值的一部分。

图 8.19 是处于力控制模式伸缩支链输入恒为零时的实验结果，在整个运动过程中，伸缩支链子系统的控制模式会发生改变，Y 向和 Z 向的跟踪误差变化比较平缓，而动平台姿态跟踪误差在控制模式改变时发生了突变。图 8.20 和图 8.21 是采用动力学差分预测控制的实验结果。从图 8.20 可以看出，滑块和伸缩支链的位置变化比较平缓；从图 8.21 可以看出，Y 向和 Z 向的跟踪误差变化趋势和力控制模式支链的输入恒为零时得到的 Y 向和 Z 向的跟踪误差变化趋势相似，但是采用动力学差分预测控制减小了姿态跟踪误差，且减小了控制模式改变时姿态跟踪误差的突变，从而表明动力学差分预测控制策略是可行的和有效的。

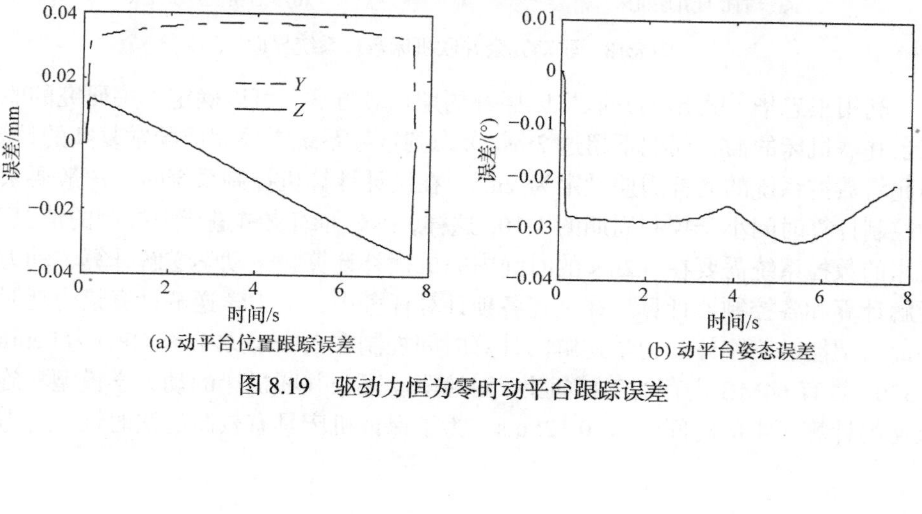

(a) 动平台位置跟踪误差 (b) 动平台姿态误差

图 8.19 驱动力恒为零时动平台跟踪误差

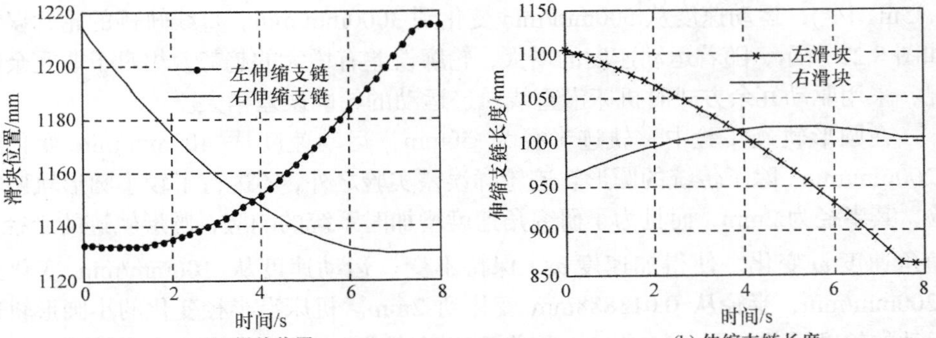

(a) 滑块位置　　(b) 伸缩支链长度

图 8.20　动力学差分预测控制实验中滑块位置和伸缩支链长度

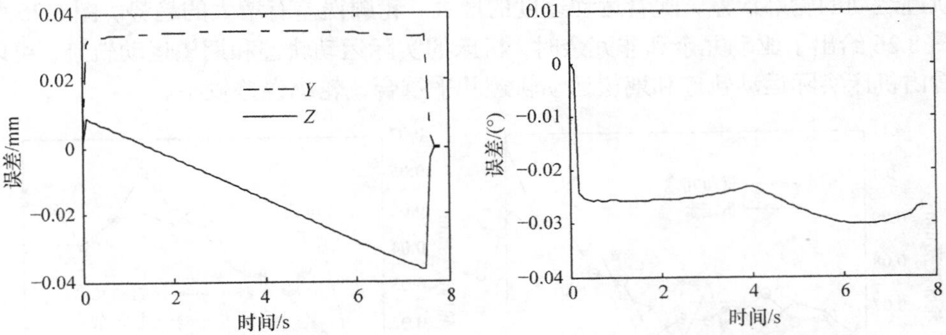

(a) 动平台位置跟踪误差　　(b) 动平台姿态误差

图 8.21　动力学差分预测控制实验中动平台跟踪误差

8.6　驱动冗余并联机床性能评价

实验是评价机床性能最直接、最有效的方法。为了较全面地评价机床的性能，本节分别进行轮廓误差实验、位置精度实验和切削实验。

8.6.1　轮廓误差实验

实验中，分别控制机床沿直线轨迹和圆形轨迹运动。另外，还操作机床沿较小半径的圆形轨迹运动，用于测量机床跟踪具有较高空间频率路径的能力。实验中，分别测量驱动冗余并联机床在不同速度下沿同一轨迹运动的轮廓误差，并且为了比较驱动冗余和非冗余方式下机床的性能，在实验中拆掉冗余支链，测量非冗余并联机床在不同速度下沿同一轨迹运动时的轮廓误差。

在直线轨迹实验中，轨迹起点为(0m, −0.1m, 0.35m, −4°)，终点为(0m, 0.15m,

0.35m, 14°)，运动速度从 500mm/min 变化到 3000mm/min。直线轨迹的轮廓误差如图 8.22 所示，随着运动速度的增大，轮廓误差有增大的趋势。相对于非冗余情况，采用驱动冗余方式时机床沿直线轨迹运动的轮廓误差稍大。

在圆形轨迹实验中，轨迹半径为 50mm，运动速度从 400mm/min 变化到 2200mm/min。除了传统的圆形轨迹轮廓误差实验之外，还进行了较小圆形轨迹实验，其半径为 2mm，而且为了研究角速度增加时系统的响应，圆形轨迹的半径 r 随角速度 ω 变化，使得加速度 $\omega^2 r$ 保持不变。运动速度从 100mm/min 变化到 1200mm/min，半径从 0.013888mm 变化到 2mm。机床沿半径变化的小圆形轨迹运动的轮廓误差如图 8.23 所示，随着角速度的减小，轮廓误差变大，并且在非冗余情况下，轮廓误差跳变较大。图 8.24 给出了机床沿半径为 2mm 和 50mm 圆形轨迹运动的轮廓误差，随着运动速度的增大，轮廓误差有增大的趋势。图 8.25 和图 8.26 给出了驱动冗余和非冗余时，机床的实际运动轨迹和期望运动轨迹，可以看出机床实际运动轨迹和期望运动轨迹几乎重合，轮廓误差较小。

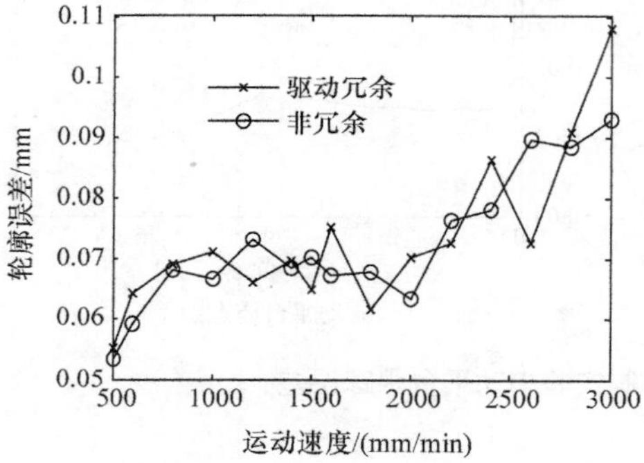

图 8.22　机床沿直线轨迹运动的轮廓误差

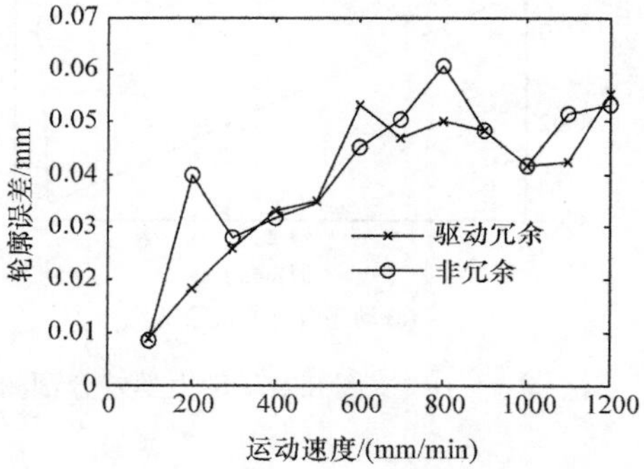

图 8.23　较小半径的圆形轨迹轮廓误差

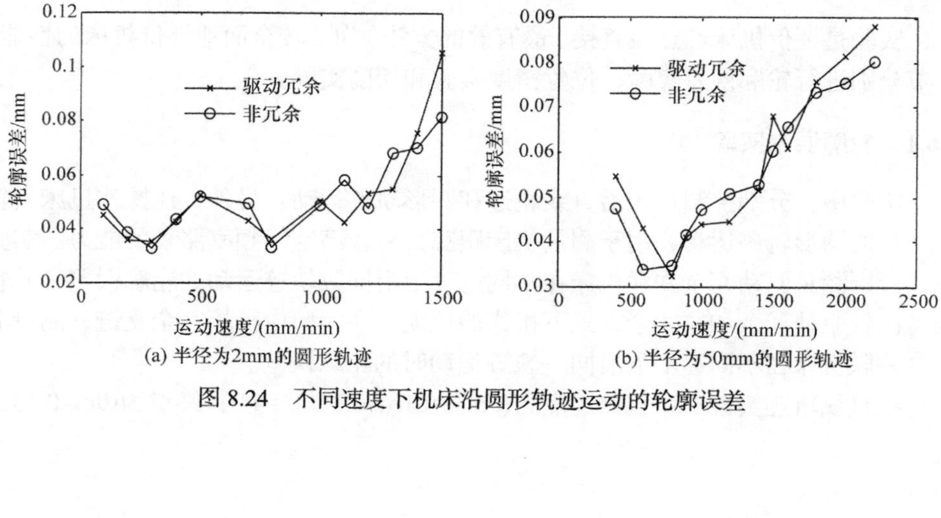

(a) 半径为2mm的圆形轨迹　　(b) 半径为50mm的圆形轨迹

图 8.24　不同速度下机床沿圆形轨迹运动的轮廓误差

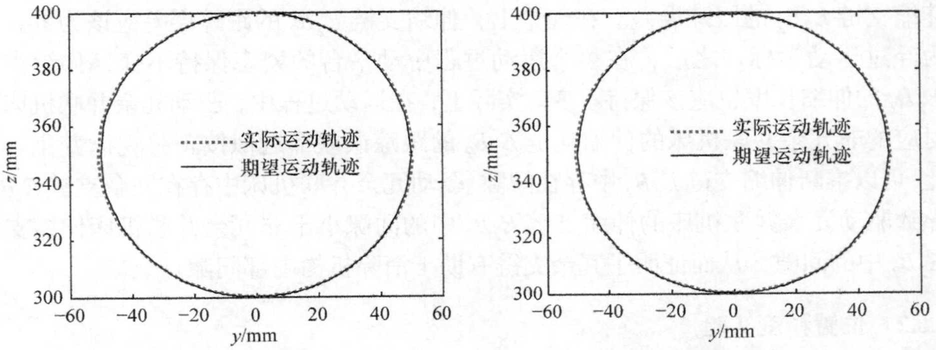

(a) 非冗余并联机床　　(b) 驱动冗余并联机床

图 8.25　机床沿半径为 50mm 圆形运动的轨迹

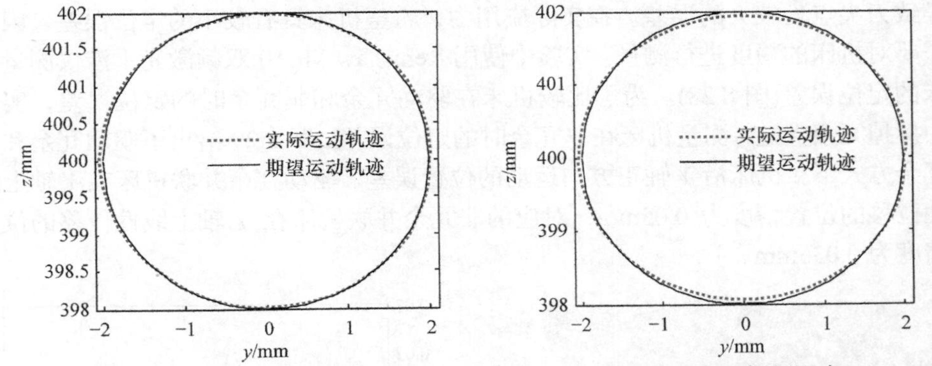

(a) 非冗余并联机床　　(b) 驱动冗余并联机床

图 8.26　机床沿半径为 2mm 圆形运动的轨迹

图 8.27 给出了驱动冗余和非冗余方式下机床沿半径为 50mm 圆形轨迹运动时

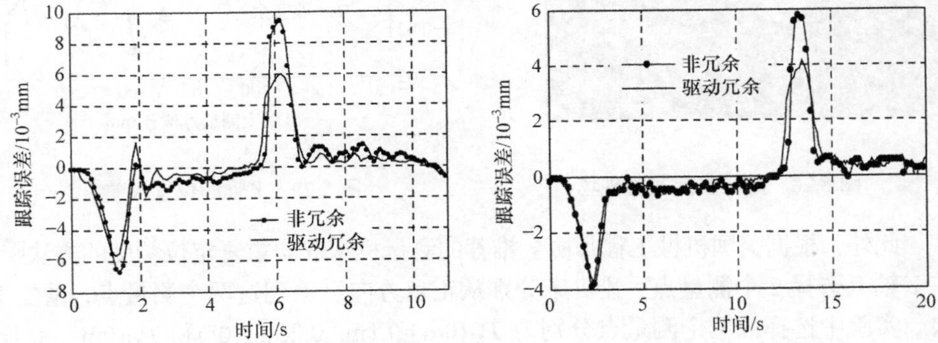

(a) 进给速度为 1.8m/min　　(b) 进给速度为 0.8m/min

图 8.27　机床沿圆形轨迹运动时伸缩支链 E_2B_2 的伸缩误差

伸缩支链 E_2B_2 的跟踪误差。在理论上，伸缩支链 E_2B_2 的跟踪误差应该为零，因为经过运动学标定之后，在整个运动过程中动平台的姿态保持不变，伸缩支链 E_2B_2 的伸缩长度也应该保持不变。实际上，在运动过程中，驱动冗余并联机床和对应的非冗余并联机床的伸缩支链 E_2B_2 的跟踪误差都近似按正弦规律变化。因此，可以推断伸缩支链 E_2B_2 中存在间隙。驱动冗余并联机床中存在冗余支链 E_1B_1，导致驱动冗余并联机床的伸缩支链 E_2B_2 中的间隙小于非冗余并联机床伸缩支链 E_2B_2 中的间隙，从而证明了冗余支链有助于消除机构内部间隙。

8.6.2　位置精度实验

精度是决定一个零件加工质量最重要的因素之一。定位精度可以在较大程度上验证系统的装配精度。并联机床各关节处较小的定位误差也可能被放大，从而导致刀尖点处较大的误差。在实际应用中，希望机床具有较小的定位误差，因此需要对机床的精度进行测量。实验中使用 Renishaw ML10 双频激光干涉仪测量机床的定位误差(图 8.28)。为了比较机床在驱动冗余和非冗余时的定位误差，实验中拆掉冗余支链，测量机床在非冗余时的定位误差。图 8.29 给出了驱动冗余和非冗余方式下，机床沿 Y 轴正方向运动的位置误差。驱动冗余并联机床在 Y 轴上线性位移的位置精度为 0.05mm，对应的非冗余并联机床在 Y 轴上线性位移的位置精度为 0.035mm。

图 8.28　定位误差实验现场

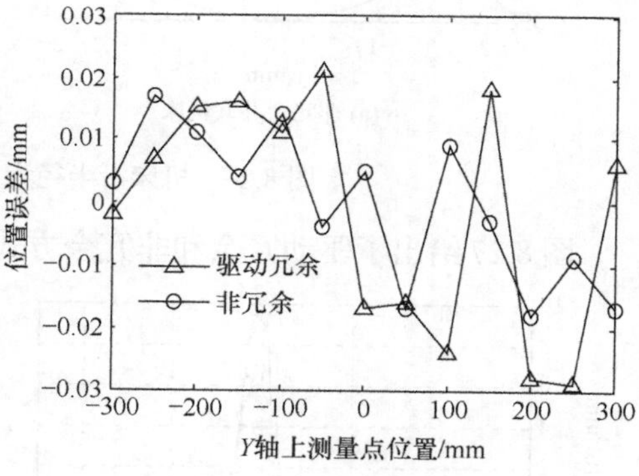

图 8.29　Y 轴的位置误差

此外，根据美国机械工程师协会推荐的测量机床双向重复定位精度的方法[32]，在 Y 轴上选择 2 个测量点，让机床分别从正负方向运动到这两个测量点，重复 10 次。实验中选择的两个测量点分别为 P_{r1}(0m, 0.1m, 0.25m, 0°)和 P_{r2}(0m, −0.1m, 0.25m, 0°)。图 8.30 和图 8.31 给出了本章研究的驱动冗余并联机床和对应的非冗余并联机床在 Y 轴的重复定位精度。驱动冗余情况下，机床在 P_{r1} 和 P_{r2} 点的重复定位精度略低于非冗余时的精度。

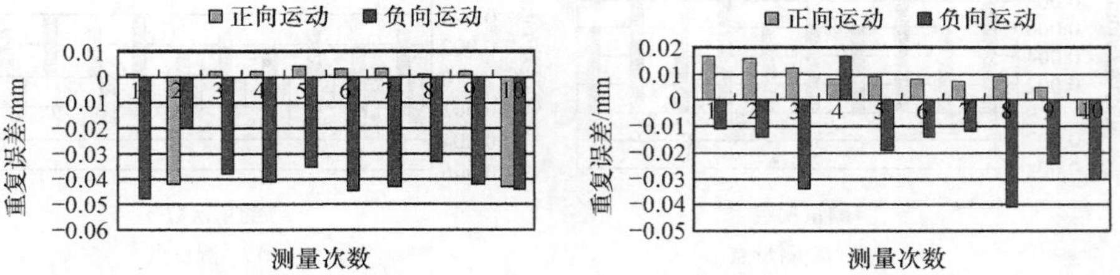

(a) P_{r1}测量点　　(b) P_{r2}测量点

图 8.30　非冗余并联机床 Y 轴的双向重复定位误差

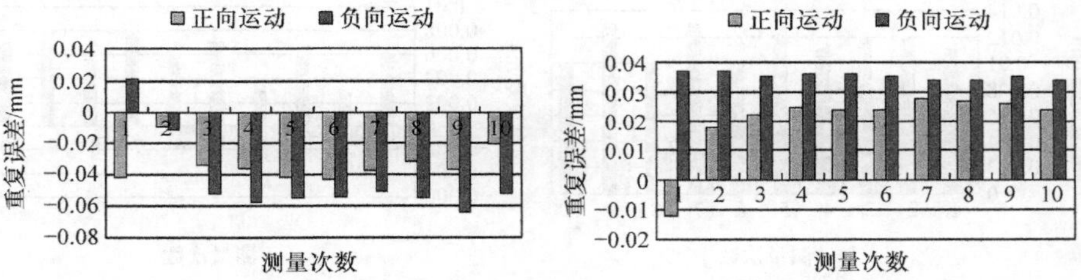

(a) P_{r1}测量点　　(b) P_{r2}测量点

图 8.31　驱动冗余并联机床 Y 轴的双向重复定位误差

位置精度实验中，还测量了机床在 Z 轴的位置精度和重复定位精度。图 8.32 给出了驱动冗余和非冗余方式下，机床的 Z 轴位置误差。可见正向运动的位置误差越来越大，负向运动的位置误差越来越小。Z 轴重复定位精度实验中选择的两个测量点分别为 P_{z1}(0m, 0m, 0.3m, 0°)和 P_{z2}(0m, 0m, 0.4m, 0°)，测量方法和测量 Y 轴双向重复定位误差方法相似。图 8.33 和图 8.34 给出了机床在 Z 轴的双向重复定位精度，可以看出负向重复定位精度低于正向重复定位精度。由于 P_{z1} 和 P_{z2} 点是 Z 轴上的两个点，所以 P_{z1} 和 P_{z2} 点的重复定位误差主要是由丝杠误差和机械

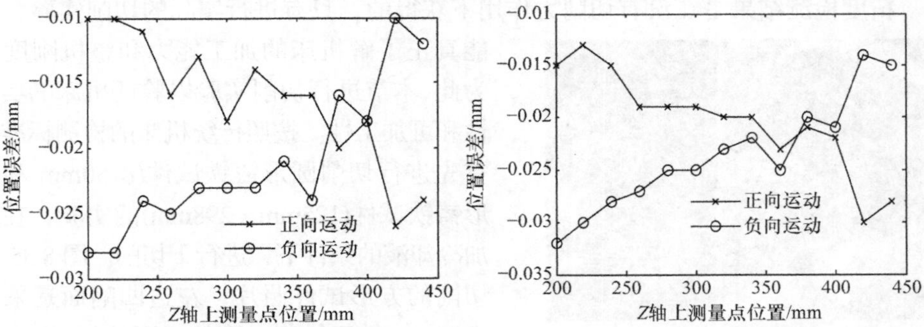

(a) 非冗余并联机床　　(b) 驱动冗余并联机床

图 8.32　Z 轴的位置误差

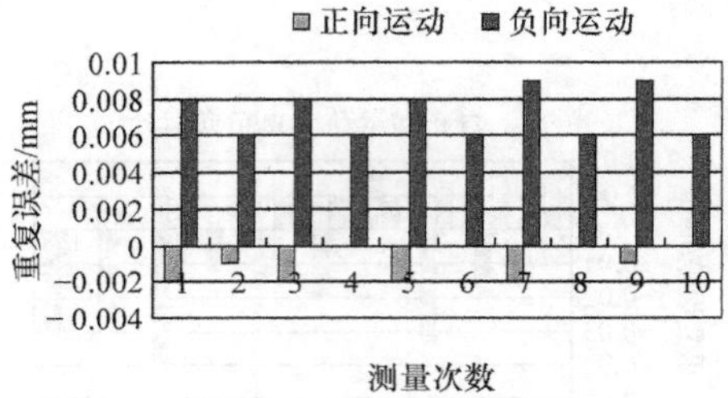

(a) P_{z1}测量点

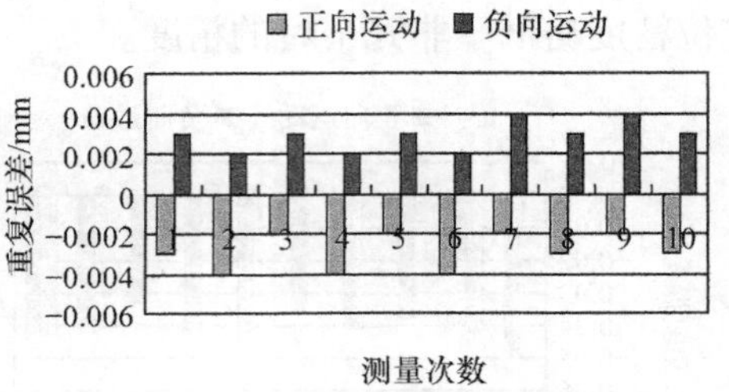

(b) P_{z2}测量点

图 8.33　非冗余并联机床 Z 轴的双向重复定位误差

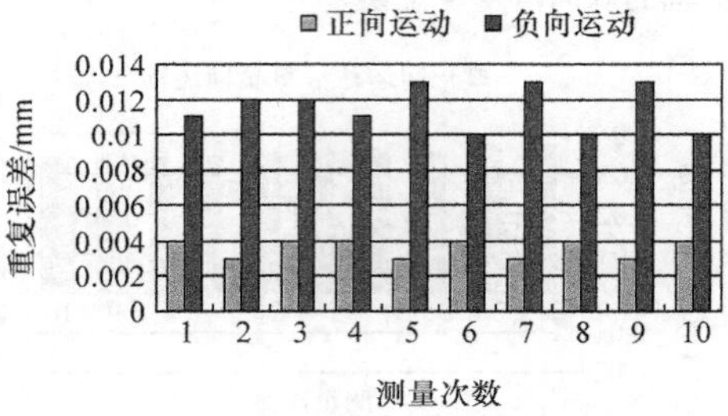

(a) P_{z1}测量点

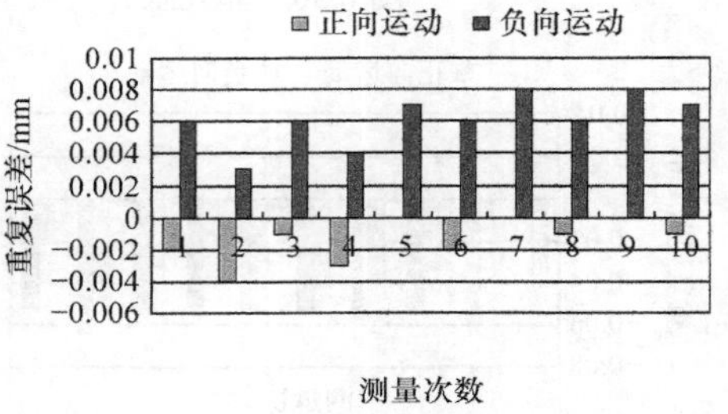

(b) P_{z2}测量点

图 8.34　驱动冗余并联机床 Z 轴的双向重复定位误差

装配误差引起的。可以看出 Z 轴双向重复定位误差偏大，主要是因为本书研究的并联机床是在一台旧机床基础上改造的，运动构件本身精度以及装配精度偏低。

从 Y 轴和 Z 轴的位置精度实验可以看出，机床采用驱动冗余方式时的双向重复定位误差稍大于非冗余时的双向重复定位误差，主要是因为机床运动过程中很难保证冗余支链内部力大小和期望值完全一致。

8.6.3　切削实验

精度检测结果是在没有切削力作用下获得的，只有进行实际的切削实验，才能真正了解机床的加工能力和整机刚度，为此，本节进行切削实验以验证机床的实用性和可加工性。按照传统机床的检测标准，首先进行切削圆形铸铁试件(ϕ150mm)和方形铸铁试件(125mm × 298mm)的实验，在不加冷却液的条件下，进行干切削。图 8.35 是切削的方形试件照片，左边凹陷面是采用ϕ120mm 铣刀铣削一次加工而成的。方形工件的切削深度为 5mm，切削宽度为 68mm，

图 8.35　切削的方形试件

主轴转速为 1100r/min，铣削过程中机床运行基本正常，振动很小，表明机床的刚性良好。

此外，还进行了加工叶片实验，实验中将一个ϕ50mm 的 45 号钢圆柱形毛坯加工成图 8.36(a)所示的形状。由 Pro/E 建模并生成刀位文件，机床根据刀位文件的指令进行运动，完成叶片的加工。刀具为ϕ16mm 的球面铣刀，主轴转速为 1200r/min，进给速度为 500mm/min。由于实验条件的限制，加工过程中，冷却液是通过人工不停地注射到刀具上的。图 8.36(b)是粗加工出来的叶片，与期望的叶片形状相似，验证了机床的多轴联动和复杂曲面加工能力。

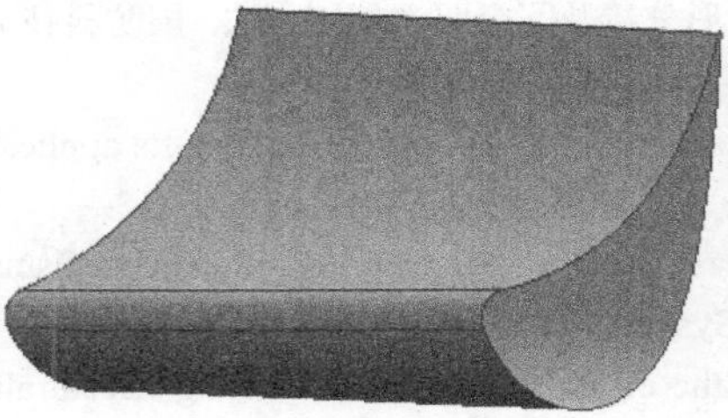

(a) 期望加工得到的叶片形状

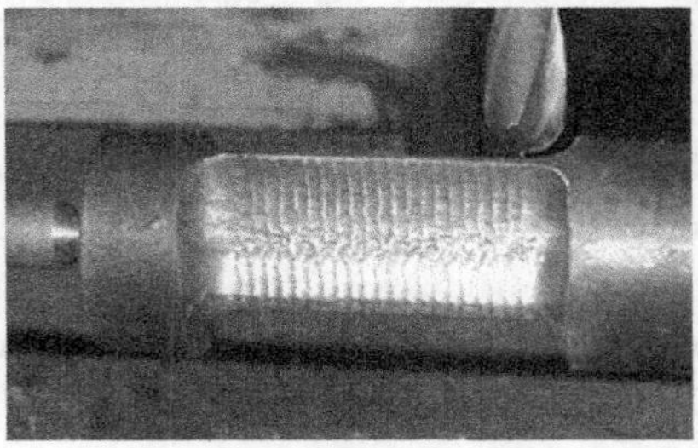

(b) 粗加工的叶片

图 8.36　机床切削的普通叶片

另外，进行了切削汽轮机叶片实验，期望的叶片形状如图 8.37(a)所示，可以看出该叶片形状复杂。某汽轮机厂采用传统的三轴机床加工该叶片，在加工过程中需要重新装夹、翻转叶片，以加工叶片的不同侧面，之后还需要单独加工半径为 5mm 的凹陷锥面，最后进行抛光处理，因此整个叶片加工过程烦琐，效率低，并且由于加工过程中需要重新装夹叶片，对装夹精度要求较高。而采用本书研发的驱动冗余并联机床进行多轴联动加工该叶片，就非常方便，整个加工过程不必重新装夹叶片，加工效率高。图 8.37(b)是驱动冗余并联机床粗加工出来的叶片，叶片形状以及光洁度均符合要求，说明该机床完全可以应用于加工汽轮机的复杂叶片。

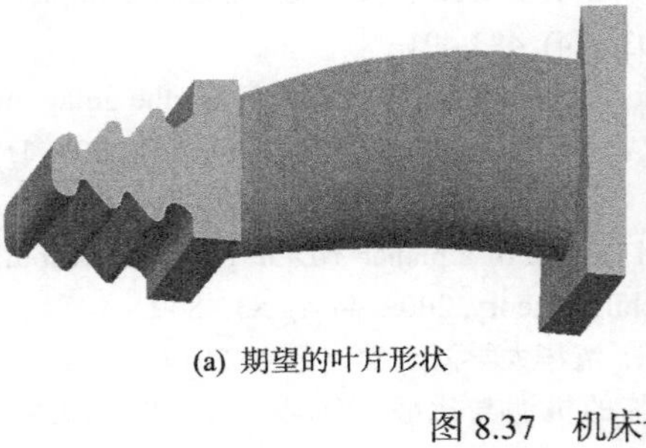

(a) 期望的叶片形状

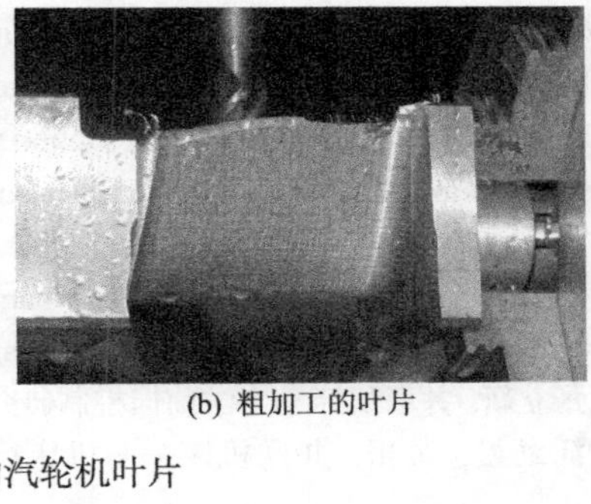

(b) 粗加工的叶片

图 8.37　机床切削的汽轮机叶片

参考文献

[1] 龙亿, 杨晓钧, 李兵. 平面冗余驱动并联机构自适应滑模同步控制. 中国机械工程, 2013, 24: 2730-2734.

[2] 李永泉, 余亚中, 王立捷, 等. 球面 2-DOF 冗余驱动并联机器人控制仿真及实验. 机械设计与研究, 2017, (5): 21-25.

[3] Paccot F, Andreff N, Martinet P. A review on the dynamic control of parallel kinematic machines: Theory and experiments. The International Journal of Robotics Research, 2009, 28(3): 395-416.

[4] Valášek M, Bauma V, Šika Z, et al. Design-by-optimization and control of redundantly actuated parallel kinematics sliding star. Multibody System Dynamics, 2005, 14(3-4): 251-267.

[5] 沈辉, 吴学忠, 李圣怡, 等. 并联机构的奇异位形分析及冗余驱动控制方法. 国防科技大学学报, 2002, 24(2): 91-95.

[6] Muller A. Internal preload control of redundantly actuated parallel manipulators—Its application to backlash avoiding control. IEEE Transactions on Robotics, 2005, 21(4): 668-677.

[7] Muller A, Hufnagel T. Model-based control of redundantly actuated parallel mechanisms in redundant coordinates. Robotics and Autonomous Systems, 2012, 60(4): 563-571.

[8] Hufnagel T, Muller A. A projection method for the elimination of contradicting decentralized control forces in redundantly actuated PKM. IEEE Transactions on Robotics, 2012, 28(3): 723-728.

[9] Shang W W, Cong S, Li Z X, et al. Augmented nonlinear PD controller for a redundantly actuated parallel mechanism. Advanced Robotics, 2009, 23(12-13): 1725-1742.

[10] Muller A. Consequences of geometric imperfections for the control of redundantly actuated parallel mechanisms. IEEE Transactions on Robotics, 2010, 26(1): 21-31.

[11] Muller A. Problems in the control of redundantly actuated parallel mechanisms caused by geometric imperfections. Meccanica, 2011, 46(1): 41-49.

[12] Shang W W, Cong S. Nonlinear adaptive task space control for a 2-DOF redundantly actuated parallel mechanism. Nonlinear Dynamics, 2010, 59(1-2): 61-72.

[13] Liu G F, Wu X Z, Li Z X. Inertia equivalence principle and adaptive control of redundant parallel mechanisms. IEEE International Conference on Robotics and Automation, 2002: 835-840.

[14] Wu J, Wang J S, Wang L P, et al. Dynamic model and force control of the redundantly actuated parallel manipulator of a 5-DOF hybrid machine tool. Robotica, 2009, 27(1): 59-65.

[15] Cheng H, Yiu Y K, Li Z X. Dynamics and control of redundantly actuated parallel manipulators. IEEE/ASME Transactions on Mechatronics, 2003, 8(4): 483-491.

[16] Lee S H, Lee J H, Yi B J, et al. Optimization and experimental verification for the antagonistic stiffness in redundantly actuated mechanisms: A five-bar example. Mechatronics, 2005, 15(2): 213-238.

[17] Wu J, Wang J S, Wang L P, et al. Dynamics and control of a planar 3-DOF parallel manipulator with actuation redundancy. Mechanism and Machine Theory, 2009, 44(4): 835-849.

[18] 张立新. 并联机床动力学前馈控制研究. 北京: 清华大学博士学位论文, 2014.

[19] 汪劲松, 黄田. 并联机床——机床行业面临的机遇与挑战. 中国机械工程, 1999, 10:

1103-1107.
[20] 邵华. 模拟过载动感座椅机构优化设计与控制. 北京: 清华大学博士学位论文, 2010.
[21] 李铁民, 杨向东, 叶佩青, 等. 虚拟轴机床数控系统的研究. 制造技术与机床, 1999, 2: 13-15.
[22] 李铁民. 并联机床后置处理器的研究. 北京: 清华大学博士学位论文, 2000.
[23] 倪雁冰, 黄田, 王辉, 等. 基于开放式机构的并联机床数控系统建造. 天津大学学报, 2001, 34(4): 544-549.
[24] 周祖德, 魏仁选, 陈幼平. 开放式控制系统的现状、趋势及对策. 中国机械工程, 1999,10(10): 1090-1093.
[25] Pritschow G. Open controller architecture—Past, present and future. Annals of CIRP, 2001, 50(2): 126-135.
[26] Pritschow G, Tran T L. Parallel kinematics and PC-based control system for machine tools. Proceedings of the 37th IEEE Conference on Decision and Control, 1998: 2605-2610.
[27] 赵辉, 姜金三, 张春凤, 等. 五轴联动并联机床数控系统研究. 现代制造工程, 2006, (7): 42-44.
[28] 魏永明, 叶佩青, 李铁民, 等. 虚拟轴机床 CNC 系统的软件设计及系统特点. 制造技术与机床, 1999, 1: 27-29.
[29] 魏永明. 虚拟轴机床数控系统的建造. 北京: 清华大学硕士学位论文, 1998.
[30] 王立平, 吴军. 冗余并联机床开放式数控系统体系结构. 现代制造工程, 2008, 9: 1-4.
[31] 王忠华. 并联机床运动控制及运动学品质研究. 北京: 清华大学博士学位论文, 2000.
[32] ASME. Methods for Performance Evaluation of Computer Numerically Controlled Machine Centers. B5.54. New York: ASME, 1992.